普通高等教育机械类课程规划教材

机械制图

主　编　孙瑞霞

副主编　程彩霞　李炎粉

参　编　王瑞红　武守辉　原　野　李雪珂

北京理工大学出版社

BEIJING INSTITUTE OF TECHNOLOGY PRESS

内 容 简 介

本书的主要内容包括机械制图基础知识与技能、正投影与三视图、体的投影与三视图、组合体的视图、图样表达方法、标准件与常用件画法、零件图、装配图和轴测图。

本书可作为机械设计制造及其自动化、车辆工程、汽车服务工程、交通运输、能源与动力工程等不同汽车相关专业的本科生教材。

图书在版编目（CIP）数据

机械制图 / 孙瑞霞主编. —北京：北京理工大学出版社，2019.7（2019.8 重印）
ISBN 978-7-5682-5710-7

Ⅰ. ①机… Ⅱ. ①孙… Ⅲ. ①机械制图-高等学校-教材 Ⅳ. ①TH126

中国版本图书馆 CIP 数据核字（2018）第 116703 号

出版发行 / 北京理工大学出版社有限责任公司
社　　址 / 北京市海淀区中关村南大街 5 号
邮　　编 / 100081
电　　话 /（010）68914775（总编室）
（010）82562903（教材售后服务热线）
（010）68948351（其他图书服务热线）
网　　址 / http://www.bitpress.com.cn
经　　销 / 全国各地新华书店
印　　刷 / 北京国马印刷厂
开　　本 / 787 毫米×1092 毫米　1/16
印　　张 / 12
字　　数 / 282 千字
版　　次 / 2019 年 7 月第 1 版　2019 年 8 月第 2 次印刷
定　　价 / 35.00 元

责任编辑 / 高　芳
文案编辑 / 赵　轩
责任校对 / 周瑞红
责任印制 / 李志强

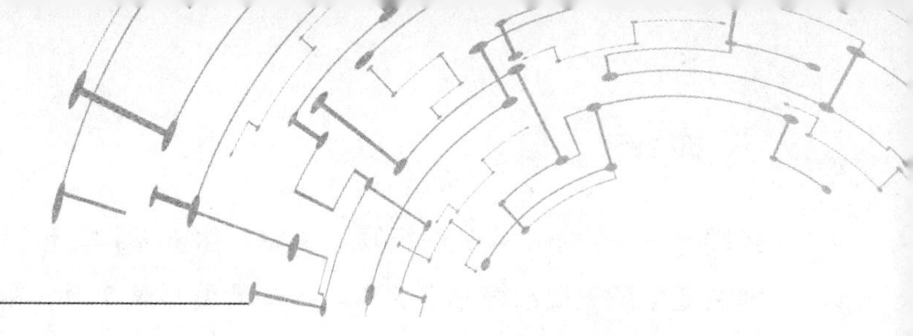

前言

根据新时期应用型本科教育的要求，为满足应用型本科汽车类人才培养方案的需求，突出应用型本科教育的特色，结合汽车类院校的实际，本书编者编写了适应应用型本科院校使用的《机械制图》与《机械制图习题集》。

本书汲取了国内同类教材的精华和生产实践中的实例，对内容体系进行了重构，使学生在掌握制图基本知识的基础上得到全面、系统的动手能力训练。

本书内容包括机械制图基础知识与技能、正投影与三视图、体的投影与三视图、组合体的视图、图样表达方法、标准件与常用件画法、零件图、装配图和轴测图共9章。

本书在编写过程中突出以下特点：

1）以企业需求为依据，以培养应用型人才为根本任务，以提高汽车类专业应用型本科学生综合素质为主线；

2）强调理论知识的前提下，突出学生读图能力的训练，减少尺规作图的训练次数；

3）本书教学内容的针对性较强，可供机械设计制造及其自动化、车辆工程、汽车服务工程、交通运输、能源与动力工程等不同汽车相关专业的本科生选用；

4）坚持理论教学有一定的深度，实训教学有一定的广度的原则，充分体现应用型本科教学要求，使得理论教学更加形象生动，能有效提高学习兴趣，强化学习效果；

5）深化教材改革，突出专业和地方特色，围绕应用型本科人才培养方案的要求，有序深化应用型本科教材的改革；

6）优化整合课程内容，注重技能型人才培养，零距离贴近工程人才，以培养高素质综合性人才为目的，扩大新编教材的知名度和影响力；

7）以就业为导向，以提高实训技能为核心，将理论讲授和实训活动有效结合在一起，帮助学生积累工作经验，全面提高职业能力和素养；

8）本书与《机械制图习题集》配套使用，本书内容编排合理、思路清晰、层次分明、重点突出、知识通俗易懂，同时学与做相结合，强化了识图和绘图技能训练，符合学生的认识规律，便于教学。

本书由黄河交通学院孙瑞霞担任主编，黄河交通学院程彩霞、李炎粉担任副主编。具体编写分工如下：李炎粉编写第 1 章、第 6 章，孙瑞霞编写第 2 章、第 3 章、第 4 章，黄河交通学院王瑞红编写第 5 章，程彩霞编写第 7 章、第 8 章，黄河交通学院李雪珂编写第 9 章，习题集由黄河交通学院武守辉和原野编写。

在本书的编写过程中，虽然编者在教材特色建设方面做了很大努力，但由于编者水平有限，本书中仍可能存在疏漏和错误之处，恳请各相关教学单位和读者在使用本书的过程中给予关注，并将意见及时反馈给编者，以便下次修订时改进。

编　者

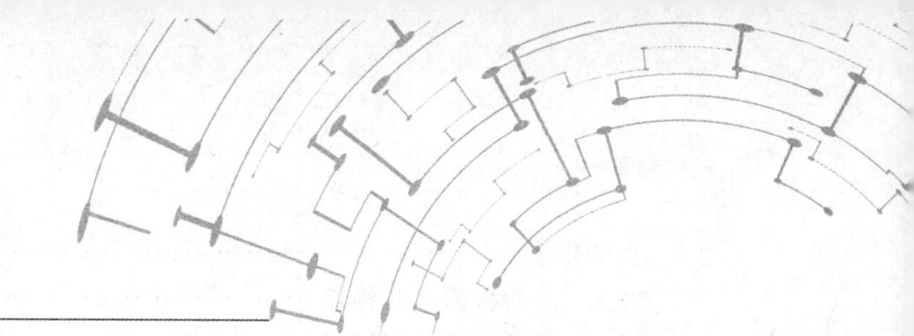

目录

第1章

机械制图基础知识与技能

为了便于技术管理和交流，国家质量监督检验检疫总局发布了国家标准《机械制图》和《技术制图》，对图样的内容、格式、尺寸注法和表达方法等都做了统一规定，使每一个工程技术人员有章可循，这样的标准称为制图标准。

本章主要内容包括国家标准关于制图的基本规定、几何制图、平面图形分析及作图方法、常用绘图工具使用方法。

1.1 国家标准关于制图的基本规定

在绘制技术图样时，涉及各行各业必须共同遵守的内容，如图纸及格式、图样所采用的比例、图线及含义、图样中常用的数字和字母等，这些均属于规定基本范畴。我国于1959年颁布实施了第一个《机械制图》国家标准，并于1974年、1984年分别在此基础上进行了修订。近年来，为了与国际技术接轨，我国参照国际标准（ISO）再次对上述标准进行了修订，使之更加完善、合理和便于国际的技术交流及贸易往来。本节摘要介绍制图标准中的图纸幅面、比例、字体、图线、尺寸标注等有关规定，其他内容将在以后有关章节中叙述。

“国家标准”简称“国标”。国标代号的含义以“GB/T 14689—2008”为例予以说明，其中，“GB”是国家标准的缩写（拼音字头），“T”表示全文为推荐性，“14689”是该标准的编号，“2008”表示该标准于2008年颁布。

1.1.1 图纸幅面和格式（GB/T 14689—2008）

1. 图纸幅面尺寸

绘制技术图样时，应优先采用表1–1规定的基本幅面尺寸。幅面代号有5种，即A0、A1、A2、A3、A4，其中A0幅面的图纸最大，其宽（*B*）×长（*L*）为841 mm×1 189 mm，即幅面面积。A1幅面为A0幅面大小的一半（以长边对折裁开）；其余幅面都是后一号为前一号的一半。必要时也可以按照规定加长幅面，但应按照基本幅面的短边整数倍增加。图纸幅面及其加长边如图1–1所示，其中粗实线部分为基本幅面，细实线部分为第一选择的加长幅面，虚线为第二选择的加长幅面。加长后幅面代号记作：基本幅面代号×倍数。例如，“A3×3”表示按A3图幅短边297 mm加长3倍，即加长后的图纸为420 mm×891 mm。

表 1–1　图纸基本幅面及图框尺寸　（单位：mm）

图纸幅面代号	A0	A1	A2	A3	A4
尺寸（$B \times L$）	841×1 189	594×841	420×594	297×420	210×297
c	10			5	
a	25				
e	20		10		

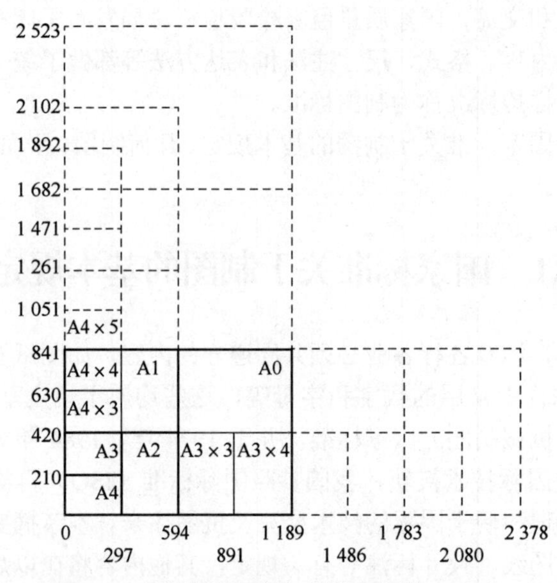

图 1–1　图纸幅面及其加长边（单位：mm）

2. 图框格式

图框线用粗实线绘制，表示图幅大小的纸边界用细实线绘制，图框线与纸边界之间的区域称为周边。图框又分为留有装订边和不留装订边两种格式。随着科学技术的发展，图样的保管也可采用缩微摄影的方法，它对查阅和保存图样来说都很方便，这种图样不需要留装订边。同一产品的图纸只能采用一种格式，如图 1–2 所示。

1）不留装订边的图纸的图框格式如图 1–2a 和图 1–2b 所示，图中尺寸 e 按表 1–1 中的规定选用。

2）留装订边的图纸的图框格式如图 1–2c 和图 1–2d 所示，图中尺寸 a、c 按表 1–1 中的规定选用。

3）加长幅面图纸的图框尺寸，按比所选用的基本幅面大一号的图框尺寸确定。例如，A2×3 的图框尺寸，按 A1 的图框尺寸确定，即 e 为 20 mm（c 为 10 mm），而 A3×4 的图框尺寸，按 A2 的图框尺寸确定，即 e 为 10 mm（c 为 10 mm），如图 1–1 所示。

4）为复制或缩微摄影时定位方便，应在图纸各边长的中点处绘制对中符号。对中符号是从纸边界画入图框内 5 mm 的一段粗实线，如图 1–2b 所示。

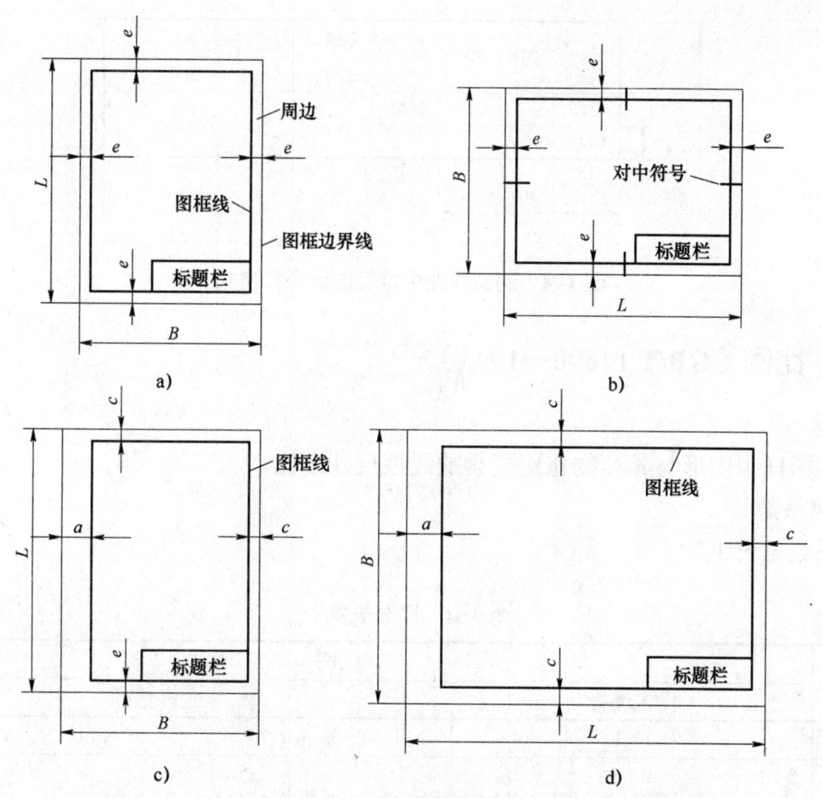

图 1–2　图框格式

a）不留装订边的图框格式；b）不留装订边、带对中符号的图框格式；

c）留装订边图纸格式（Y 型图纸）；d）留装订边图纸格式（X 型图纸）

3. 标题栏

为了绘制出的图样便于管理及查阅，每一张图都必须有标题栏。通常标题栏位于图框的右下角。看图方向应与标题栏一致。GB/T 10609.1—2008《技术制图　标题栏》规定了标题栏的格式和尺寸，两种标题栏的格式如图 1–3 和图 1–4 所示。机械制图推荐使用图 1–3 所示格式，学生制图作业常采用图 1–4 所示格式。

单位：mm

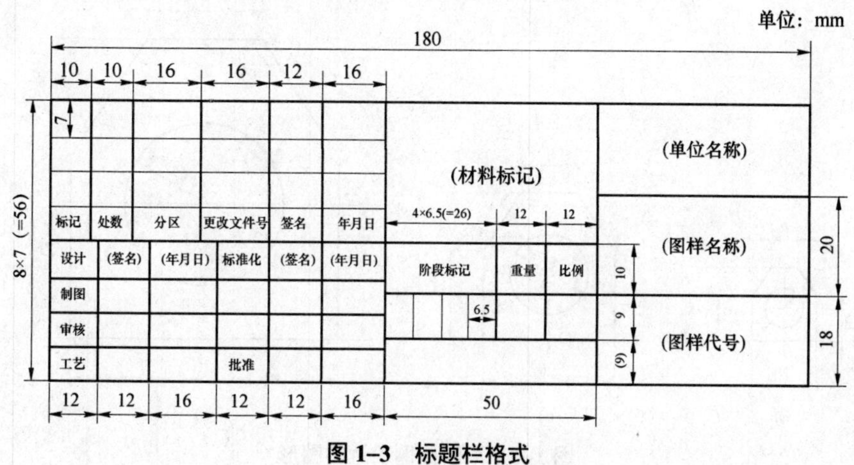

图 1–3　标题栏格式

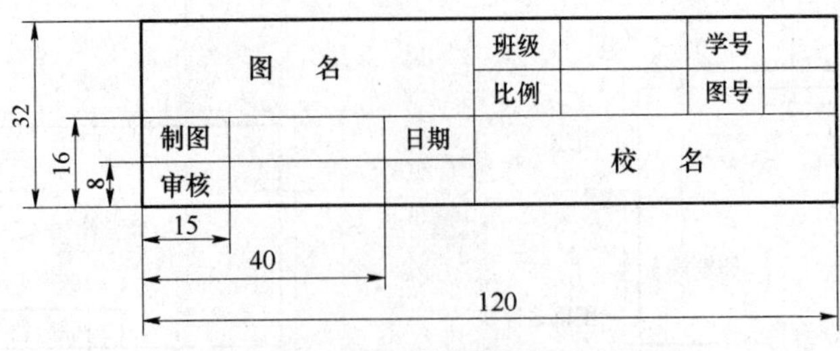

图 1–4 制图作业中推荐的标题栏格式

1.1.2 比例（GB/T 14690—1993）

1. 概念

比例是图样中图形与其实物相应要素的线性尺寸之比。

2. 比例系数

比例系数见表 1–2。

表 1–2 比例系数

种类	比例	
	优先选择	允许选择
原值比例	1 : 1	
放大比例	5 : 1　2 : 1 $5\times10^n:1$　$2\times10^n:1$　$1\times10^n:1$	4 : 1　2.5 : 1 $4\times10^n:1$　$2.5\times10^n:1$
缩小比例	1 : 2　1 : 5　1 : 10 $1:2\times10^n$　$1:5\times10^n$　$1:1\times10^n$	1 : 1.5　1 : 2.5　1 : 3　1 : 4　1 : 6 $1:1.5\times10^n$　$1:2.5\times10^n$　$1:3\times10^n$　$1:4\times10^n$　$1:6\times10^n$

注：n 为正整数

绘图时应采用表 1–2 中规定的比例，最好选用原值比例，也可根据机件大小和复杂程度选用放大或缩小比例。无论缩小还是放大，在图样中标注的尺寸均为机件的实际尺寸，而与比例无关。同一机件的各个视图应采用相同比例，并在标题栏“比例”一项中填写所用的比例。当机件上有较小或较复杂的结构采用不同比例时，可在视图名称的下方标注比例，如图 1–5 所示。

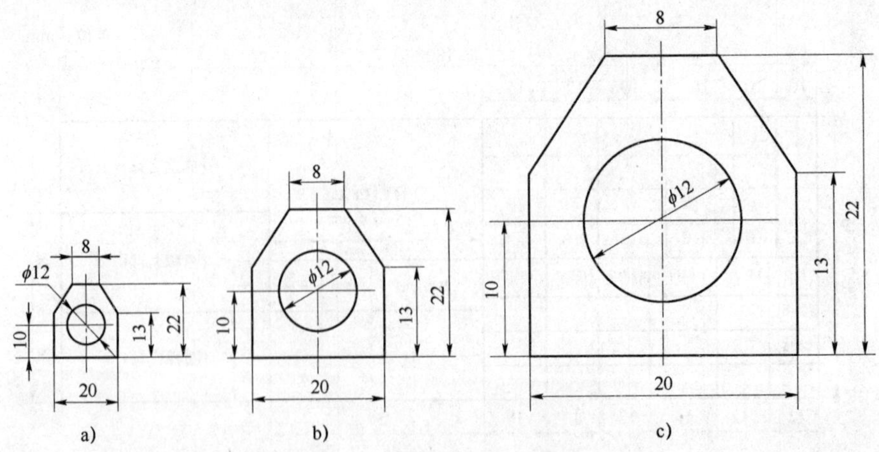

图 1–5 不同比例表达的图形

a）1∶2（图形尺寸是实物的 1/2）；b）1∶1（图形与实物同大）；c）2∶1（图形比实物大 1 倍）

1.1.3　字体（GB/T 14691—1993）

图样还要用文字和数字来说明机件的大小、技术要求和其他内容。图样中书写的汉字、字母、数字必须做到字体工整、笔画清楚、间隔均匀、排列整齐。字体的号数即字体的高度，用 h 表示。它的公称尺寸系列有 1.8、2.5、3.5、5、7、10、14、20 八种，单位为 mm。如果要书写更大的字，其字体高度应按 $\sqrt{2}$ 的倍率递增。

1. 汉字

图样上汉字应写成长仿宋体，并应采用国家正式公布的简化字。汉字的高度 h 应不小于 3.5 mm，其字宽一般为 $h/\sqrt{2}$（$\approx 0.7h$）。书写长仿宋体字的特点是：字形长方、横平竖直、粗细一致、起落分明、撇挑锋利、结构匀称。长仿宋体字的示例如图 1–6 所示。

10号字

字体工整　笔画清楚　间隔均匀　排列整齐

7号字

横平竖直注意起落结构均匀填满方格

5号字

技术制图机械电子汽车航空船舶土木建筑矿山井坑港口纺织服装

3.5号字

螺纹齿轮墙子接线飞行指导驾驶舱位挖填施工引水通风闸阀坝库麻化纤

图 1–6　长仿宋体汉字示例

2. 数字和字母

字母和数字分为 A 型和 B 型。A 型字体的笔画宽度为字高的 1/14，B 型字体的笔画宽度为字高的 1/10。在同一图样上，只允许选用一种型式的字体。一般采用 A 型斜体字，斜体字字头与水平线向右倾斜 75°。数字和字母示例如图 1–7 所示。

0123456789

0123456789

I II III IV V VI VII VIII IX X

ABCDEFGHIJKLMNO

abcdefghijklmnopq

图 1–7　数字和字母示例

3. 字体应用示例

充当指数、分数、注脚、尺寸偏差的字母和数字，一般采用比公称尺寸数字小一号的字体，如图 1–8 所示。

$$10^3 \quad S^{-1} \quad D_1 \quad T_d \quad \phi20^{+0.010}_{-0.023} \quad 7^{\circ+1^\circ}_{-2^\circ} \quad \frac{3}{5}$$

图 1–8　字体应用示例

1.1.4　图线（GB/T 4457.4—2002）

1. 基本线型

根据 GB/T 4457.4—2002 的规定绘制图样时，应采用技术制图标准规定的图线，图线基本线型共有 15 种。工程制图中要用到细实线、粗实线、细虚线、粗虚线、细点画线、粗点画线、细双点画线、波浪线、双折线 9 种图线，见表 1–3。

表 1–3　基本线型及应用　（单位：mm）

<table>
<tr><th>名　称</th><th>线　型</th><th>线　宽</th><th colspan="2">主要用途</th></tr>
<tr><td>细实线</td><td></td><td>0.5d</td><td colspan="2">过渡线、尺寸线、尺寸界线、剖面线、指引线、基准线、重合断面的轮廓线等</td></tr>
<tr><td>粗实线</td><td></td><td>d</td><td colspan="2">可见轮廓线、可见棱边线、可见相贯线等</td></tr>
<tr><td>细虚线</td><td></td><td>0.5d</td><td>不可见轮廓线、不可见棱边线等</td><td rowspan="2">虚线段长 12d
短间隔长 3d</td></tr>
<tr><td>粗虚线</td><td></td><td>d</td><td>允许表面处理的表示线</td></tr>
<tr><td>细点画线</td><td></td><td>0.5d</td><td>轴线、对称中心线等</td><td rowspan="3">长线段长 24d
短间隔长 3d
点长 0.5d</td></tr>
<tr><td>粗点画线</td><td></td><td>d</td><td>限定范围表示线</td></tr>
<tr><td>细双点画线</td><td></td><td>0.5d</td><td>相邻辅助零件的轮廓线、轨迹线、中断线等</td></tr>
<tr><td>波浪线</td><td></td><td>0.5d</td><td colspan="2" rowspan="2">断裂处边界线、视图与剖视图的分界线，同一张图样上一般采用一种线型，采用波浪线或双折线</td></tr>
<tr><td>双折线</td><td></td><td>0.5d</td></tr>
</table>

线型分粗、细两种，其中细线 6 种，粗线 3 种，粗线、细线的宽度比例为 2∶1，图线宽度可为 0.13 mm、0.18 mm、0.25 mm、0.35 mm、0.5 mm、0.7 mm、1 mm、1.4 mm、2 mm，粗线宽度优先采用 0.5 mm 或 0.7 mm。

2. 图线应用

图 1–9 所示为图线应用示例。

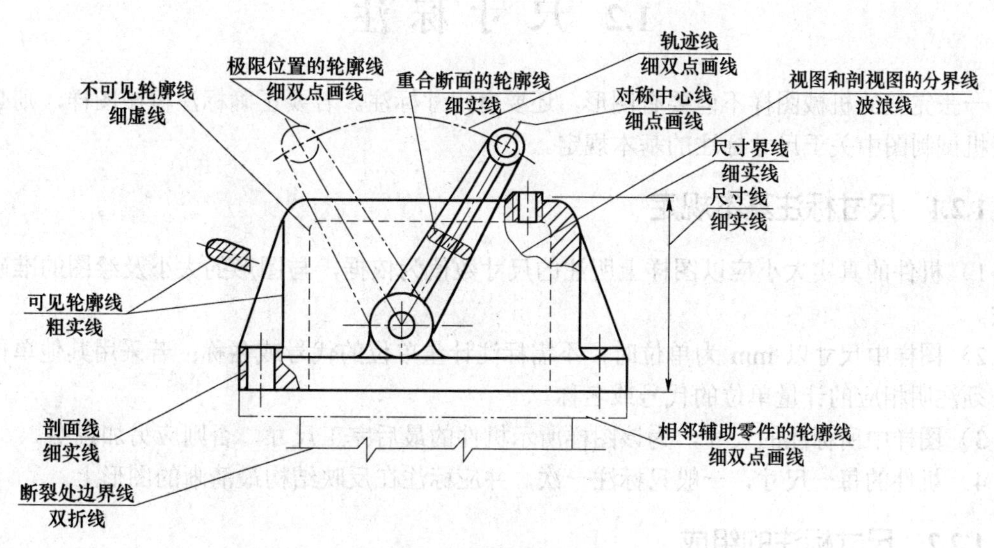

图 1–9　图线应用示例

3. 画线时注意事项

1）实线相交不应有间隙或超出现象。

2）在画细（粗）点画线、细双点画线时，其始末两端应为画（线段）。点画线、细双点画线和虚线各自相交、彼此相交或与其他图线相交时，均应以画（线段）相交，相交处不留空隙。

3）细虚线直接在实线延长线上相接时，细虚线应留出空隙。细虚线圆弧与实线相切时，细虚线圆弧应留出间隙。

4）画圆的中心线时，圆心应是画的交点；细点画线作为轴线，线段应超出轮廓线 2～5 mm。

5）当图线相交时，必须是线段相交。图 1–10 所示为图线画法举例。

6）考虑到缩微制图的需要，两条平行线之间的最小间隙一般不小于 0.7 mm。

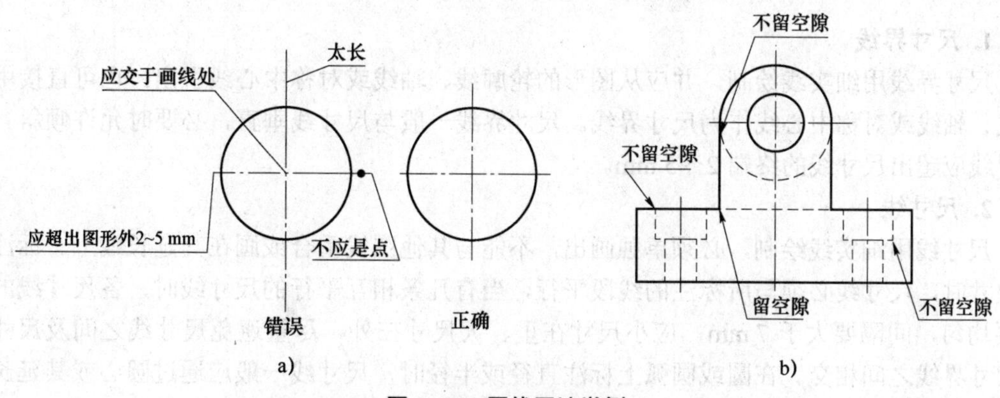

图 1–10　图线画法举例

a）圆的对称中心线的画法；b）细虚线连接处的画法

1.2 尺寸标注

一张完整的机械图样不但要有图形，还要有尺寸标注。若要正确标注机械图样，则必须掌握机械制图中关于尺寸标注的基本规定。

1.2.1 尺寸标注基本规定

1）机件的真实大小应以图样上所注的尺寸数值为依据，与图形的大小及绘图的准确度无关。

2）图样中尺寸以 mm 为单位时，不需标注计量单位的代号或名称；若采用其他单位，则必须注明相应的计量单位的代号或名称。

3）图样中所标注的尺寸，为该图样所示机件的最后完工尺寸，否则应另加说明。

4）机件的每一尺寸，一般只标注一次，并应标注在反映结构最清晰的图形上。

1.2.2 尺寸标注的组成

如图 1–11 所示，一个完整的尺寸标注一般应由尺寸界线、尺寸线、尺寸数字三个基本要素组成。

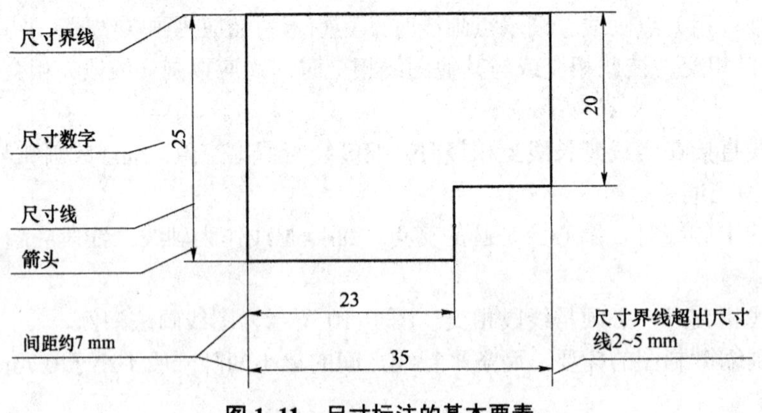

图 1–11 尺寸标注的基本要素

1. 尺寸界线

尺寸界线用细实线绘制，并应从图形的轮廓线、轴线或对称中心线引出；也可直接用轮廓线、轴线或对称中心线作为尺寸界线。尺寸界线一般与尺寸线垂直，必要时允许倾斜。尺寸界线应超出尺寸线的终端 2～5 mm。

2. 尺寸线

尺寸线用细实线绘制，必须单独画出，不能与其他图线重合或画在其延长线上。标注线性尺寸时，尺寸线必须与所标注的线段平行，当有几条相互平行的尺寸线时，各尺寸线的间距要均匀，间隔要大于 7 mm，应小尺寸在里、大尺寸在外，尽量避免尺寸线之间及尺寸线与尺寸界线之间相交。在圆或圆弧上标注直径或半径时，尺寸线一般应通过圆心或其延长线通过圆心。

尺寸线终端形式如图 1–12 所示。

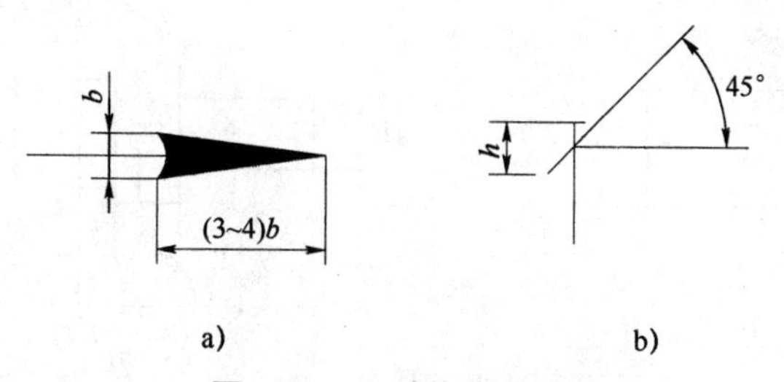

图 1–12　尺寸线终端形式

1）箭头。箭头适用于各种类型的图样。箭头的尖端与尺寸界线接触，不得超出也不得离开，如图 1–12a 所示，图中的 *b* 为粗实线的宽度。

2）斜线。斜线终端用细实线绘制，方向和画法如图 1–12b 所示，图中 *h* 为字体高度。当采用该尺寸线终端形式时，尺寸线与尺寸界线必须相互垂直。

3. 尺寸数字

尺寸数字表示尺寸的数值，应按国家标准中对尺寸数字的规定形式书写，且不允许被任何尺寸所穿过，否则必须将图线断开。图样上的尺寸数字一般用 3.5 号，对 A0、A1 幅面的图纸可用 5 号字，且保持同一图上字高一致。

1.2.3　常用尺寸注法

图样上所标注的尺寸可分为线性尺寸与角度尺寸两种。线性尺寸是指物体某两点之间的距离，如物体的长、宽、高、直径、半径、中心距等。角度尺寸是指两相交直线（平面）所形成的夹角的大小。

1. 线性尺寸

1）直线尺寸标注。水平直线尺寸的数字一般应写在尺寸线的上方或中断处，字头向上，如图 1–13a 所示。垂直方向的尺寸数字写在尺寸线的左方或中断处，字头朝左，倾斜方向的字头应保持朝上的趋势。为防止看图时出差错，应尽量避免在图 1–13b 所示 30° 范围内标注尺寸。当无法避免时，可按图 1–13c 所示注写。对于非水平方向的尺寸，在不引起误会的情况下，其数字可水平标注在尺寸线的中断处，如图 1–14 所示。

在一张图样中，应尽量采用同一种注法。直线尺寸的尺寸线必须与所标注的线段平行。当在光滑过渡处标注尺寸时，必须用细实线将轮廓线延长，从它们的交点处引出尺寸界线。

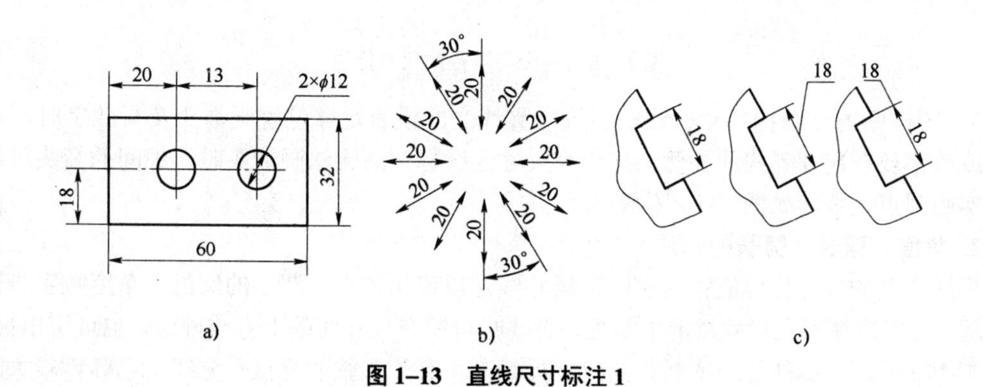

图 1–13　直线尺寸标注 1

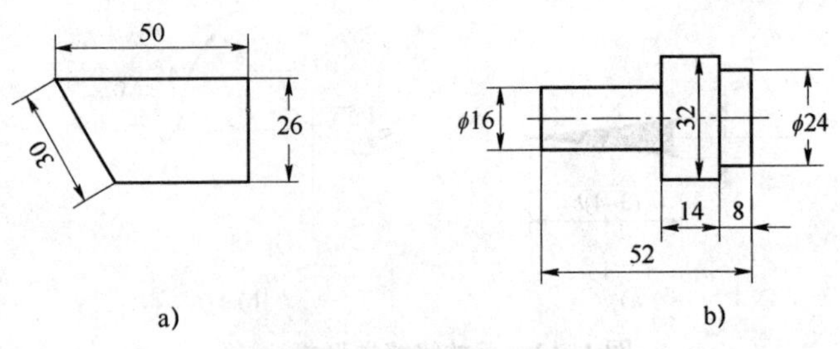

图 1–14　直线尺寸标注 2

2）直径与半径尺寸标注。标注整圆或大于半圆的圆弧时，尺寸线应通过圆心且为非水平方向或垂直方向，以圆周为尺寸界线，在尺寸数字前加注直径符号“ϕ”，如图 1–15a 所示。回转体的非圆视图上也可以加注直径尺寸，且在数字前加注符号“ϕ”，如图 1–15b 所示。

标注小于或等于半圆的圆弧时，尺寸线应从圆心出发引向圆弧，只画圆弧端的箭头，尺寸数值前加注半径符号“R”，如图 1–15c 所示。

标注球的直径或半径时，应在符号“ϕ”或“R”前加注符号“S”，如图 1–15d 所示。当圆弧的半径过大或在图纸范围内无法标注出其圆心位置时，可采用折线形式。若圆心位置无需注明时，尺寸线可只画靠近箭头的一端，如图 1–15e 所示。

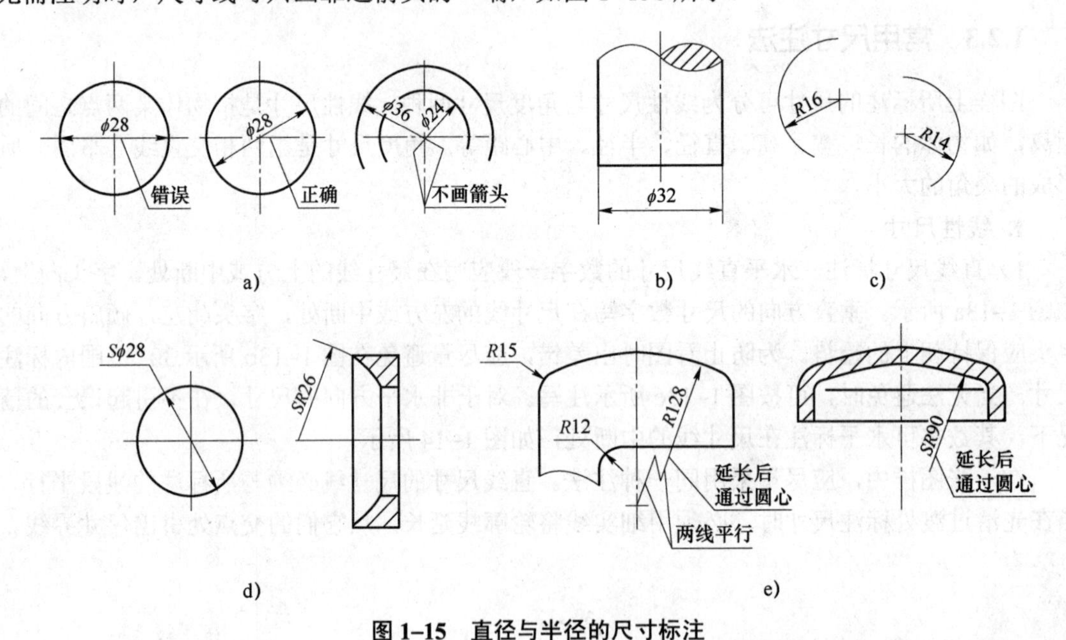

图 1–15　直径与半径的尺寸标注

3）图样中的小结构尺寸标注。当尺寸界线之间没有足够位置画箭头及写数字时，可把箭头或数字放在尺寸界线的外侧，几个小尺寸连续标注而无法画箭头时，中间的箭头可用斜线或实心圆点代替，如图 1–16 所示。

2. 角度、弦长、弧长的标注

标注角度的尺寸界线应径向引出，尺寸线是以该角顶点为圆心的圆弧，角度数字一律水平书写，一般应注写在尺寸线的中断处，必要时可写在尺寸线的上方或外边，也可引出标注，如图 1–17a 所示。标注弦长或弧长的尺寸界线应平行于该弦的垂直平分线。当弧度较大时，可沿径向引出，如图 1–17b 所示。

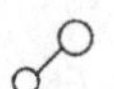

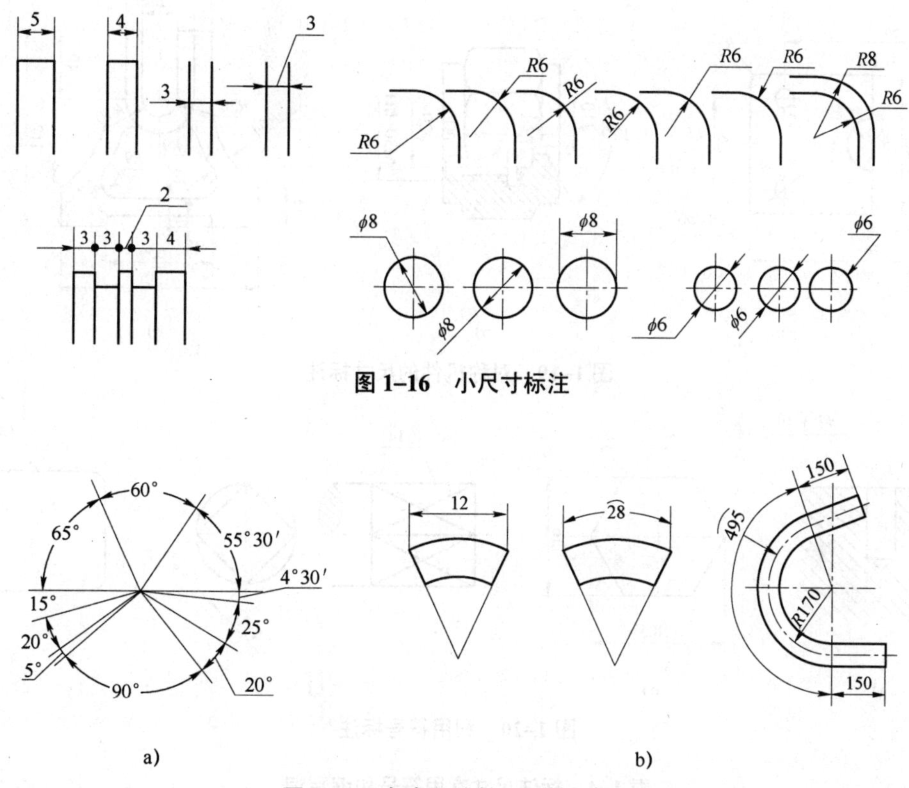

图 1–16　小尺寸标注

图 1–17　角度、弦长、弧长的标注

3. 其他标注

1）相同要素的标注。在同一图形中，相同结构的孔、槽等可只注出一个结构的尺寸，并标出数量，如图 1–18 所示。相同要素均布时，可注出均布符号“EQS”，明显时可省略。

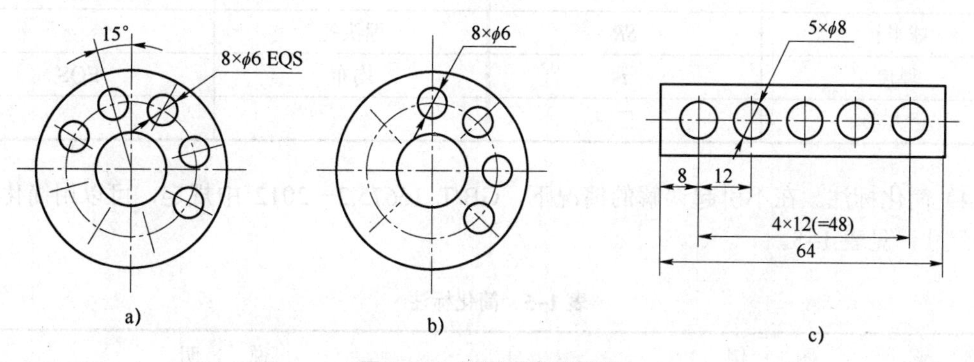

图 1–18　相同要素的标注

2）对称机件的图形只画一半或略大于一半时，垂直于对称中心线的尺寸线应略超过对称中心线或断裂处的边界线，此时仅在尺寸线的一端画出箭头，如图 1–19 所示。

3）利用符号标注尺寸。在表 1–4 中列出了 GB/T 16675.2—2012 中规定的常用符号和缩写词，在标注尺寸时尽可能使用。利用符号标注如图 1–20 所示。

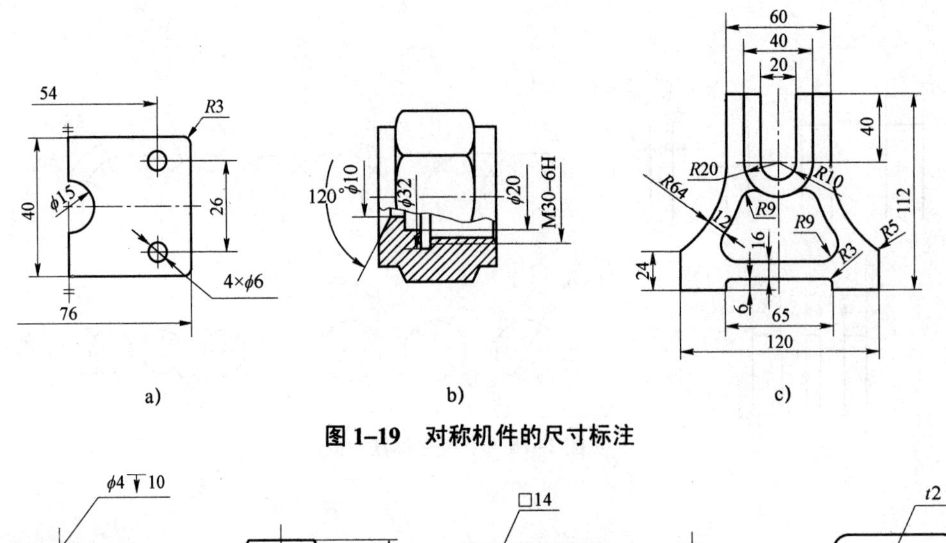

图 1–19　对称机件的尺寸标注

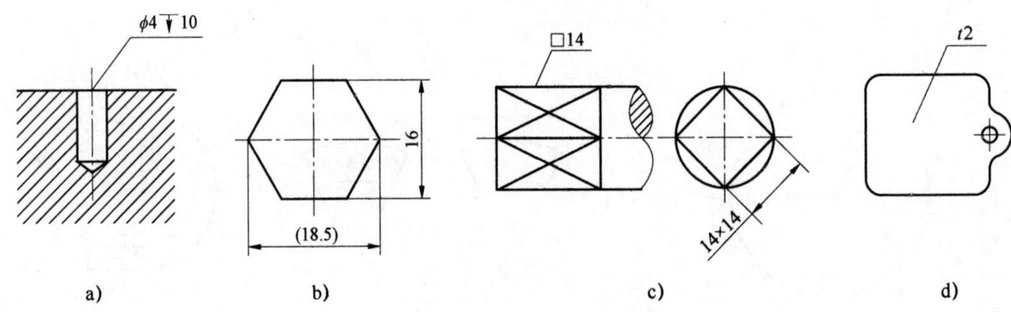

图 1–20　利用符号标注

表 1–4　标注尺寸常用符号和缩写词

名　　称	符号或缩写词	名　　称	符号或缩写词
直径	ϕ	45° 倒角	C
半径	R	深度	↧
球直径	Sϕ	锪平	⌴
球半径	SR	埋头孔	⌵
厚度	t	均布	EQS
正方形	□		

4）简化标注。在不引起误解的情况下，GB/T 16675.2—2012 中规定，可以用简化形式标注尺寸，见表 1–5。

表 1–5　简化标注

图　　例	说　　明
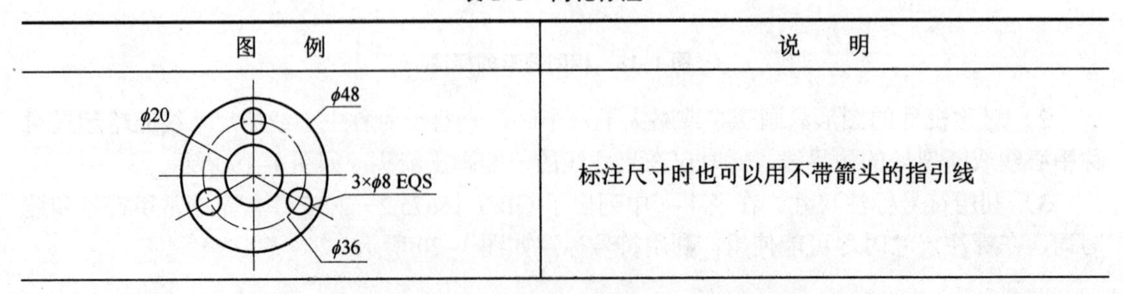	标注尺寸时也可以用不带箭头的指引线

续表

图　例	说　明
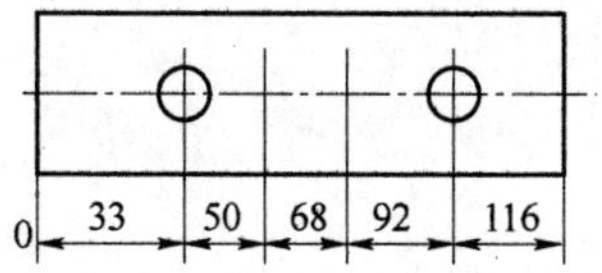 0　33　50　68　92　116	从同一基准出发的尺寸可按照左图（简化后）的形式标注
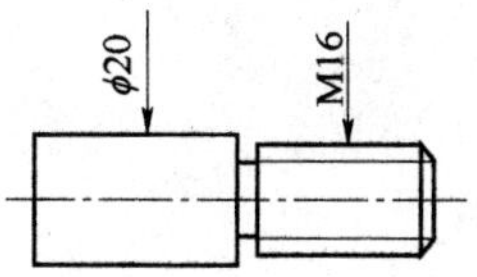 ϕ20　M16	对不同直径的阶梯轴标注尺寸时，可以采用带箭头的指引线，指向各个不同直径的圆柱表面，并标出相应的尺寸
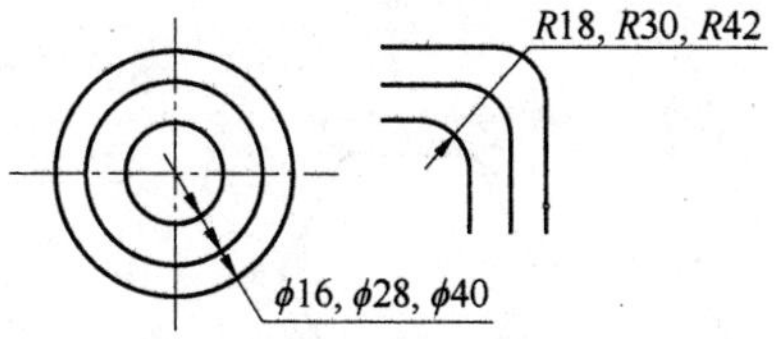 *R*18, *R*30, *R*42　ϕ16, ϕ28, ϕ40	一组同心圆或同心圆弧，可以用公共的尺寸线和箭头依次标注
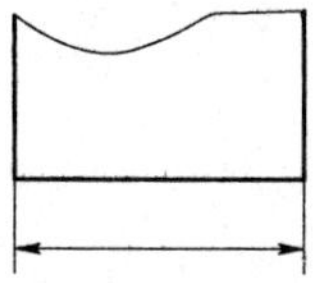	标注尺寸时可以使用单边箭头

1.3　几 何 制 图

机件的形状虽各有不同，但都是由各种基本的几何图形所组成。因此，绘制机械图样应当首先掌握常见几何图形的作图原理、作图方法，以及图形与尺寸间相互依存的关系。

1.3.1　直线等分

【例 1】 试将直线 *AB* 等分，如图 1–21 所示。

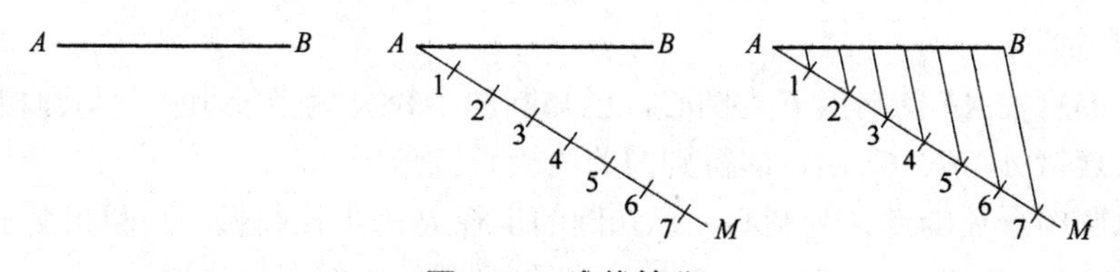

图 1–21　直线等分

1.3.2　圆的等分及作正多边形

1. 用三角板作正三角形和正六边形

【例 2】 用三角板配合作正三角形，如图 1–22 所示。

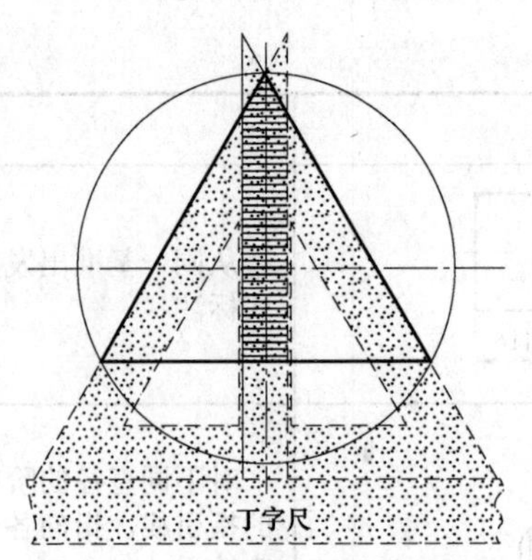

图 1–22　三角板配合作正三角形

【例 3】用三角板配合作正六边形，如图 1–23 所示。

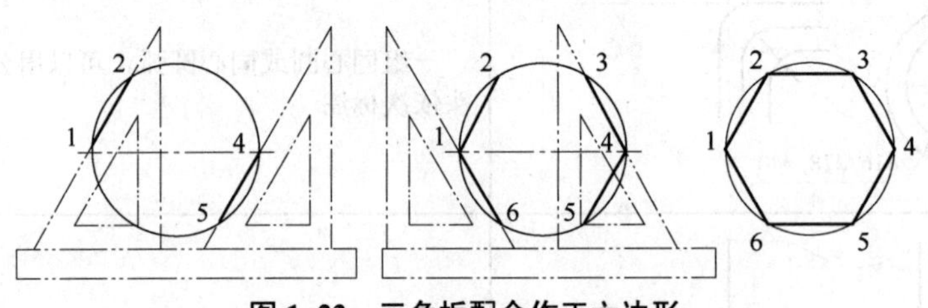

图 1–23　三角板配合作正六边形

2. 用圆规作圆的内接正三角形、正六边形

【例 4】用圆规作圆的内接正三角形和正六边形，如图 1–24 所示。

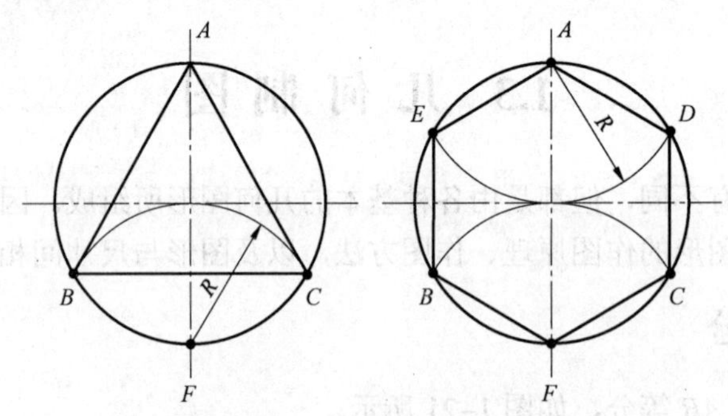

图 1–24　圆规作圆的内接正三角形和正六边形

作图步骤如下：

1）以圆的直径 AF 的端点 F 为圆心，已知圆的半径 R 为半径画弧，与圆相交于 B、C；

2）依次连接 A、B、C、A，即得到圆的内接正三角形；

3）再以圆的直径端点 A 为圆心，已知圆的半径 R 为半径画弧，与圆相交于 D、E；

4）依次连接 A、E、B、F、C、D、A，即得到圆的内接正六边形。

3. 用圆规作圆的内接正五边形

【例 5】用圆规作圆的内接正五边形。

圆规作圆的内接正五边形如图 1–25 所示，作图步骤如下：

1）作 OA 的垂直平分线交 OA 于点 P；以 P 为圆心，$P1$ 为半径画弧交 OB 于点 H；

2）$1H$ 即为五边形的边长，以点 1 为圆心，$1H$ 为半径画弧交圆周于点 2、5；再分别以

点 2、5 为圆心，1*H* 为半径画弧交圆周于点 3、4，即得五等分点 1、2、3、4、5；

3）连接圆周各等分点，即成正五边形。

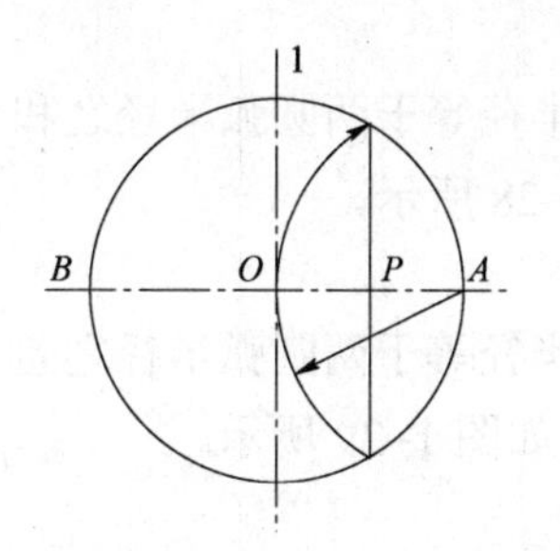

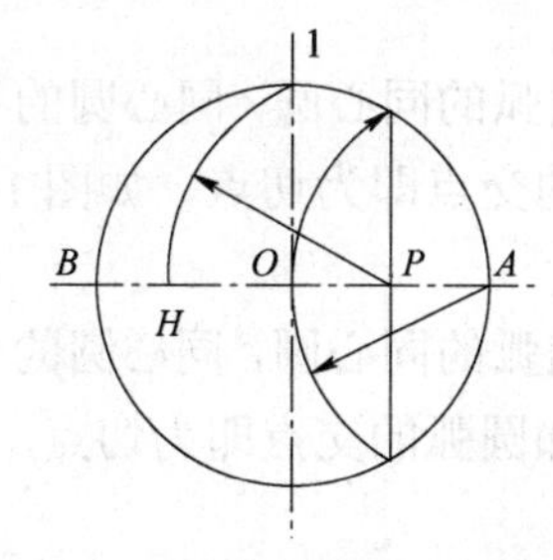

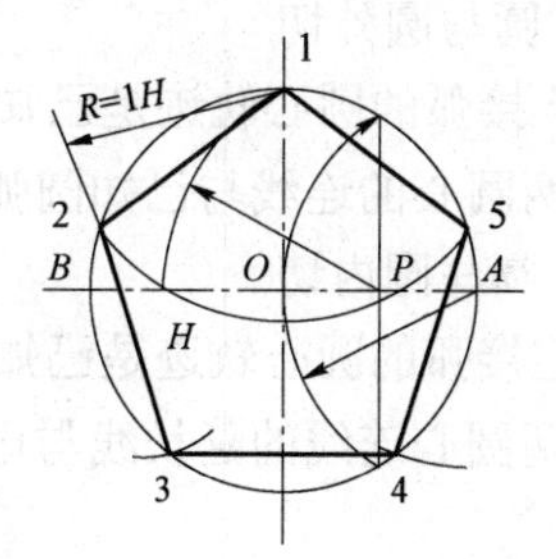

图 1–25　圆规作圆的内接正五边形

4. 用计算法作圆的任意等分

圆的任意等分可利用弦长表（表 1–6），计算出每一等分数所对应的弦长，用分规直接作图。

表 1–6　弦长表

等分数 *n*	弦长 *L*	等分数 *n*	弦长 *L*
3	0.866*d*	7	0.434*d*
4	0.707*d*	8	0.383*d*
5	0.588*d*	9	0.342*d*
6	0.5*d*	10	0.309*d*

注：*d* 为圆的直径，此表计算公式为 $L \approx d\sin(180°/n)$。

【**例 6**】已知圆的直径为 $\phi 50$，试作圆的内接正七边形。

1）圆的等分数 n=7，在表 1–6 中查得弦长 L_7=0.434d；

2）计算弦长：L_7=0.434×50=21.7；

3）画直径为 $\phi 50$ 的圆，用弦长 L_7=21.7 在该圆上依次截取七个等分点，再依次连接七个等分点即可，如图 1–26 所示。

图 1–26　圆内接正七边形

1.3.3　圆弧连接

用线段（圆弧或直线段）光滑连接两已知线段（圆弧或直线段）称为圆弧连接。该线段称为连接线段。光滑连接就是平面几何中的相切。

圆弧连接可以用圆弧连接两条已知直线、两已知圆弧或一直线一圆弧，也可用直线连接两圆弧。

1. 圆与直线相切作图原理

1）连接弧的圆心轨迹是已知直线的平行线，两平行线之间的距离等于连接弧半径 *R*。

2）由圆心向已知直线作垂线，垂足即为切点，如

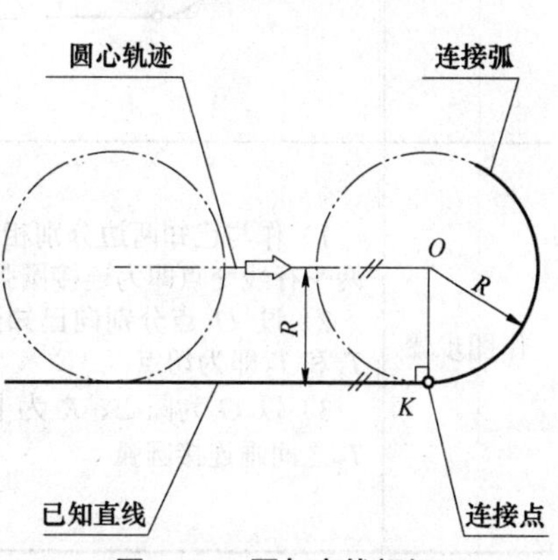

图 1–27　圆与直线相切

图 1–27 所示。

2. 圆与圆相切作图原理

（1）圆与圆外切

1）连接弧的圆心轨迹是已知圆弧的同心圆，同心圆的半径等于两圆弧半径之和（R_1+R）。

2）两圆心的连线与已知圆弧的交点即为切点，如图 1–28 所示。

（2）圆与圆内切

1）连接弧的圆心轨迹是已知圆弧的同心圆，同心圆的半径等于两圆弧半径之差（R_1–R）。

2）两圆心连线的延长线与已知圆弧的交点即为切点，如图 1–29 所示。

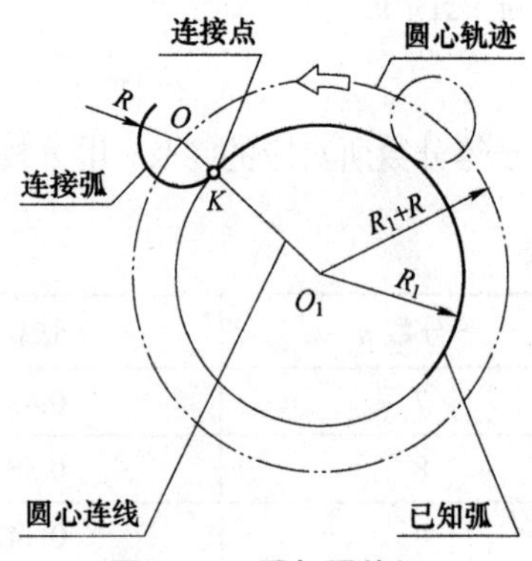

图 1–28　圆与圆外切

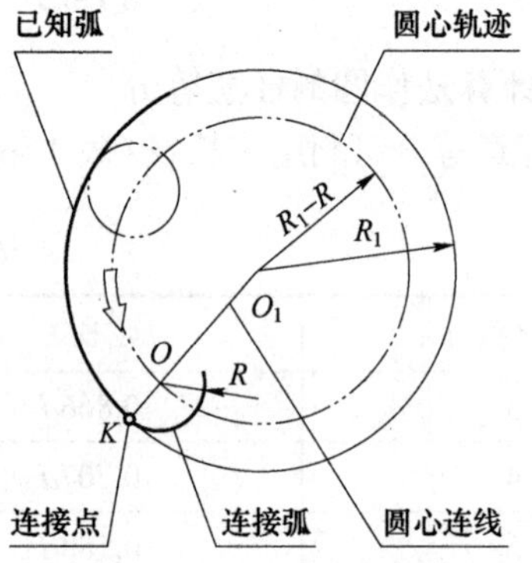

图 1–29　圆与圆内切

3. 圆弧连接作图步骤

（1）圆弧与直线连接（表 1–7）

表 1–7　圆弧与直线连接

类别	圆弧连接锐角或钝角	圆弧连接直角
图例		
作图步骤	1）作与已知两边分别相距为 R 的平行线，两平行线交点即为连接圆弧圆心 2）过 O 点分别向已知两边作垂线，垂足 T_1 和 T_2 即为切点 3）以 O 为圆心、R 为半径，在切点 T_1 和 T_2 之间画连接圆弧	1）以直角顶点为圆心、R 为半径作圆弧，与两直角边分别相交于 T_1 和 T_2 两点，即为切点 2）分别以 T_1 和 T_2 为圆心，R 为半径作圆弧，两个圆弧的交点即为圆心 O 3）以 O 为圆心、R 为半径在点 T_1 和 T_2 之间画连接圆弧

（2）圆与圆连接（表 1–8）

表 1–8　圆与圆连接

类别	外连接	内连接
图例		
作图步骤	1）分别以 O_1 和 O_2 为圆心，$R+R_1$ 和 $R+R_2$ 为半径画弧，两个圆弧的交点即为圆心 O 2）分别连接 OO_1 和 OO_2，与两圆弧的交点即为切点 T_1 和 T_2 3）以 O 为圆心、R 为半径在切点 T_1 和 T_2 之间画连接圆弧	1）分别以 O_1 和 O_2 为圆心，$R-R_1$ 和 $R-R_2$ 为半径画弧，两个圆弧的交点即为圆心 O 2）分别连接 OO_1 和 OO_2 并延长，与两圆弧的交点即为切点 T_1 和 T_2 3）以 O 为圆心、R 为半径在切点 T_1 和 T_2 之间画连接圆弧

【例 7】 用半径为 R 的圆弧连接直线和圆弧，如图 1–30 所示。

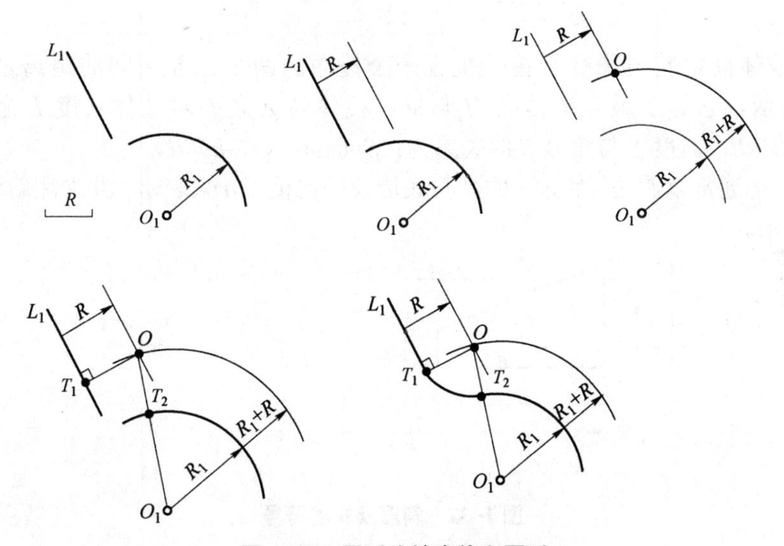

图 1–30　圆弧连接直线和圆弧

作图步骤如下：

1）作平行线和同心圆求连接圆弧圆心 O；

2）作垂线和连心线，求切点 T_1、T_2；

3）在切点之间画连接弧，并处理图线。

【例 8】 用半径为 R 的圆弧与已知圆弧混合连接，如图 1–31 所示。

作图步骤如下：

1）作平行线和同心圆求连接圆弧圆心 O；

2）作垂线和连心线，求切点 T_1、T_2；

3）在切点之间画连接弧，并处理图线。

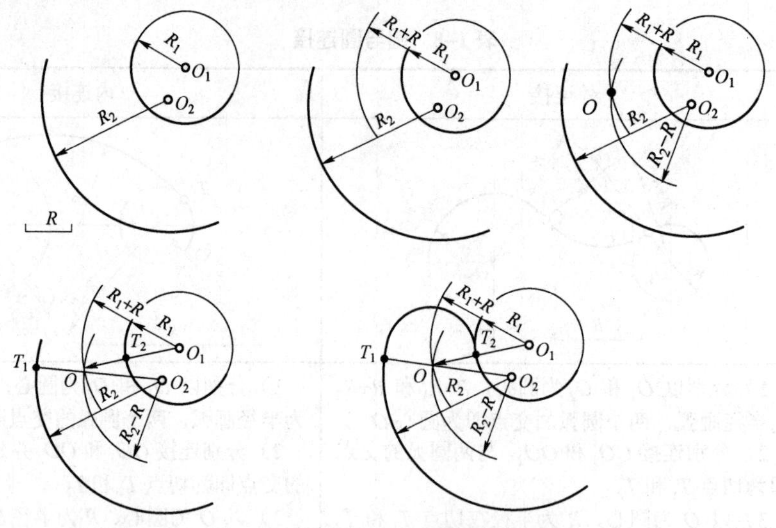

图 1–31 圆弧与已知圆弧混合连接

1.3.4 斜度与锥度

1. 斜度

斜度是棱体高之差与平行于棱并垂直一个棱面的两个截面之间的距离之比。斜度用代号“*S*”表示，它等于最大棱体高 *H* 与最小棱体高 *h* 之差对棱体长度 *L* 之比，关系式为：$S=(H-h)/l$，斜度 *S* 与角度 β 的关系为：$S=\tan\beta=(H-h)/l$。

斜度的大小通常以斜边（斜面）的高与底边长的比值 1:*n* 来表示，并加注斜度符号“∠”，如图 1–32 所示。

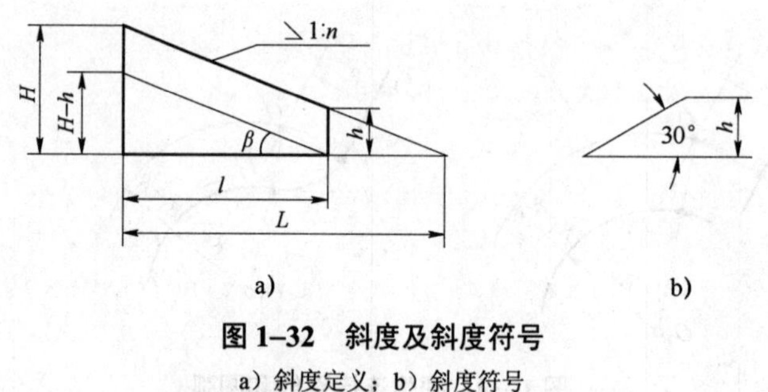

图 1–32 斜度及斜度符号

a）斜度定义；b）斜度符号

【例 9】如图 1–33 所示，画出楔键的图形。

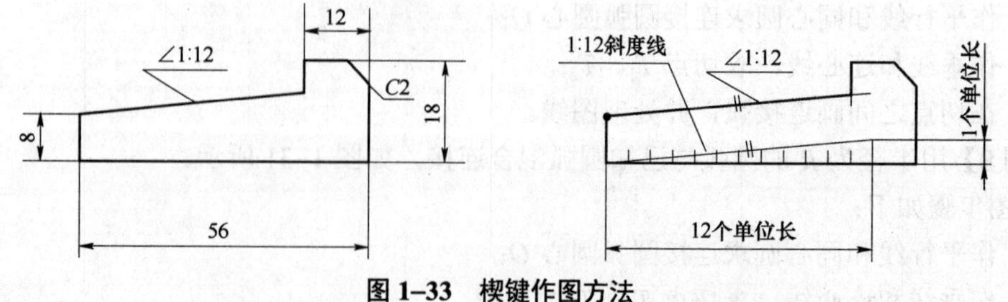

图 1–33 楔键作图方法

斜度画好以后，应在图形中标注斜度，斜度符号尖端应与斜度倾斜方向一致。

2. 锥度

正圆锥的锥度是底圆直径与锥高之比，即 $D:L$；而正圆台的锥度是两端底圆直径之差与两底圆间距离之比，即（$D-d$）$:l$。标注时应加注锥度的图形符号，如图 1–34 所示。

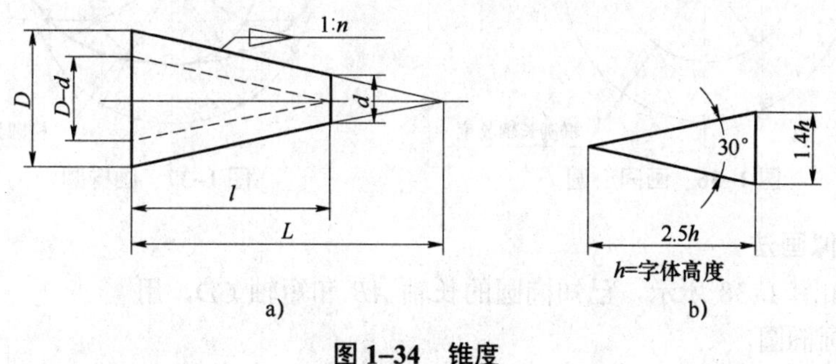

图 1–34　锥度

a）锥度定义；b）锥度符号

【例 10】如图 1–35 所示，画出具有 1:5 锥度的图形。

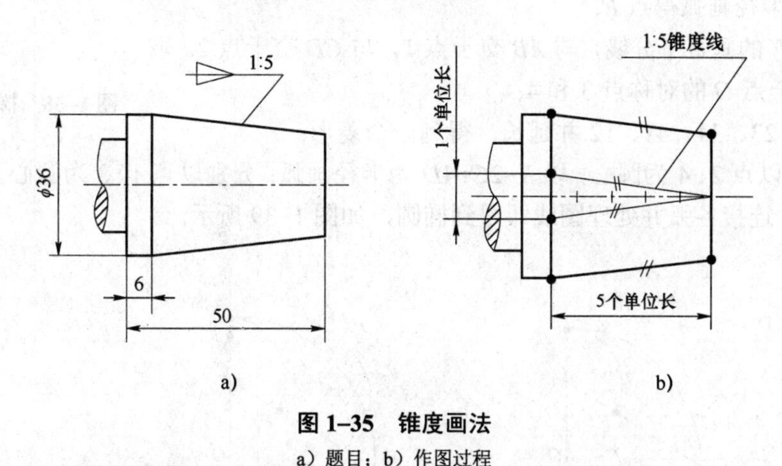

图 1–35　锥度画法

a）题目；b）作图过程

锥度画好以后，要对锥度进行标注。标注锥度时，从锥度轮廓线上引出，锥度符号的尖端指向锥度小头方向，如图 1–35a 所示。

1.3.5　椭圆画法

1. 辅助同心圆法

【例 11】已知椭圆长轴和短轴，画出椭圆。

作图步骤如下：

1）以椭圆中心为圆心，分别以长轴、短轴长度为直径，作两个同心圆，如图 1–36 所示；

2）作圆的十二等分，过圆心作放射线，分别求出与两圆的交点；

3）过大圆上的等分点作长轴的垂线，过小圆上的等分点作短轴的垂线，垂线的交点即为椭圆上的点；

4）用曲线光滑连接各点即得椭圆，如图 1–37 所示。

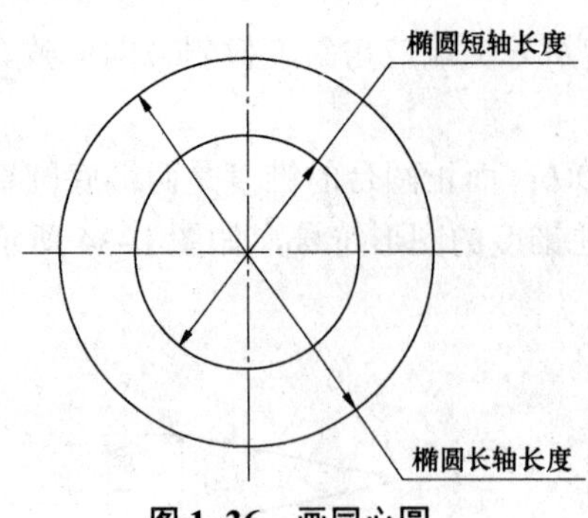

图 1–36　画同心圆　　　图 1–37　画椭圆

2. 四心近似画法

【例 12】如图 1–38 所示，已知椭圆的长轴 *AB* 和短轴 *CD*，用四心近似画法画椭圆。

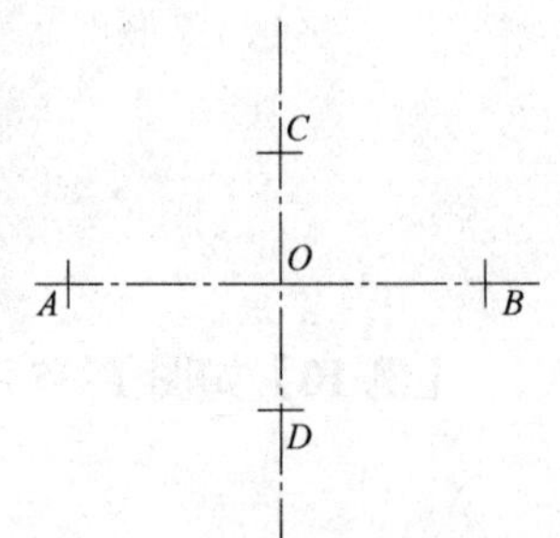

图 1–38　椭圆长轴和短轴

作图步骤如下：

1）连 *AC*，以 *O* 为圆心、*OA* 为半径画弧得点 *E*；再以 *C* 点为圆心、*CE* 为半径画弧得点 *F*；

2）作 *AF* 的垂直平分线，与 *AB* 交于点 1，与 *CD* 交于点 2。取 1、2 两点关于点 *O* 的对称点 3 和 4；

3）连接 23、34、41、12 并延长，得到一个菱形；

4）分别以点 2、4 为圆心，以 *R*=2*C*=4*D* 为半径画弧；分别以点 1、3 为圆心，以 *r*=1*A*=3*B* 为半径画弧，连接各弧并处理图线即得到椭圆，如图 1–39 所示。

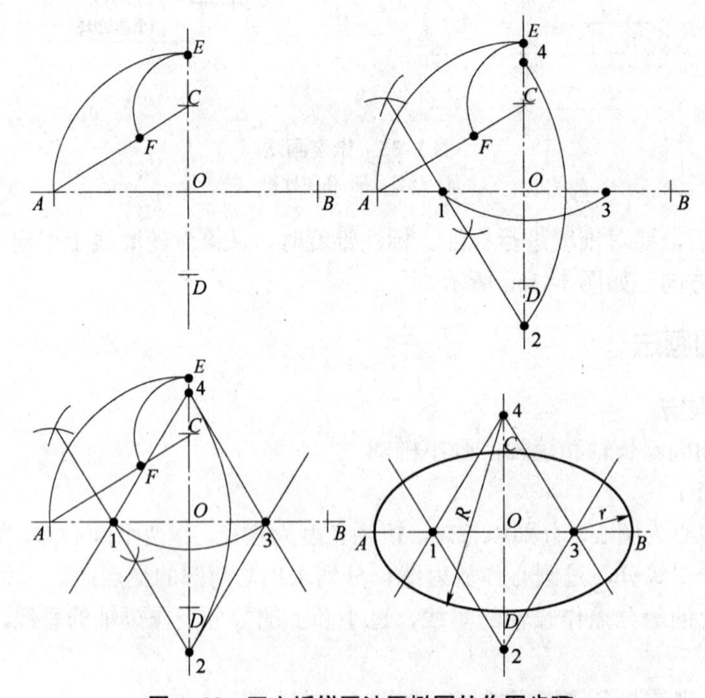

图 1–39　四心近似画法画椭圆的作图步骤

1.4　平面图形分析及作图方法

一般平面图形都是由若干线段（直线或曲线）连接而成的。要正确绘制一个平面图形，首先必须对平面图形进行尺寸分析和线段分析，弄清哪些线段的尺寸齐全可以直接作出，哪些尺寸不全，须通过作图才能画出。

1. 平面图形的尺寸分析

尺寸按其在平面图形中所起的作用，可以分为定形尺寸和定位尺寸两类。要想确定平面图形中线段的相对位置，必须引入尺寸基准的概念。

（1）尺寸基准

尺寸基准就是标注尺寸的起点。对于二维图形，需要两个方向的基准，即水平方向和垂直方向。一般平面图形中常选用的基准有：对称图形的对称线；较大圆的中心线；主要轮廓线等。如图 1–40 所示的手柄是以水平的对称中心线和 *R*15 的左端面分别作竖直方向和水平方向的基准线的。

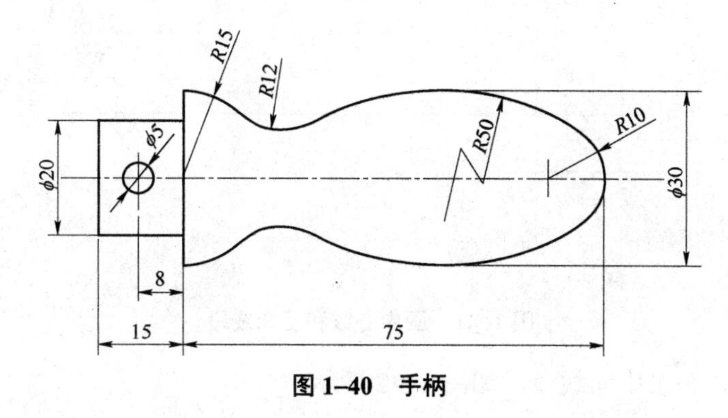

图 1–40　手柄

（2）定形尺寸

定形尺寸是确定平面图形中各组成部分形状大小的尺寸，如直线长度、角度的大小以及圆弧的直径或半径等。图 1–40 中的尺寸 ϕ20、*R*15、*R*12、*R*50 等均是定形尺寸。

（3）定位尺寸

定位尺寸是确定平面图形中各组成部分相对位置的尺寸。图 1–40 中的尺寸 8、75、ϕ30 均为定位尺寸。

2. 平面图形的线段分析

平面图形的线段根据所给的定形尺寸和定位尺寸是否齐全，可以分为三类。

（1）已知线段

定形尺寸和定位尺寸齐全，可直接画出的线段称为已知线段。图 1–40 中的 ϕ20、*R*15 及 *R*10 的圆弧便是已知线段。

（2）中间线段

已知定形尺寸，定位尺寸不全的线段称为中间线段。这种线段须画出与其一端连接的线段后，才能确定其位置，图 1–40 中的 *R*50 圆弧便是中间线段。

（3）连接线段

只有定形尺寸而无定位尺寸的线段称为连接线段。这种线段只能在其他线段画出后根据两线段相切的几何条件画出，图 1–40 中的 $R12$ 的圆弧便是连接线段。

3. 平面图形的画图步骤

平面图形常由很多线段连接而成，画平面图形时应该从哪里着手往往并不明确，因此需要通过分析图形及其尺寸才能了解它的画法。

平面图形的作图步骤如下。

1）画底稿线。按正确的作图方法绘制，要求图线细而淡，图形底稿完成后应检查，如发现错误，应及时修改，擦去多余的图线。

2）标注尺寸。为提高绘图速度，可一次完成。

3）描深图线。可用铅笔或墨线笔描深线，描绘顺序宜先细后粗、先曲后直、先横后竖、从上到下、从左到右、最后描倾斜线。

4）填写标题栏及其他说明。文字应该按相关标准的要求写。

5）修饰并校正全图。

【例 13】画出如图 1–40 所示的手柄图。

1）画中心线及已知线段，如图 1–41 所示。

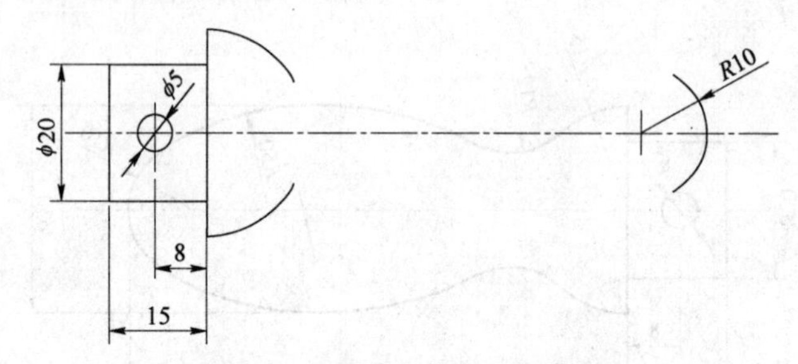

图 1–41　画中心线和已知线段

2）由已知线段画出中间线段，如图 1–42 所示。

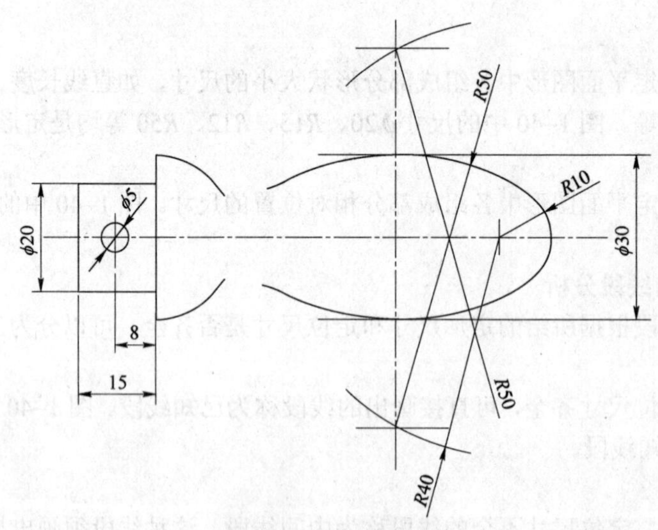

图 1–42　画中间线段

3）根据已画出的线段再画出连接线段，如图 1–43 所示。

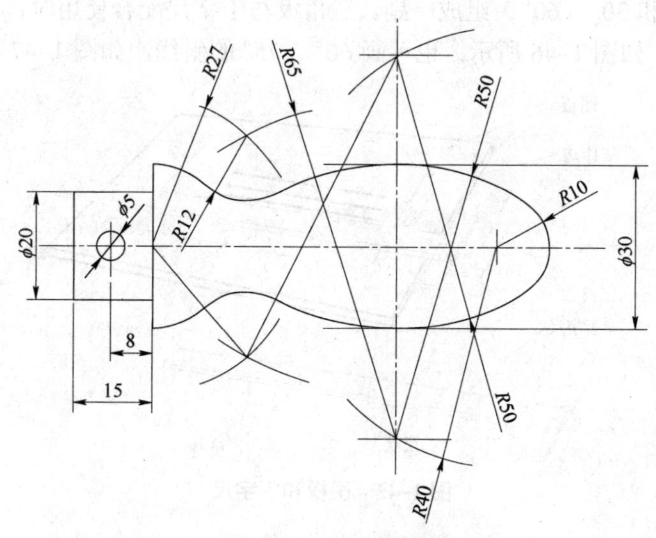

图 1–43　画连接线段

4）检查、描深、擦去多余图线，并完成标注，如图 1–44 所示。

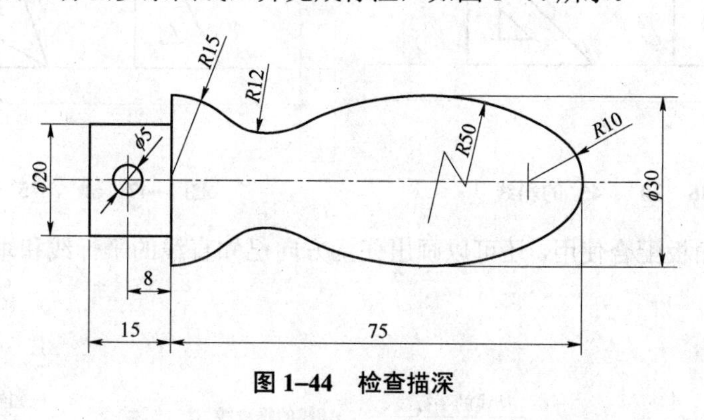

图 1–44　检查描深

1.5　常用绘图工具使用方法

绘制图样按使用工具的不同可分为仪器绘图、徒手绘图和计算机绘图。仪器绘图是借助图板、丁字尺、三角板、绘图仪器进行手工绘图的一种绘图方法。虽然目前技术图样大多已使用计算机绘制，但仪器绘图既是工程技术人员的必备基本技能，又是学习和巩固图学理论知识不可缺少的方法，学生必须熟练掌握。

1.5.1　图板、丁字尺和三角板

图板是室内设计制图中最基本的工具之一，一般为硬度适中、干燥平坦的矩形木板。图板的两端为硬直木，以防图板弯曲，并利于导边。图板的短边称为工作边，而面板称为工作面，图板左侧为丁字尺的导边。丁字尺由尺头和尺身构成，尺身的上边为工作边，主要用来画水平线。使用丁字尺时，尺头内侧必须靠紧图板的导边，用左手推动丁字尺上下移动，沿尺身的上边自左向右画出一系列水平线，如图 1–45 所示。

三角板由 45° 和 30°（60°）组成一副。三角板与丁字尺配合使用时，可画垂直线，也可画 30°、45°斜线，如图 1–46 所示；也可画 60°、75° 的斜线，如图 1–47 所示。

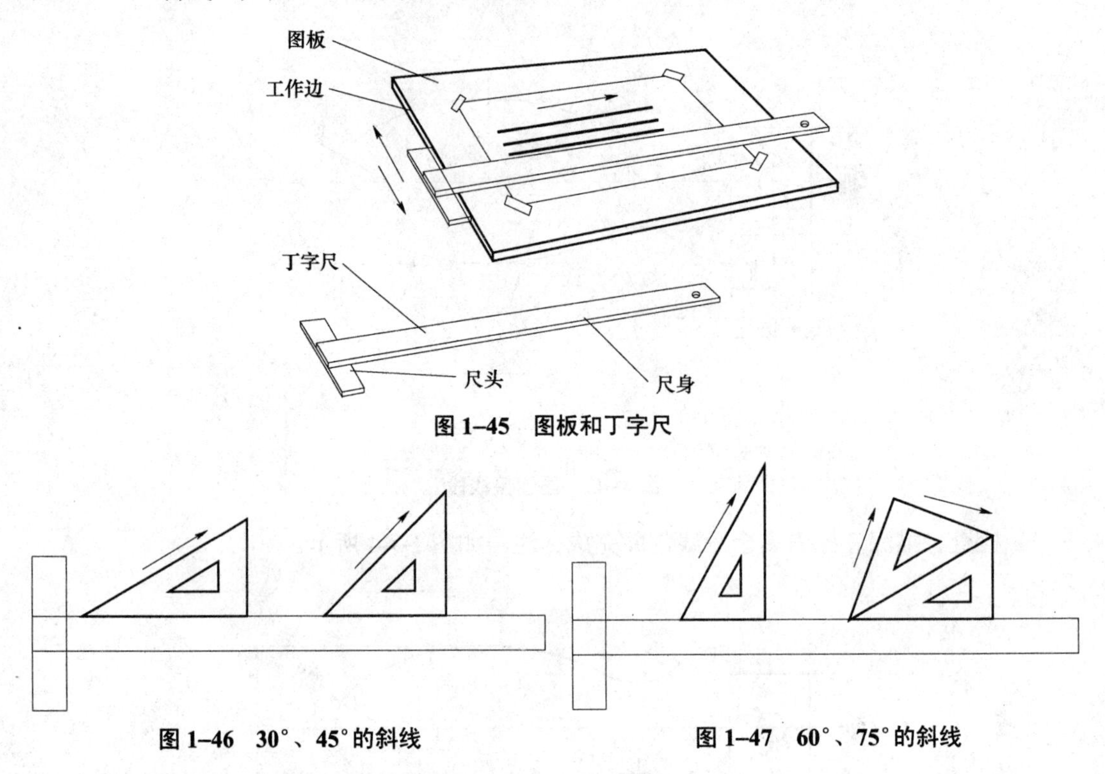

图 1–45　图板和丁字尺

图 1–46　30°、45° 的斜线

图 1–47　60°、75° 的斜线

如将两块三角板配合使用，还可以画出任意方向已知直线的平行线和垂直线，如图 1–48 所示。

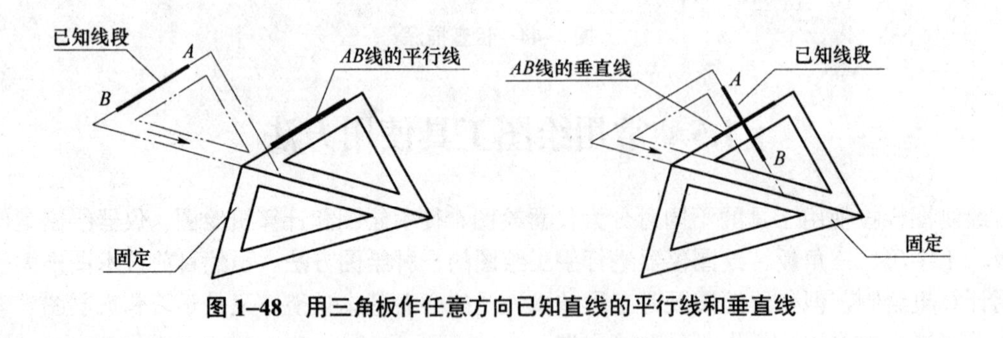

图 1–48　用三角板作任意方向已知直线的平行线和垂直线

1.5.2　圆规和分规

1. 圆规

圆规是绘图仪器中的主要件，用来画圆及圆弧。圆规的使用方法如图 1–49 所示：

1）先调整针尖和铅芯插腿的长度，使针尖略长于铅芯，如图 1–49a 所示；

2）取好半径，以右手握住圆规头部，左手食指协助将针尖对准圆心，如图 1–49b 所示；

3）匀速顺时针转动圆规画圆，如图 1–49c 所示；

4）如所画圆较小，可将铅芯插腿及钢针向内倾斜，如图 1–49d 所示；

5）若所画圆较大，可加装延伸杆，如图 1–49e 所示。

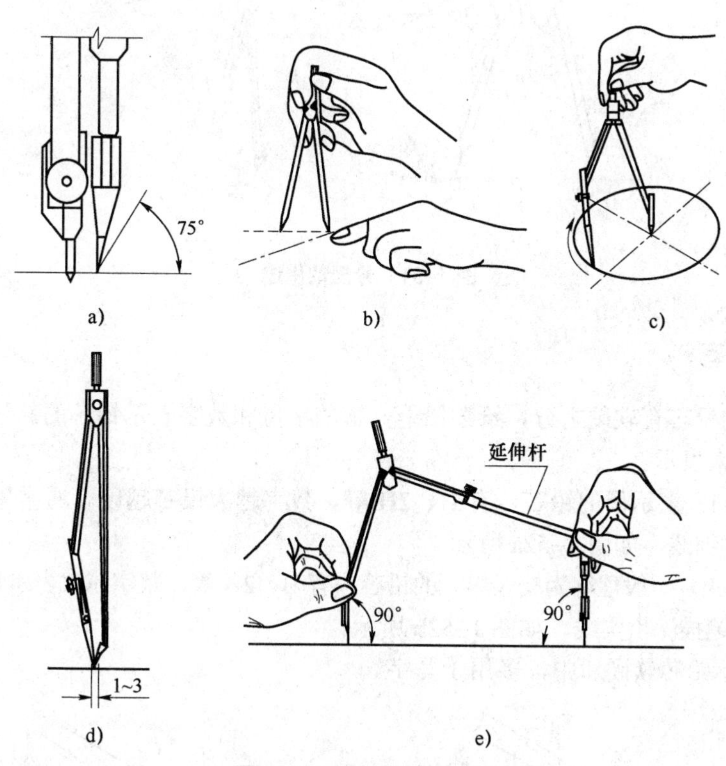

图 1–49　圆规的使用方法

2. 分规

分规的两腿均装有钢针，当分规两腿合拢时，两针尖应合成一点，分规主要用于量取尺寸和等分线段，如图 1–50 所示。

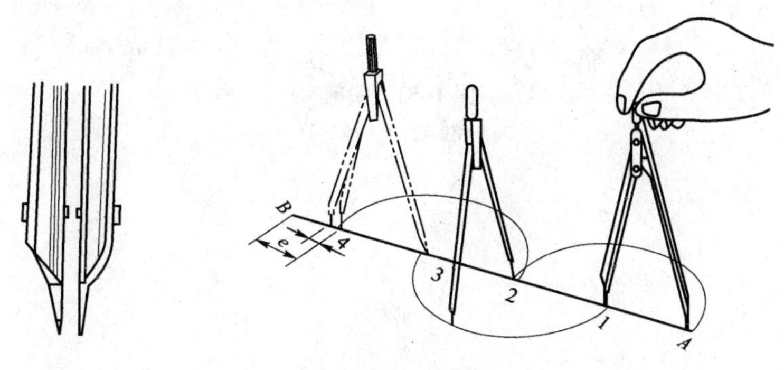

图 1–50　分规

分规的用途如图 1–51 所示：

1）用分规量取线段，如图 1–51a 所示；

2）用分规等分线段，如图 1–51b 所示。

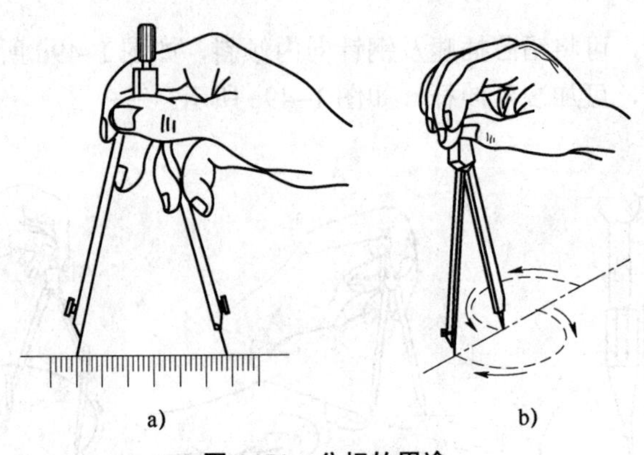

a)　　　　　　b)

图 1–51　分规的用途

1.5.3　铅笔

绘图铅笔的铅芯有软硬之分，绘图铅笔一端的字母和数字表示铅芯的软硬程度，用代号 H、B 和 HB 等来表示。

1）H（Hard）表示硬的铅芯，有 H、2H 等，数字越大铅芯越硬。通常用 H 或 2H 的铅笔打底稿和加深细线，如图 1–52a 所示。

2）B（Black）一般理解为软（黑）的铅芯，有 B、2B 等，数字越大表示铅芯越软，通常用 B 或 2B 的铅笔描深粗实线，如图 1–52b 所示。

3）HB 表示铅芯软硬适中，多用于写字。

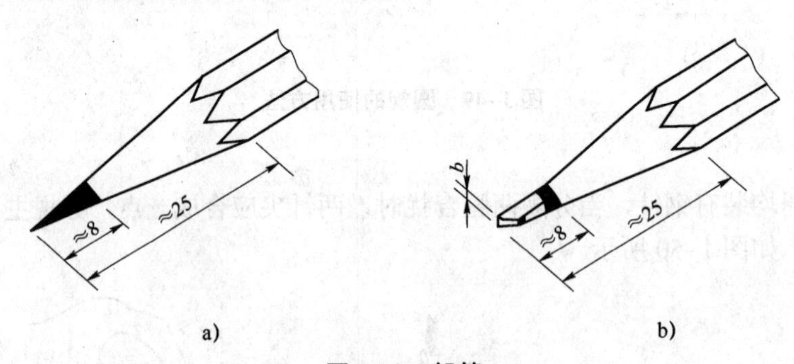

a)　　　　　　b)

图 1–52　铅笔

a）硬铅芯；b）软铅芯

第2章

正投影与三视图

物体在阳光或灯光等光线的照射下，就会在墙面或地面上投下影子，投影法就是将这一现象进行科学的抽象。

本章主要内容有投影基础，尺寸标注，点、线、面的投影。

2.1 投影基础

2.1.1 投影的类型

投影线通过物体向所选定的平面投影，并在该平面上得到图形的方法即为投影法。其中，光源称为投射中心，光线称为投射线，墙面或地面称为投影面，影子称为物体的投影。投影法分为中心投影法和平行投影法两种。

1. 中心投影法

投影线汇交于一点的投影法称为中心投影法。如图 2–1a 所示，三条投射线 *SA*、*SB*、*SC* 汇交于一点投射中心 *S*。日常生活中，照相、电影和人眼看东西得到的影像，都属于中心投影。用中心投影法绘制的图形符合人们的视觉习惯，立体感强，常用来绘制建筑物的透视图。但是，中心投影法作图复杂，且度量性差，因此机械图样中很少采用。

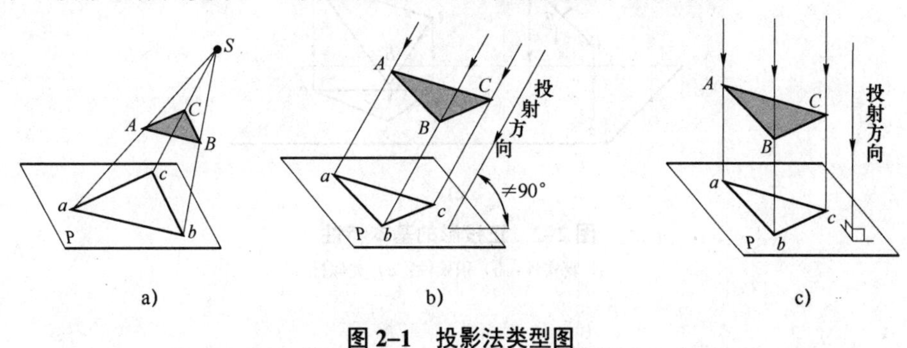

图 2–1　投影法类型图

a）中心投影；b）斜投影；c）正投影

2. 平行投影法

投射线相互平行的投影法称为平行投影法，即将投射中心 *S* 移到无穷远处，使所有的投射线都相互平行。按投影线与投影面是否垂直，平行投影法又可分为斜投影法（图 2–1b）和正投影法（图 2–1c）。

1）斜投影法，指投射线倾斜于投影面的投影法。

2）正投影法，指投射线垂直于投影面的投影法。

由于正投影能准确地反映物体真实的形状和大小，便于测量，且作图简便，所以机械图样通常采用正投影法绘制。本书后文若无特别说明，投影均指正投影。

2.1.2 正投影的基本特性

正投影的基本特性如图 2–2 所示，具体如下。

1. 真实性

当直线、曲线或平面平行于投影面时，直线或曲线的投影反映实长，平面的投影反映真实形状，这种投影特性称为真实性。

2. 积聚性

当直线或平面、曲面垂直于投影面时，直线的投影积聚成一点，平面或曲面的投影积聚成直线或曲线，这种投影特性称为积聚性。

3. 类似性

当直线、曲线或平面倾斜于投影面时，直线或曲线的投影仍为直线或曲线，但小于实长。平面图形的投影小于真实图形的大小，且与真实图形类似。这种原形与投影不相等也不相似，但两者边数、凹凸、曲直及平行关系不变的性质称为类似性。

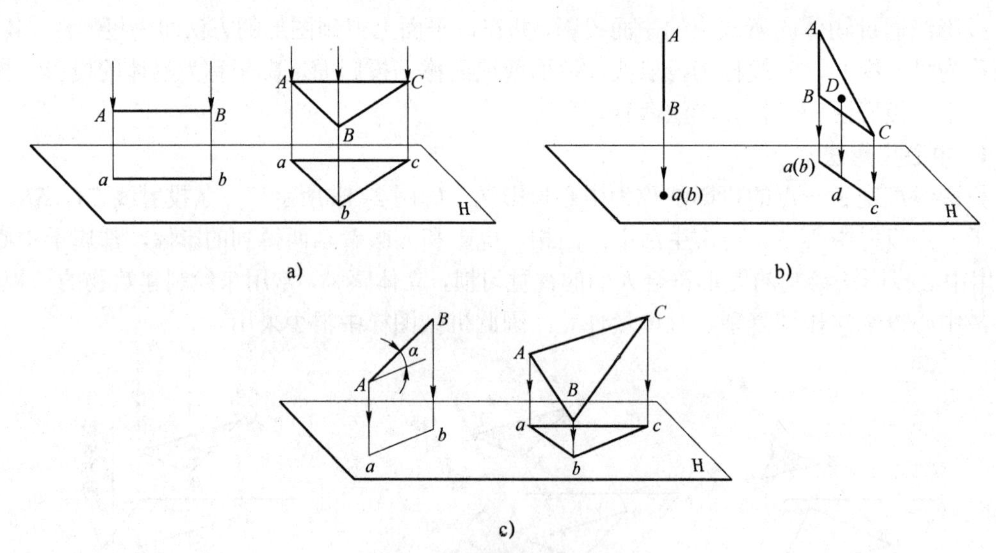

图 2–2 正投影的基本特性

a）真实性；b）积聚性；c）类似性

2.2 三投影面体系与三视图的形成

2.2.1 三投影面体系的建立

三投影面体系由三个互相垂直的投影面所组成，如图 2–3 所示。

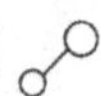

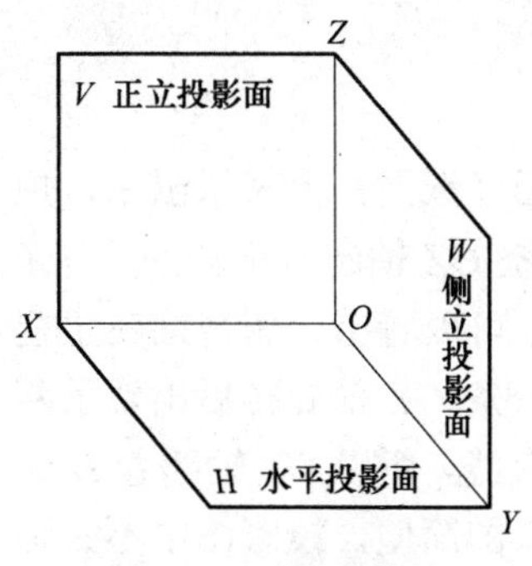

图 2–3　三投影面体系

在三投影面体系中，三个投影面分别如下。

1）正立投影面：简称为正面，用 V 表示。

2）水平投影面：简称为水平面，用 H 表示。

3）侧立投影面：简称为侧面，用 W 表示。

三个投影面的相互交线，称为投影轴，分别如下。

1）OX 轴：V 面和 H 面的交线，代表长度方向。

2）OY 轴：H 面和 W 面的交线，代表宽度方向。

3）OZ 轴：V 面和 W 面的交线，代表高度方向。

三个投影轴的交点 O，称为原点。

2.2.2　三视图的形成

将物体放在三投影面体系中，物体的位置处于人与投影面之间，然后将物体对各个投影面进行投影，得到三个视图，这样才能把物体的长、宽、高三个方向，上下、左右、前后六个方位的形状表达出来，如图 2–4a 所示。三个视图分别如下。

1）主视图：从前往后进行投影，在正立投影面（V 面）上得到的视图。

2）俯视图：从上往下进行投影，在水平投影面（H 面）上得到的视图。

3）左视图：从左往右进行投影，在侧立投影面（W 面）上得到的视图。

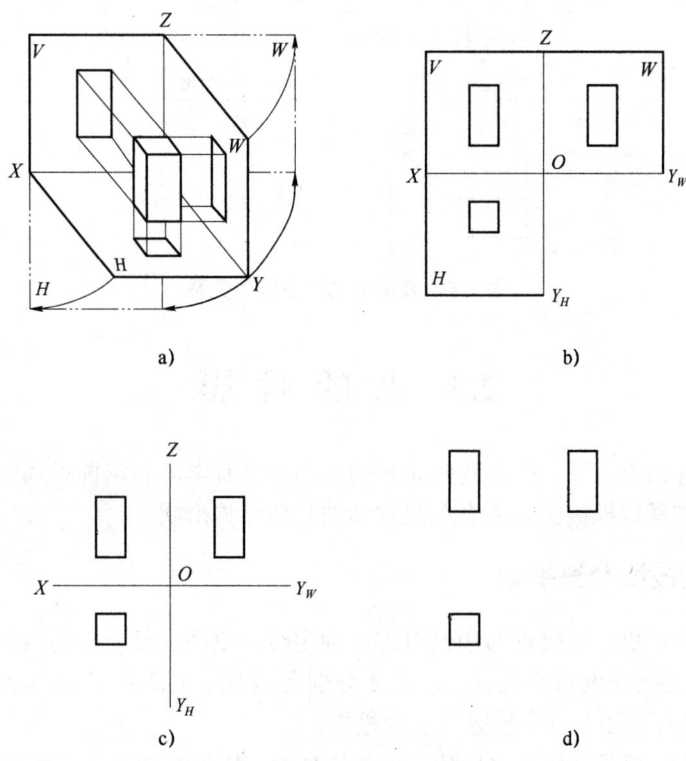

图 2–4　三视图的形成及展开过程

2.2.3 三投影面体系的展开

在实际作图中，为了画图方便，需要将三个投影面在一个平面（纸面）上表示出来，规定：使 V 面不动，H 面绕 OX 轴向下旋转 90° 与 V 面重合，W 面绕 OZ 轴向右旋转 90° 与 V 面重合，这样就得到了在同一平面上的三视图，如图 2–4b 所示。可以看出，俯视图在主视图的下方，左视图在主视图的右方。在这里应特别注意的是：同一条 OY 轴旋转后出现了两个位置，因为 OY 轴是 H 面和 W 面的交线，也就是两投影面的共有线，所以 OY 轴随着 H 面旋转到 OY_H 的位置，同时又随着 W 面旋转到 OY_W 的位置。为了作图简便，投影图中不必画出投影面的边框，如图 2–4c 所示。由于画三视图时主要依据投影规律，所以投影轴也可以进一步省略，如图 2–4d 所示。

2.2.4 三视图的投影规律

从图 2–5 可以看出：一个视图只能反映两个方向的尺寸，主视图反映了物体的长度和高度，俯视图反映了物体的长度和宽度，左视图反映了物体的宽度和高度。由此可以归纳出三视图的投影规律：主、俯视图“长对正”（等长），主、左视图“高平齐”（等高），俯、左视图“宽相等”（等宽）。

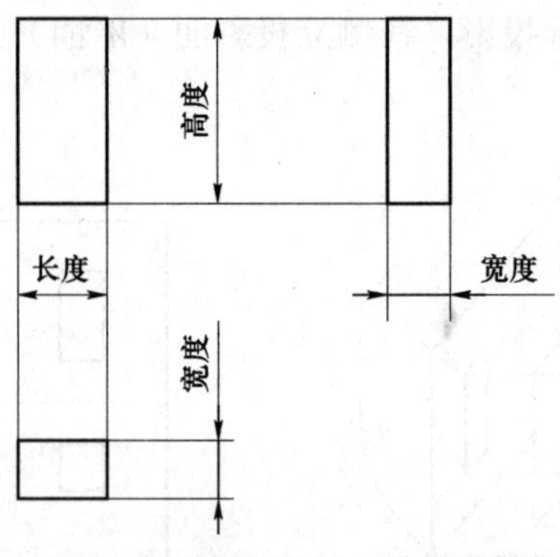

图 2–5 视图间的“三等”关系

2.3 点 的 投 影

任何物体都是由点、线、面等几何元素构成的，只有学习和掌握了几何元素的投影规律和特征，才能透彻理解机械图样所表示的物体的具体结构形状。

2.3.1 点的投影及其标记

点的投影永远是点，当投影面和投射方向确定时，空间上任一点的投影是唯一确定的。如图 2–6a 所示，假设空间有一点 A，过点 A 分别向 H 面、V 面和 W 面作垂线，得到三个垂足 a、a' 和 a''，即为点 A 在三个投影面上的投影。

空间的点用大写字母（比如 A）表示，它在 H 面、V 面和 W 面三个面的投影用小写字母（比如 a、a' 和 a''）表示。

根据三面投影图的形成规律将其展开，去掉投影面的边框线，就得到如图 2–6c 所示的

空间点 A 的三面投影图。

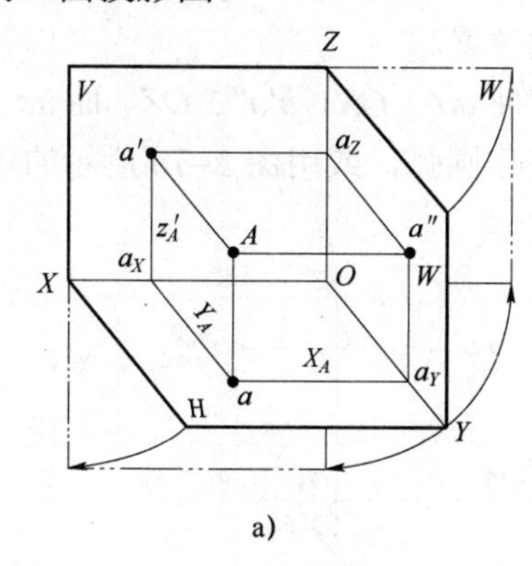

a)

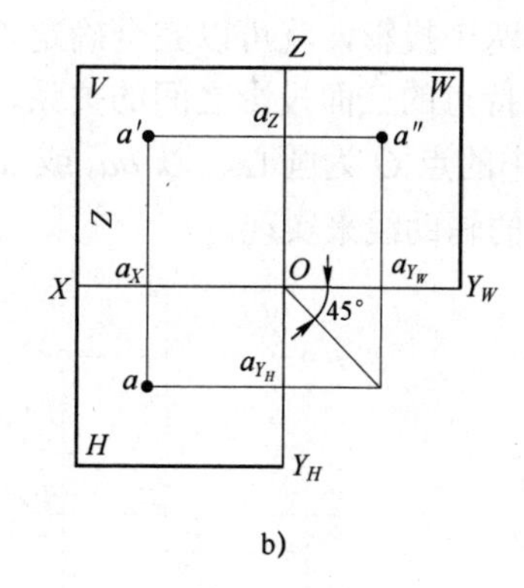

b)

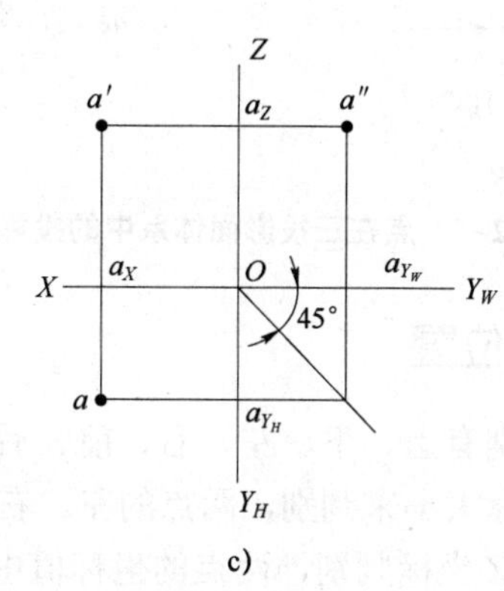

c)

图 2–6 点的投影

a）点在三投影面体系中的投影；b）三投影面体系的展开；c）点的三面投影图

2.3.2 点的三面投影规律

如果把三面投影体系看作空间直角坐标系，则投影面 H、V、W 即为坐标面，投影轴 OX、OY、OZ 即为坐标轴，O 点为坐标原点。在图 2–6 中可看到空间点 A 到三个投影面的距离就是点 A 的三个坐标值（X_A，Y_A，Z_A）。它们之间的对应关系可以表示如下：

- 点 A 到 W 面的距离：$Aa''=aa_Y=a'a_Z=a_XO$ =点 A 的 X 轴坐标值 X_A；
- 点 A 到 V 面的距离：$Aa'=aa_X=a''a_Z=a_YO$ =点 A 的 Y 轴坐标值 Y_A；
- 点 A 到 H 面的距离：$Aa=a'a_X=a''a_Y=a_ZO$ =点 A 的 Z 轴坐标值 Z_A。

点 A 的空间位置由其坐标（X_A，Y_A，Z_A）确定。点 A 的三面投影的坐标分别为：水平投影 a（X_A，Y_A，0）、正面投影 a'（X_A，0，Z_A）、侧面投影 a''（0，Y_A，Z_A）。

因此，若已知空间一点的三个坐标，就可作出该点的三面投影；若已知空间一点的两面投影，也就等于已知该点的三个坐标，即可求出该点的第三面投影。

从图中还可以看出 $a'a\perp OX$、$a'a''\perp OZ$、$aa_{Y_H}\perp OY_H$、$a''a_{Y_W}\perp OY_W$，说明点的三个投影不是孤立的，而是彼此之间有一定的位置关系，而且这个关系不因空间点的位置改变而改变，因此点的投影规律概括为：

1）点的投影到投影轴的距离等于空间点到相应投影面的距离；

2）点的两面投影的连线垂直于相应的投影轴。

根据上述点的投影与其空间位置的关系，若已知点的空间位置，就可以画出点的投影；若已知点的两个投影，就可以完全确定点在空间的位置。

为了保持点的三面投影之间的关系，作图时应使 $aa' \perp OX$、$a'a'' \perp OZ$。而 $aa_X = a''a_Z$，可以图 2–7a 中的点 O 为圆心、以 aa_X 或 $a''a_Z$ 为半径作圆弧，或用图 2–7b 所示的过点 O 与水平轴成 45° 的辅助线来实现。

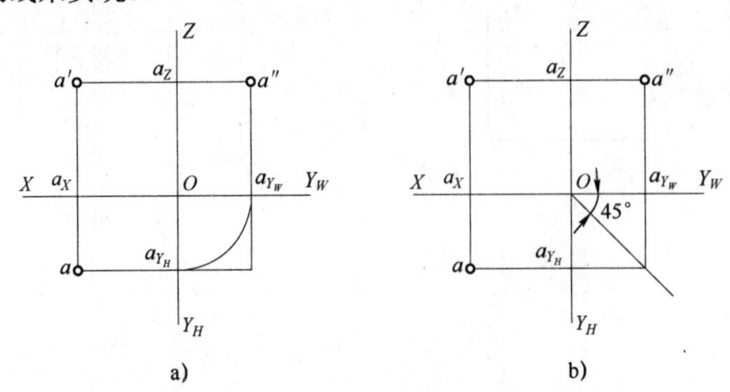

图 2–7　点在三投影面体系中的投影规律

2.3.3　空间两点的相对位置

空间两点的相对位置，分别有上、下、左、右、前、后的关系。这种位置关系在投影图中，要由它们的同面投影的坐标大小来判别，两点的左、右位置由 X 坐标判别；前、后位置由 Y 坐标判别；上、下位置由 Z 坐标判别，两点的坐标值中较大的则为左或前或上。

如图 2–8a 所示，空间有两个点 A（X_A，Y_A，Z_A）、B（X_B，Y_B，Z_B）。由 V 面投影知 $X_A > X_B$，则说明 A 点在 B 点的左边；由 H 面投影知 $Y_A > Y_B$，则说明 A 点在 B 点的前边；由 W 面投影知 $Z_A > Z_B$，则说明 A 点在 B 点的上边。从图 2–8b 看出，三个坐标差可以准确地反映在两点的投影图中。

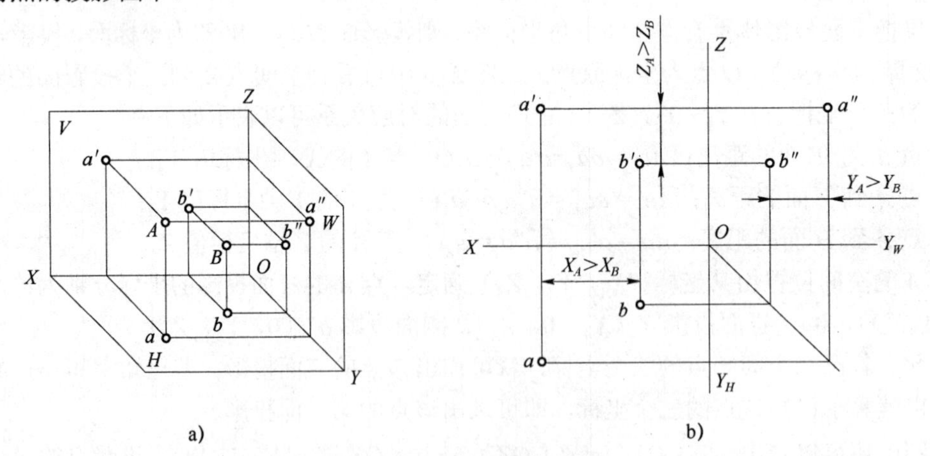

图 2–8　两点的相对位置

2.3.4　重影点

当空间两点的某两对坐标相同时，它们将处于某一投影面的同一条投射线上，这两点在该投影面上的投影重合，则称这两点为对该投影面的重影点。如图 2–9a 所示，A、B 两点位于 V 面的同一条投射线上，它们的正面投影 a'、b'重合，称 A、B 两点为对 V 面的重影点，这两点的 X、Z 坐标分别相等，Y 坐标不等。同理，C、D 两点位于 H 面的同一条投射线上，它们的水平投影 c、d 重合，称 C、D 两点为对 H 面的重影点，它们的 X、Y 坐标分别相等，Z 坐标不等。

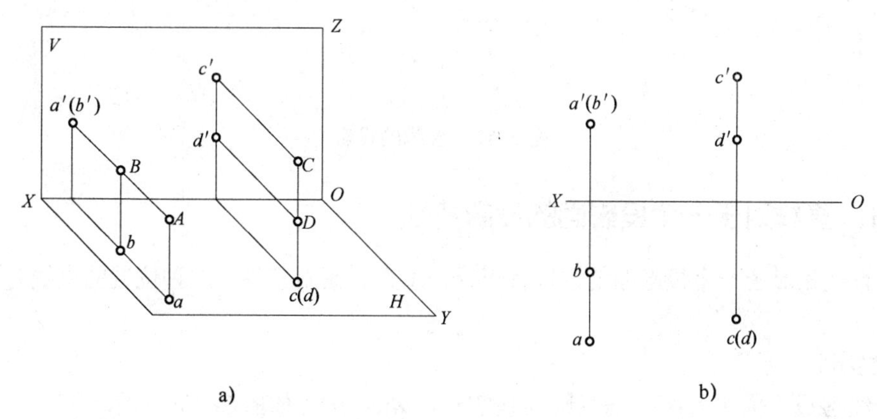

图 2–9　重影点

由于重影点有一对坐标不相等，所以，在重影的投影中，坐标值大的点的投影会遮住坐标值小的点的投影，即坐标值大的点的投影可见，坐标值小的点的投影不可见。对于不可见的点，其投影的字母加括号表示，如图 2–9b 中的 b'点和 d 点所示。

【例 1】已知 A 点的两个投影 a 和 a'，如图 2–10 所示，求第三投影 a''。

方法 1：通过作 45° 线使 $a''a_Z=aa_X$，即通过点 a'作 Y 轴的平行线；通过点 a 作 Y 轴的平行线与 45° 线相交，过此交点作 Z 轴平行线，与 $a'a_Z$ 的交点即为 a''，如图 2–11a 所示。

方法 2：用工具直接量取 $a''a_Z=aa_X$。如图 2–11b 所示。

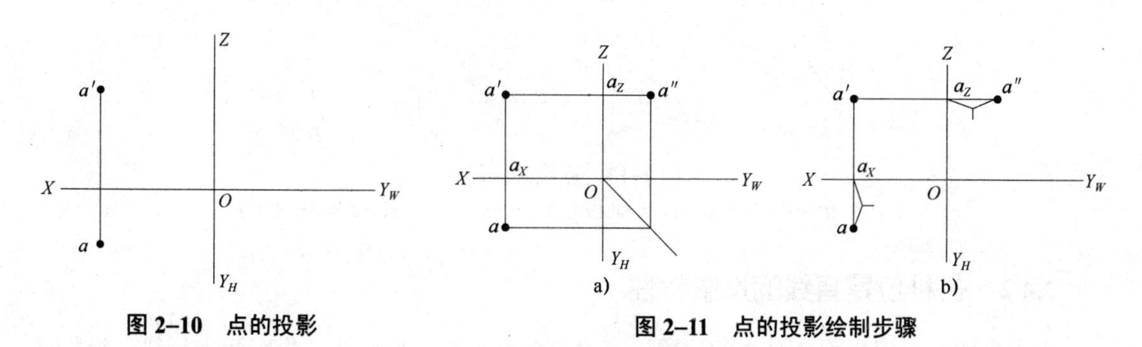

图 2–10　点的投影　　　**图 2–11　点的投影绘制步骤**

2.4　直线的投影

两点确定一条直线，所以空间任一直线的投影可由直线上两点的同面投影来确定。图 2–12 所示的直线 AB，求作它的三面投影图时，可分别作出 A、B 两端点的投影（a、a'、a''）、（b、b'、b''），然后将其同面投影连接起来即得直线 AB 的三面投影图（ab、$a'b'$、$a''b''$）。

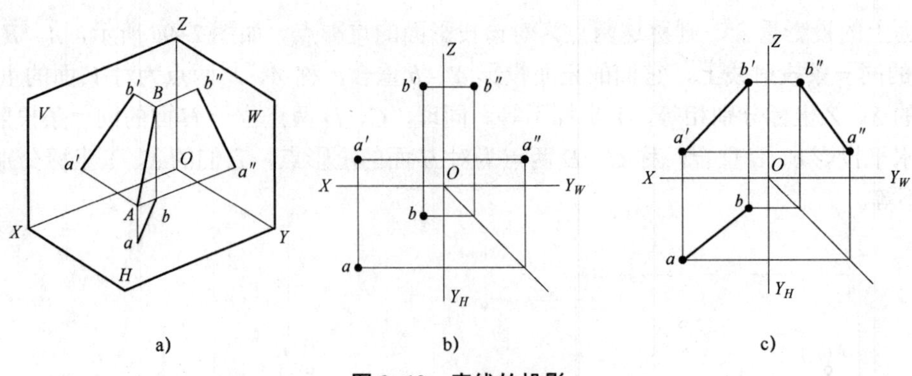

a)　　　　　　b)　　　　　　c)

图 2–12　直线的投影

2.4.1　直线对于一个投影面的投影特性

空间直线相对于一个投影面的位置有平行、垂直、倾斜三种，三种位置的直线有不同的投影特性。

1. 真实性

当直线与投影面平行时，则投影反映实长，$ab = AB$，如图 2–13a 所示。

2. 积聚性

当直线与投影面垂直时，则投影积聚成一点，如图 2–13b 所示。

3. 类似性

当直线与投影面倾斜时，则投影缩短，$ab = AB\cos\theta$，如图 2–13c 所示。

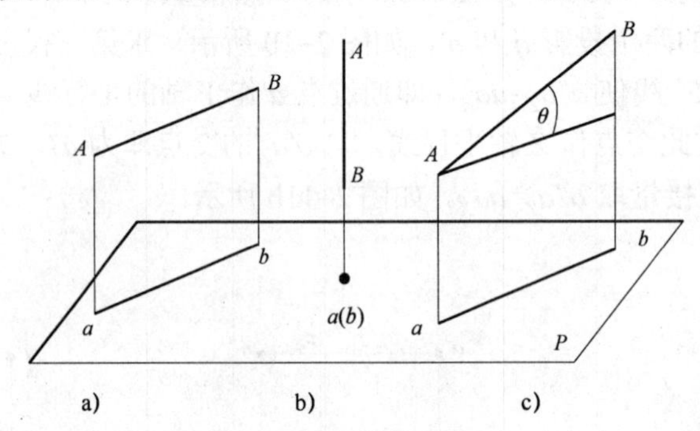

a)　　　　b)　　　　c)

图 2–13　直线的投影

a）直线 *AB* 平行于平面 *P*；b）直线 *AB* 垂直于平面 *P*；c）直线 *AB* 倾斜于平面 *P*

2.4.2　各种位置直线的投影特性

根据直线在三投影面体系中的位置，直线可分为投影面倾斜线、投影面平行线、投影面垂直线三类。前一类直线称为一般位置直线，后两类直线称为特殊位置直线。

1. 投影面平行线

平行于一个投影面、倾斜于另外两个投影面的直线，称为投影面平行线。在三投影面体系中有三个投影面，因此投影面平行线有三种：水平线——平行于 *H* 面的直线，正平线——平行于 *V* 面的直线，侧平线——平行于 *W* 面的直线。

投影面平行线的立体图、投影图及投影特性见表 2–1。

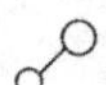

表 2–1　投影面平行线的立体图、投影图及投影特性

线型	立体图	投影图	投影特性
水平线			1）水平投影 ab 反映实长，ab 与投影轴的夹角反映 β、γ 角 2）$a'b'$ // OX 轴，$a''b''$ // OY_W 轴，$a'b'$和 $a''b''$均小于实长
正平线			1）正面投影 $c'd'$反映实长，$c'd'$与投影轴的夹角反映 α、γ 角 2）cd // OX 轴，$c''d''$ // OZ 轴，cd 和 $c''d''$均小于实长
侧平线			1）侧面投影 $e''f''$反映实长，$e''f''$与投影轴的夹角反映 α、β 角 2）$e'f'$ // OZ 轴，ef // OY_H 轴，$e'f'$和 ef 均小于实长

从表 2–1 中可得出投影面平行线的投影特性如下：

1）直线在所平行的投影面上的投影反映实长，该投影和投影轴的夹角反映了空间直线对相应投影面的倾角；

2）直线在其余两投影面上的投影为变短的直线段，且平行于相应的投影轴。

【例 2】 如图 2–14 所示，已知空间点 A，试作线段 AB 的投影图，AB 长度为 15 mm，并使其平行于 V 面，与 H 面的倾角 α=30°。

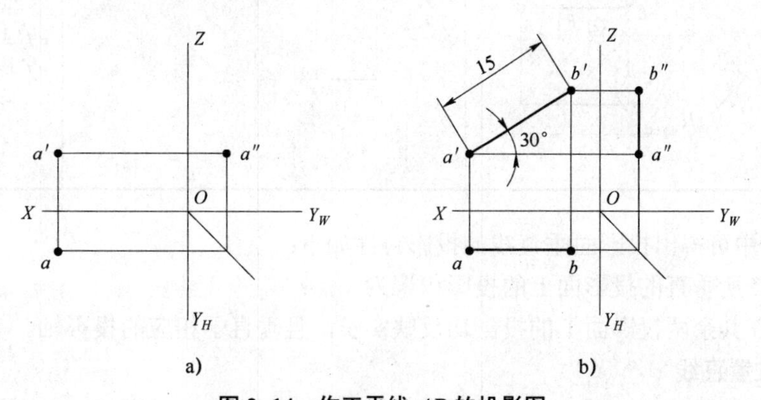

图 2–14　作正平线 *AB* 的投影图

a）题目；b）解答

2. 投影面垂直线

垂直于一个投影面、平行于另外两个投影面的直线，称为投影面垂直线。在三投影面体系中有三个投影面，因此投影面垂直线有三种：铅垂线——垂直于 H 面的直线，正垂线——垂直于 V 面的直线，侧垂线——垂直于 W 面的直线。

投影面垂直线的立体图、投影图及投影特性见表 2–2。

表 2–2　投影面垂直线的立体图、投影图及投影特性

线型	立体图	投影图	投影特性
铅垂线	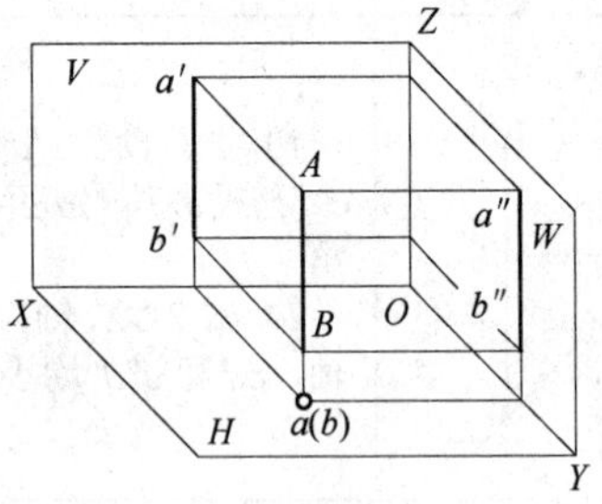	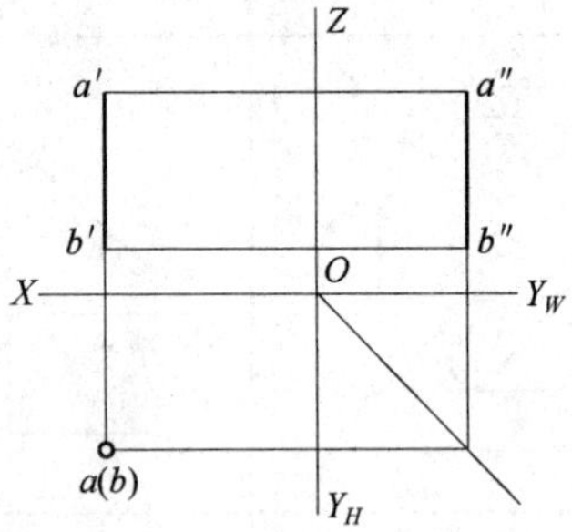	1）水平投影积聚成一点 a（b） 2）$a'b' \perp OX$ 轴，$a''b'' \perp OY_W$ 轴，$a'b'$ 和 $a''b''$ 均反映实长
正垂线	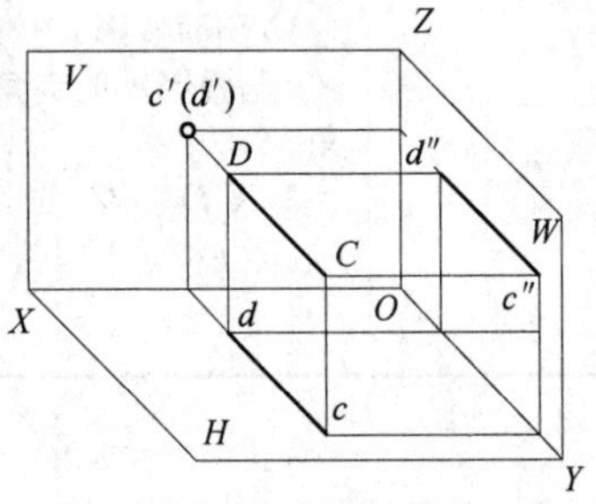	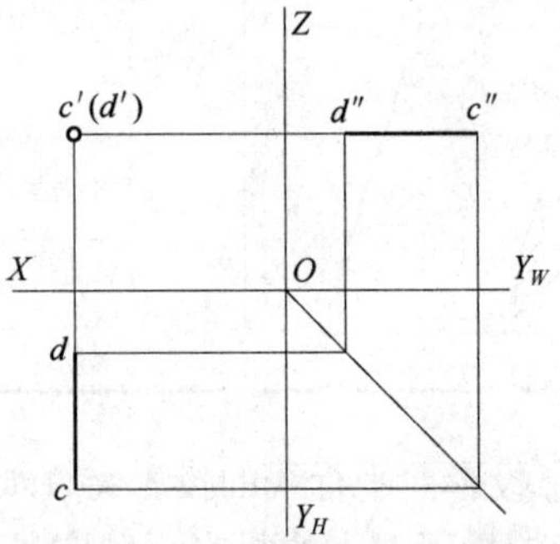	1）正面投影积聚成一点 c'（d'） 2）$cd \perp OX$ 轴，$c''d'' \perp OZ$ 轴，cd 和 $c''d''$ 均反映实长
侧垂线	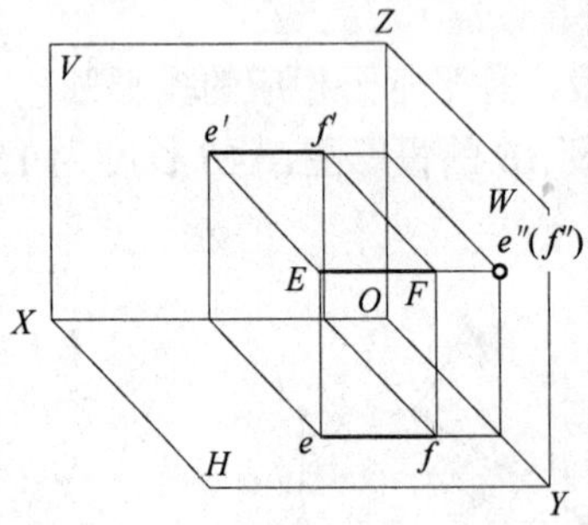	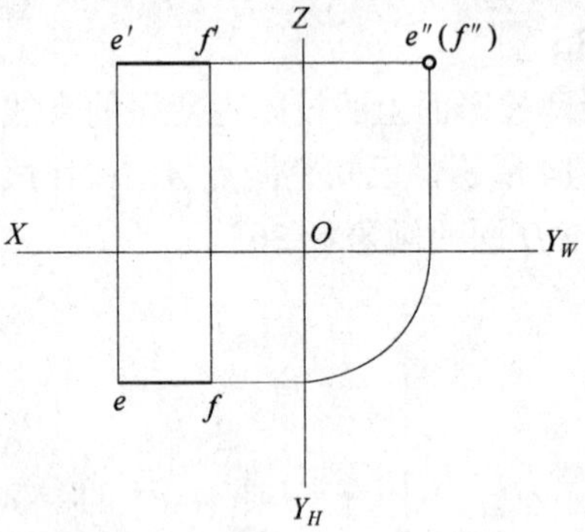	1）侧面投影积聚成一点 e''（f''） 2）$ef \perp OY_H$ 轴，$e'f' \perp OZ$ 轴，ef 和 $e'f'$ 均反映实长

从表 2–2 中可得出投影面垂直线的投影特性如下：

1）直线在所垂直的投影面上的投影积聚为一点；

2）直线在其余两投影面上的投影均反映实长，且垂直于相应的投影轴。

3. 一般位置直线

对三个投影面都倾斜的直线，称为一般位置直线。如图 2–15a 所示，直线 AB 相对 H 面、V 面和 W 面均处于既不垂直又不平行的位置，则称 AB 为一般位置直线。

由于一般位置直线对三个投影面的倾角 α、β、γ 既不等于 0°，也不等于 90°，因此，各投影的长度都小于实长。由此可得出，一般位置直线的投影特性为：

1）三个投影都倾斜于投影轴，且投影长度小于实长；

2）直线的投影与投影轴间的夹角，不反映空间直线对投影面的倾角。

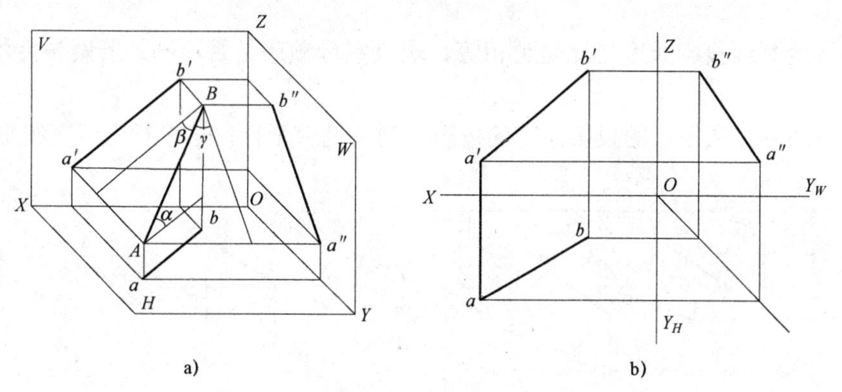

图 2–15　一般位置直线

a）立体图；b）投影图

2.4.3　直线上点的投影

直线上点的投影特性有从属性和定比性两个特点。

1. 从属性

若点在直线上，则点的投影必在该直线的各同面投影上。如图 2–16 所示，点 K 在直线 AB 上，则有 $k \in ab$，$k' \in a'b'$。

2. 定比性

若直线上的点把直线段分为两段，则两段的长度之比等于各投影点分直线投影的长度之比。如图 2–16 所示，点 K 分直线 AB 为 AK 和 KB 两段，则有 $AK{:}KB = ak{:}kb = a'k'{:}k'b'$。

从属性和定比性是点在直线上的充分必要条件，可以用于判断点是否在直线上，一般只要看两组同面投影即可判断。

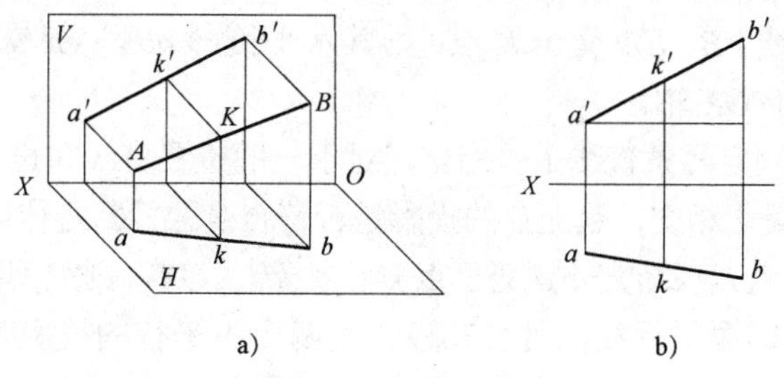

图 2–16　直线上的点

3. 空间两直线的相对位置

空间两直线的相对位置有平行、相交和交叉三种情况。

（1）平行

若空间两直线互相平行，则其同面投影都平行，且两直线长度之比等于它们的各同面投影长度之比。如图 2–17a 所示，因为 $AB // CD$，则投影 $ab // cd$、$a'b' // c'd'$，且 $ab:cd=a'b':c'd'$。

如果欲从投影图上判定两条直线是否平行，对于一般位置直线和投影面垂直线，只要看它们的任意两个同面投影是否平行即可。例如，图 2–17b 中，因为投影 $ab // cd$、$a'b' // c'd'$，则空间直线 $AB // CD$。对于投影面平行线，若已知两对不平行的投影，则可以利用以下两种方法判断：

1）判断两直线投影长度之比是否相等、端点字母顺序是否相同，若两条件均满足则两直线平行；

2）求出两直线所平行的投影面上的投影，判断是否平行，若平行则两直线平行。

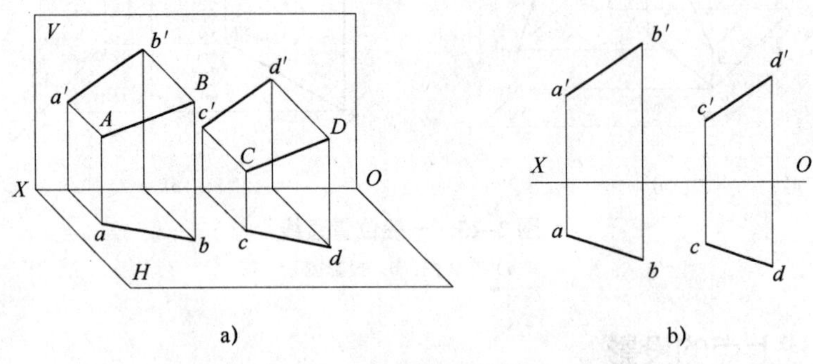

图 2–17　两平行直线

如图 2–18 所示，投影 $a'b' // c'd'$、$ab // cd$，但由于字母顺序 a'、b'、d'、c'与 a、b、c、d 不同，因此便可以判定空间直线 AB、CD 两直线的空间位置不平行。当然，也可以从它们的侧面投影清楚地看出 $a''b''$与 $c''d''$不平行，由此同样得出 AB 与 CD 不平行的结论。

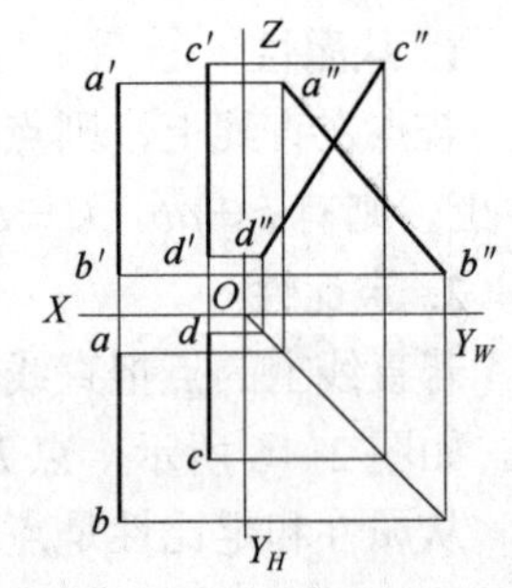

图 2–18　判断两直线是否平行

（2）相交

若空间两直线相交，则它们的各个同面投影也分别相交，且交点的投影符合点的投影规律；若两直线的各个同面投影分别相交，且交点的投影符合点的投影规律，则两直线在空间必相交。如图 2–19a 所示，两直线 AB、CD 交于 K 点；则其水平投影 ab 与 cd 交于 k 点；正面投影 $a'b'$与 $c'd'$交于 k'，kk'垂直于 OX 轴。

如果欲从投影图上判定两条直线是否相交，对于一般位置直线和投影面垂直线，只要看它们的任意两个同面投影是否相交，且交点的投影是否符合点的投影规律即可。例如，图 2–19b 中，因为 ab 与 cd 交于点 k，$a'b'$与 $c'd'$交于点 k'，且 $kk' \perp OX$，则空间直线 AB 与 CD 相交。当两直线中有一条为投影面平行线，且已知该直线两个不平行的投影时，则可以利用定比关系或求第三投影的方法判断。如图 2–20a 所示，点 K 在直线 AB 上，但是，由于 $ck:kd \neq c'k':k'd'$，点 K 不在直线 CD 上，所以，点 K 不是两直线 AB 与 CD 的共有点，即 AB 与 CD 不相交。图 2–20b 中求出了侧面投影，从图中可以看出，虽然两直线 AB 与 CD 的三个投影都分别相交，但是，三个投影的交点不符合点的投影规律，因此直线 AB 与 CD 不相交。

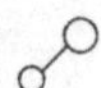

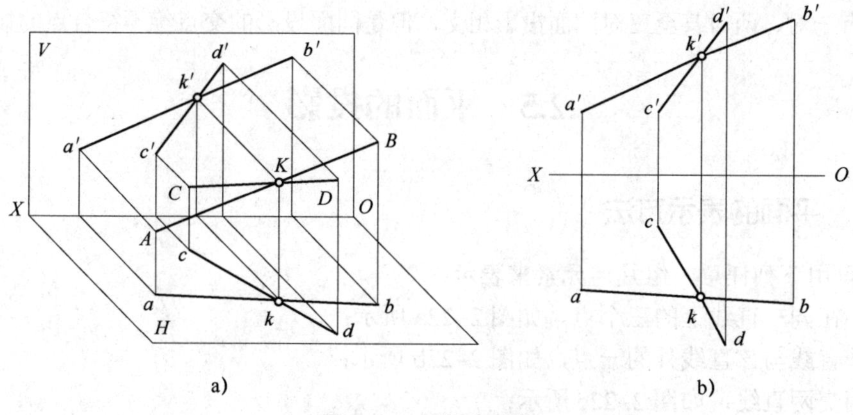

图 2–19　两相交直线

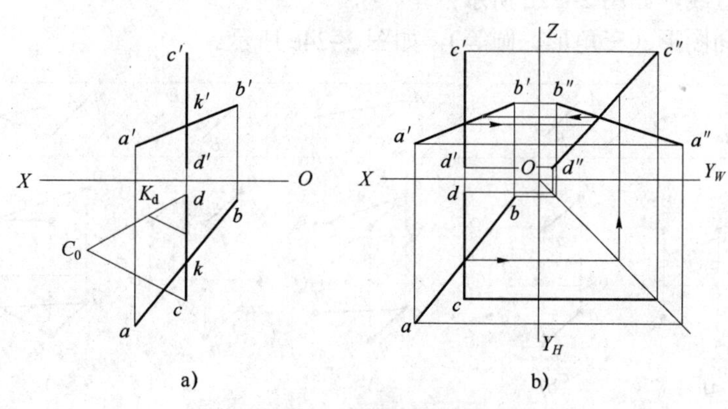

图 2–20　两不相交直线

（3）交叉

在空间既不平行又不相交的两直线称为交叉直线或异面直线。因此，它们的投影在投影图上，既不符合两直线平行的投影特性，也不符合两直线相交的投影特性。

如图 2–21a 所示，$a'b' // c'd'$，但是 ab 不平行于 cd，因此，直线 AB、CD 是交叉直线。

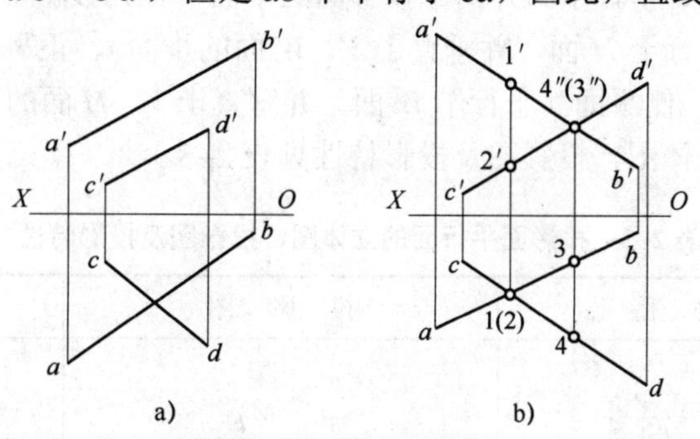

图 2–21　两交叉直线

如图 2–21b 所示，虽然投影 ab 与 cd 相交，$a'b'$与 $c'd'$相交，但它们的交点不符合点的投影规律，因此，直线 AB、CD 是交叉直线。ab 与 cd 的交点是直线 AB 和 CD 上的点 1 和点 2 对 H 面的重影点，$a'b'$与 $c'd'$的交点是直线 AB 和 CD 上的点 3 和点 4 对 V 面的重影点。

两交叉直线可能有一对或两对同面投影互相平行，但绝不会三对同面投影都平行；两交叉直线可能有一对、两对甚至三对同面投影相交，但是同面投影的交点绝不符合点的投影规律。

2.5 平面的投影

2.5.1 平面的表示方法

平面可用下列任意一组几何元素来表示：

1）不在同一直线上的三个点，如图 2–22a 所示；

2）一直线与该直线外的一点，如图 2–22b 所示；

3）相交两直线，如图 2–22c 所示；

4）平行两直线，如图 2–22d 所示；

5）任意平面图形（三角形、圆等），如图 2–24e 所示。

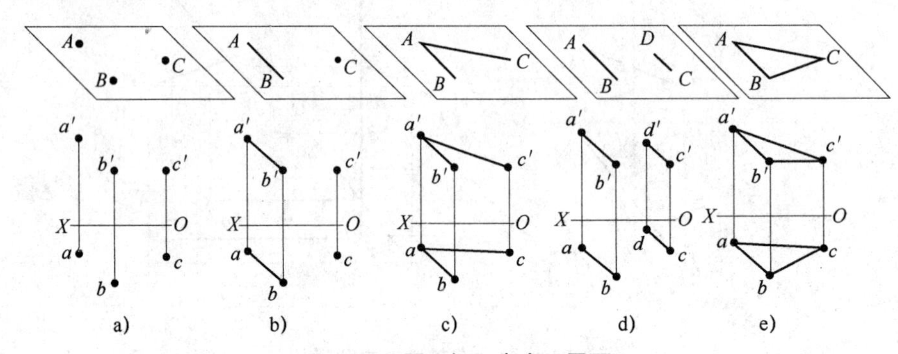

图 2–22 用几何元素表示平面

2.5.2 各种位置平面的投影

1. 投影面平行面

平行于一个投影面、垂直于另外两个投影面的平面，称为投影面平行面。投影面平行面有三种，即水平面（平行于 *H* 面，并垂直于 *V*、*W* 面的平面）、正平面（平行于 *V* 面，并垂直于 *H*、*W* 面的平面）、侧平面（平行于 *W* 面，并垂直于 *V*、*H* 面的平面）。

投影面平行面的立体图、投影图及投影特性见表 2–3。

表 2–3 投影面平行面的立体图、投影图及投影特性

名称	立 体 图	投 影 图	投影特性
水平面	Z V P_Z P_V B A C W X P_W b a c H Y	a′ b′ c′ Z b″ a″ c″ X O Y_W b a c Y_H	1）水平投影反映实形 2）正面投影积聚成一直线段，且平行于 OX 轴 3）侧面投影积聚成一直线段，且平行于 OY_W 轴

续表

名称	立体图	投影图	投影特性
正平面	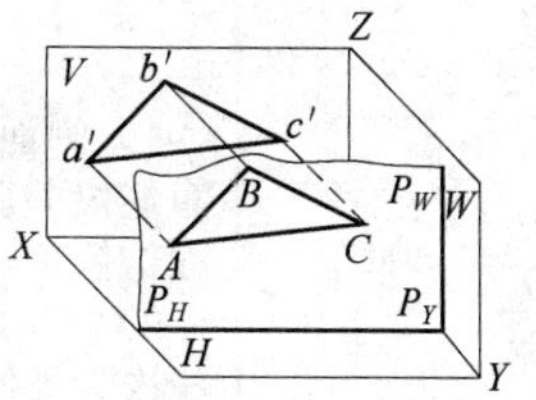 Z V b′ a′ c′ B P_W W X A C P_H P_Y H Y	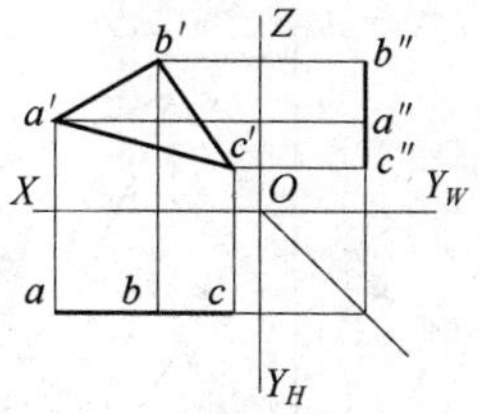 b′ Z b″ a′ a″ c′ c″ X O Y_W a b c Y_H	1）正面投影反映实形 2）水平投影积聚成一直线段，且平行于 OX 轴 3）侧面投影积聚成一直线段，且平行于 OZ 轴
侧平面	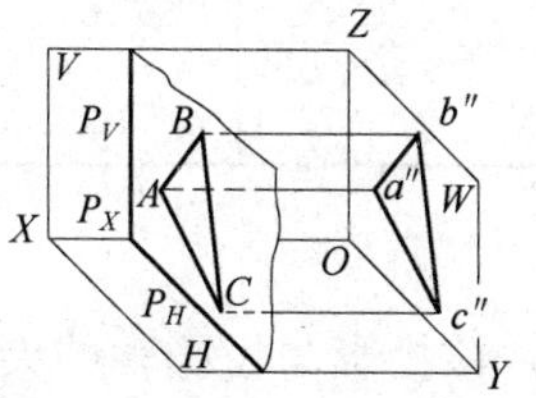 Z V P_V B b″ X P_X A a″ W O P_H C c″ H Y	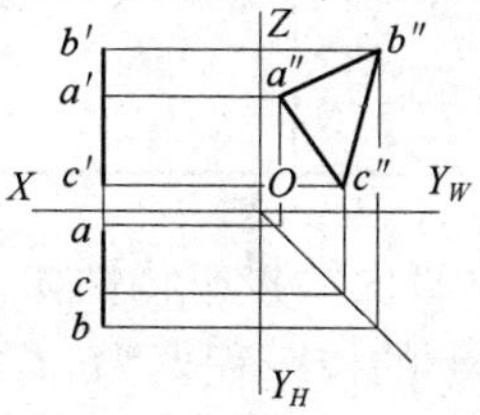 b′ Z b″ a′ a″ c′ X O c″ Y_W a c b Y_H	1）侧面投影反映实形 2）正面投影积聚成一直线段，且平行于 OZ 轴 3）水平投影积聚成一直线段，且平行于 OY_H 轴

从表 2–3 中可得出投影面平行面的投影特性如下：

1）平面在所平行的投影面上的投影，反映空间平面的实形；

2）平面在其余两投影面上的投影均积聚成直线段，且平行于相应的投影轴。

2. 投影面垂直面

垂直于一个投影面、倾斜于另外两个投影面的平面，称为投影面垂直面。投影面垂直面有三种，即铅垂面（垂直于 H 面，并与 V、W 面倾斜的平面）、正垂面（垂直于 V 面，并与 H、W 面倾斜的平面）、侧垂面（垂直于 W 面，并与 V、H 面倾斜的平面）。

投影面垂直面的立体图、投影图及投影特性见表 2–4。

表 2–4　投影面垂直面的立体图、投影图及投影特性

名称	立体图	投影图	投影特性
正垂面	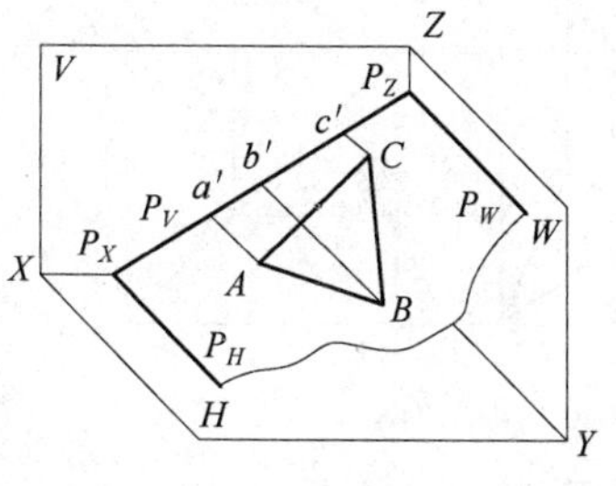 Z V P_Z c′ b′ C a′ P_V P_W W X P_X A B P_H H Y	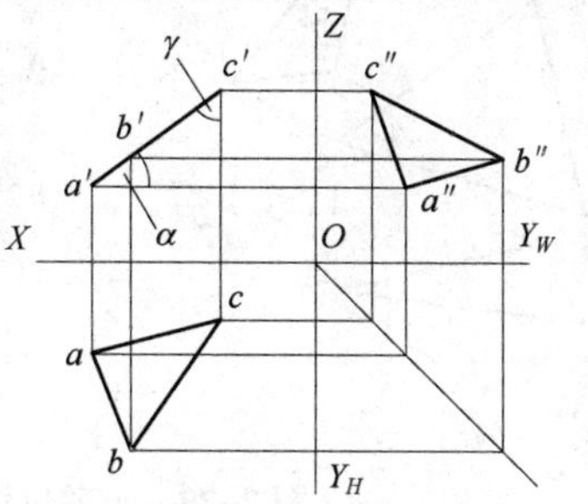 Z γ c′ c″ b′ b″ a′ a″ α X O Y_W c a b Y_H	1）正面投影积聚成直线段并反映对 H、W 面的倾角 α、γ 2）水平投影和侧面投影为类似形，且不反映实形
铅垂面	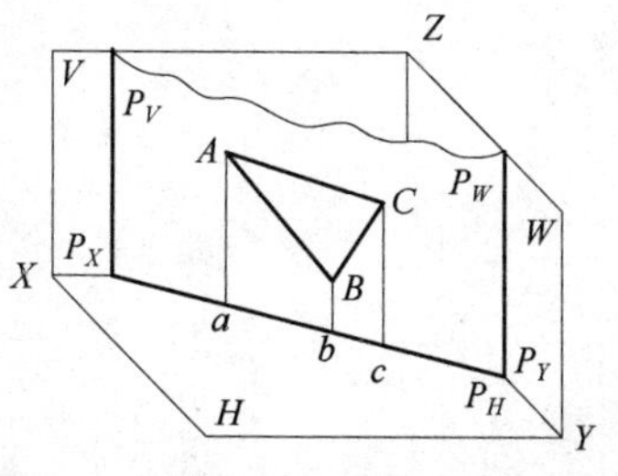 Z V P_V A P_W C W P_X X B a b c P_Y P_H H Y	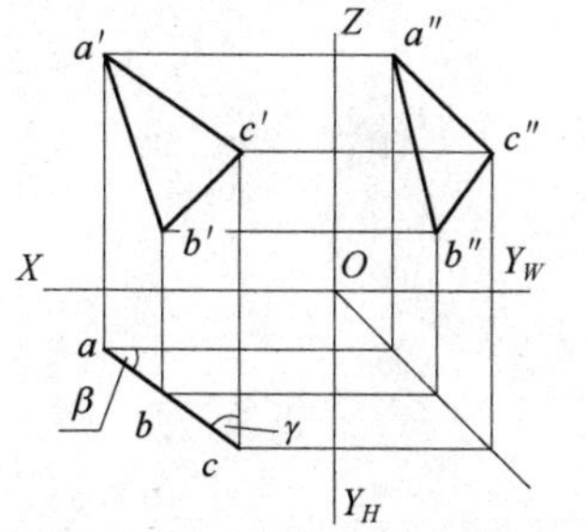 a′ Z a″ c′ c″ b′ X O b″ Y_W a β b γ c Y_H	1）水平投影积聚成直线段并反映对 V、W 面的倾角 β、γ 2）正面投影和侧面投影为类似形，且不反映实形

续表

名称	立 体 图	投 影 图	投影特性
侧垂面	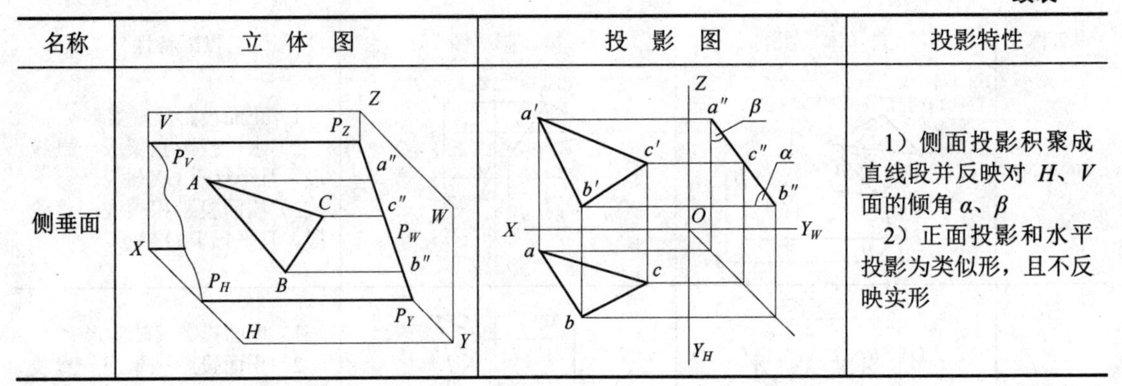		1）侧面投影积聚成直线段并反映对 H、V 面的倾角 α、β 2）正面投影和水平投影为类似形，且不反映实形

从表 2–4 中可得出投影面垂直面的投影特性如下：

1）平面在所垂直的投影面上的投影积聚为一直线段，该投影与投影轴的夹角反映了平面对相应投影面的倾角；

2）平面在其余两投影面上的投影均为小于平面实形的类似形。

3. 一般位置平面

与三个投影面都倾斜的平面，称为一般位置平面，如图 2–23a 所示，△ABC 平面与 H、V 和 W 面都倾斜，则△ABC 平面为一般位置平面。平面与投影面的夹角称为平面对投影面的倾角，平面对 H、V 和 W 面的倾角分别用 α、β 和 γ 表示。由于一般位置平面对 H、V 和 W 面都既不垂直也不平行，所以它的三面投影既不反映平面图形的实形，也没有积聚性，均为类似形，如图 2–23b 所示。

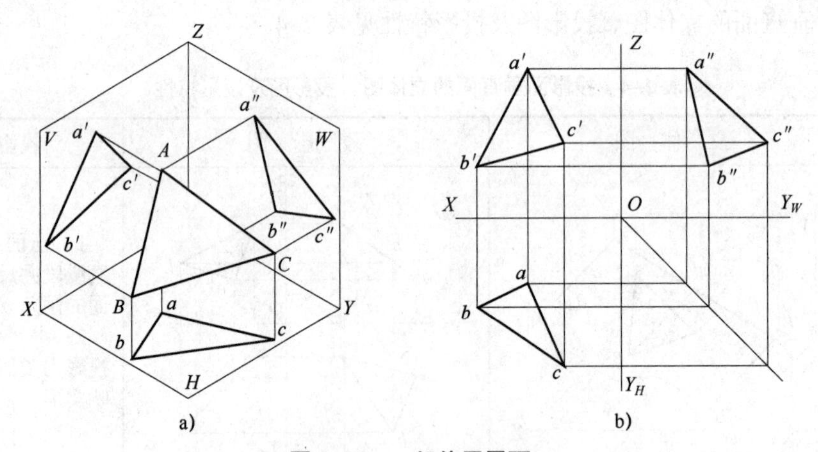

图 2–23　一般位置平面

第3章

体的投影与三视图

表面规则而单一的几何体称为基本几何体，按照表面的性质，其可以分为平面立体和曲面立体。立体表面全部由平面所围成的立体称为平面立体；立体表面全部由曲面或曲面和平面所围成的立体称为曲面立体。

本章主要内容有基本几何体的投影及其尺寸标注、截交线、相贯线。

3.1　基本几何体的投影

平面立体的每个表面都是平面，如长方体、棱柱和棱锥等；曲面立体至少有一个表面是曲面，如圆柱、圆锥和球，如图 3–1 所示。

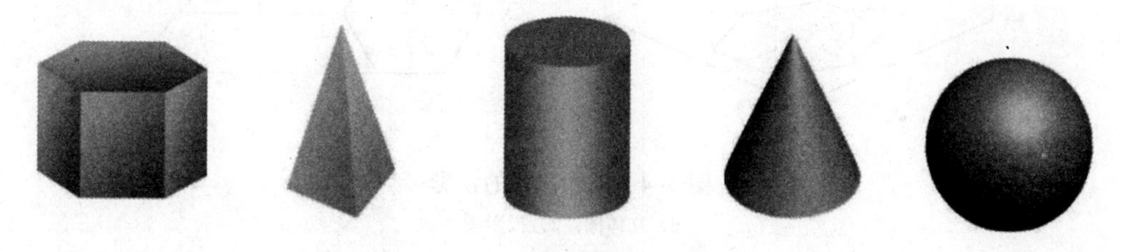

图 3–1　常见的基本几何体

3.1.1　典型平面立体

由若干个平面围成的实体即为平面立体，常见的平面立体有棱柱、棱锥等。平面立体侧表面的交线称为棱线。绘制平面立体所有多边形表面的投影，即绘制各平面间交线（棱线）和顶点的投影。轮廓线的投影可见，则画粗实线；轮廓线的投影不可见，则画细虚线；粗实线与细虚线重合，则画粗实线。

1. 棱柱

（1）棱柱的形成

正棱柱（以正六棱柱为例）可以看成是由一正多边形沿与底面垂直的直线移动而形成的。正棱柱的特点是顶面和底面都是正多边形而且与棱线垂直，如图 3–2 所示。

（2）棱柱的投影

图 3–3 所示为一正六棱柱，正六棱柱由上、下两个底面（正六边形）和六个棱面（矩形）组成。上下两底面均为水平面，它们的水平投影重合并反映实形，侧面投影积聚为两条相互

平行的直线。六个棱面中的前、后两个为正平面，它们的正面投影反映实形，水平投影及侧面投影积聚为一直线。其他四个棱面均为铅垂面，其水平投影均积聚为直线，正面投影和侧面投影均为类似形，如图 3–4 所示。

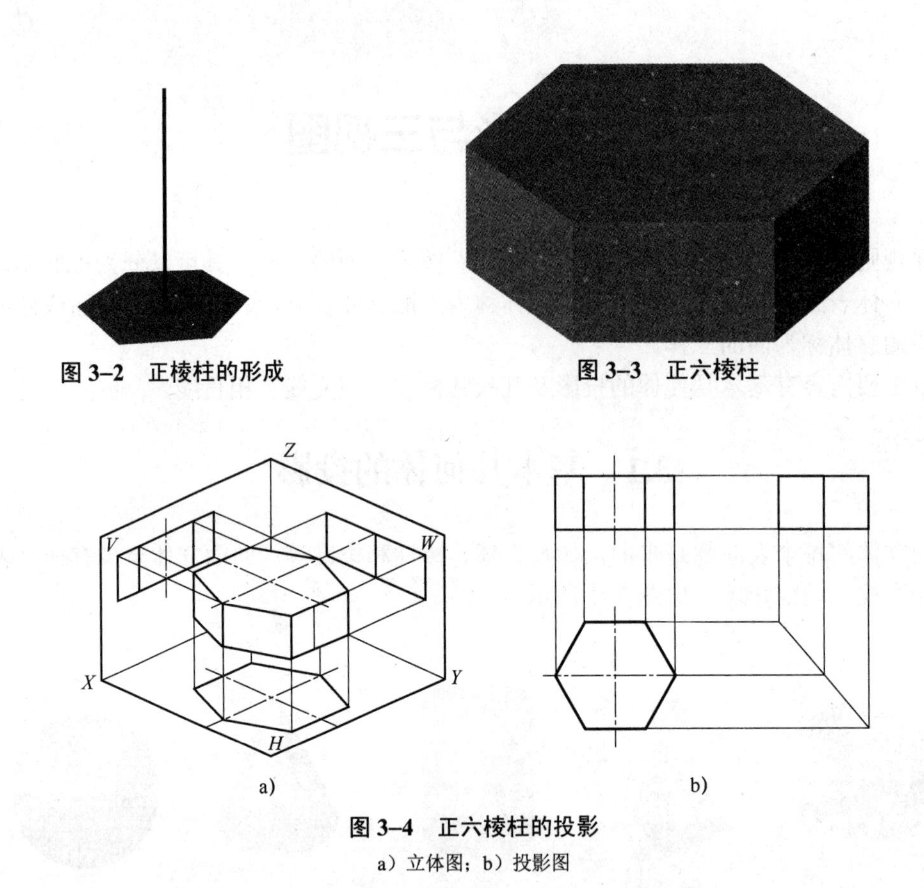

图 3–2　正棱柱的形成

图 3–3　正六棱柱

图 3–4　正六棱柱的投影

a）立体图；b）投影图

总结正棱柱的投影特征为：当棱柱的底面平行于某一个投影面时，棱柱在该投影面上投影的外轮廓为与其底面全等的正多边形，而另外两个投影则由若干个相邻的矩形线框所组成。

（3）棱柱表面上点的投影

在棱柱的表面上取点与在平面上取点的方法相同，关键是利用可见性判断该点所在的平面，然后利用积聚性或辅助线求出。

如图 3–5 所示，已知棱柱表面上点 M 的正面投影 m'，求作它的其他两面投影 m、m''。因为 m'可见，所以点 M 必在面 $ABDC$ 上。此棱面是铅垂面，其水平投影积聚成一条直线，故点 M 的水平投影 m 必在此直线上，再根据 m、m'可求出 m''。由于 $ABDC$ 的侧面投影为可见，故 m 也为可见。

2. 棱锥

（1）棱锥的特点

以正三棱锥为例。锥体中底面是正三角形，三个侧面是全等的等腰三角形。

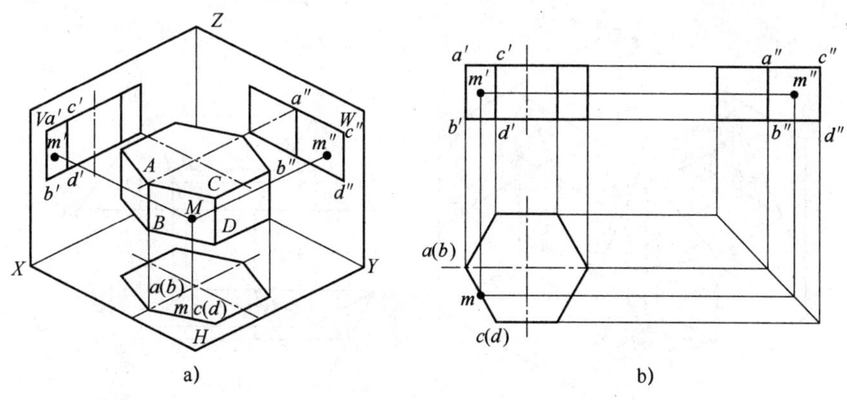

a)　　　　　　　　　　b)

图 3–5　正六棱柱的投影及表面上的点

a）立体图；b）投影图

（2）棱锥的投影

图 3–6 所示为一正三棱锥，它的表面由一个底面△*ABC*（正三角形）和三个侧棱面△*SAB*、△*SBC*、△*SAC*（等腰三角形）围成。由于锥底面△*ABC* 为水平面，所以它的水平投影△*abc* 反映实形，正面投影和侧面投影分别积聚为直线段 *a′b′c′* 和 *a″*（*c″*）*b″*。棱面△*SAC* 为侧垂面，它的侧面投影积聚为一段斜线 *s″a″*（*c″*），正面投影和水平投影为类似形△*s′a′c′*和△*sac*，前者为不可见，后者可见。棱面△*SAB* 和△*SBC* 均为一般位置平面，它们的三面投影均为类似形。棱线 *SB* 为侧平线，棱线 *SA*、*SC* 为一般位置直线，棱线 *AC* 为侧垂线，棱线 *AB*、*BC* 为水平线。

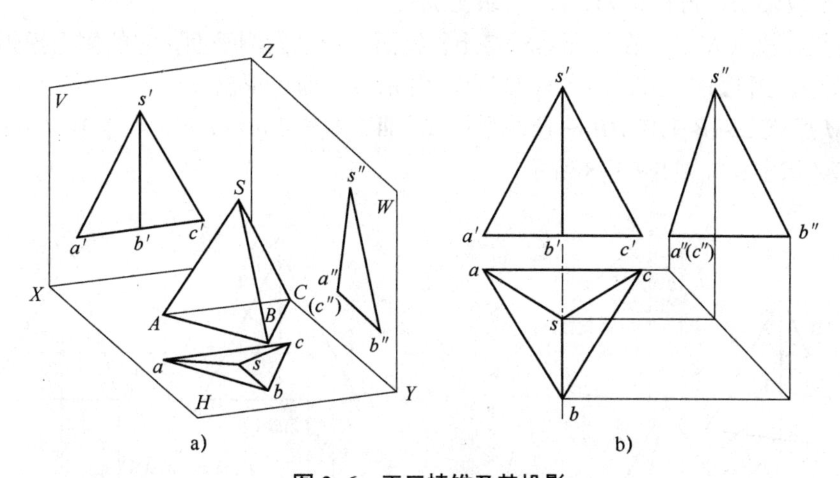

a)　　　　　　　　　　b)

图 3–6　正三棱锥及其投影

a）立体图；b）投影图

总结正棱锥的投影特征为：当棱锥的底面平行某一个投影面时，则棱锥在该投影面上投影的外轮廓为与其底面全等的正多边形，而另外两个投影则由若干个相邻的三角形线框所组成。

（3）棱锥表面上的点

如图 3–7 所示，已知正三棱锥表面上点 *M* 的正面投影 *m′*和点 *N* 的水平面投影 *n*，求作 *M*、*N* 两点的其余投影。

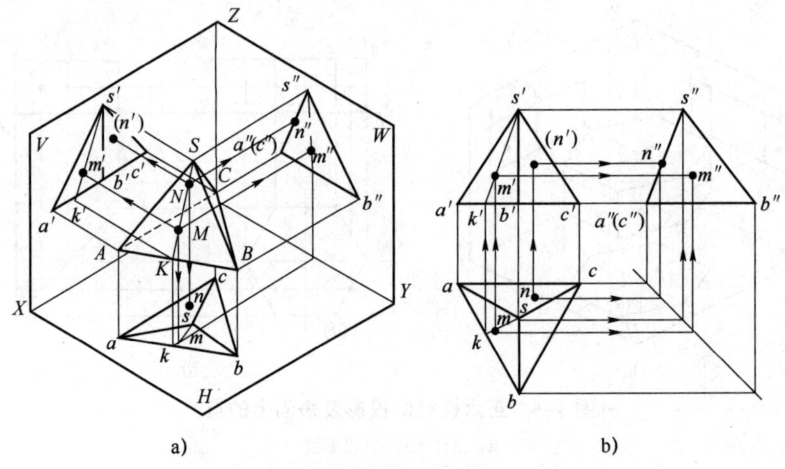

a)　　　　　　　　b)

图 3–7　正三棱锥表面上的点（一）

a）立体图；b）投影图

方法：利用点所在面的积聚性法和辅助线法。

首先确定点位于棱锥的哪个平面上，再分析该平面的投影特性。若该平面为特殊位置平面，可利用投影的积聚性直接求得点的投影；若该平面为一般位置平面，通过辅助线法求得投影。

1）由图 3–7 可知 *m*′可见，因此点 *M* 必定在△*SAB* 上。△*SAB* 是一般位置平面，采用辅助线法，过点 *M* 及锥顶点 *S* 作一条直线 *SK*，与底边 *AB* 交于点 *K*。图 3–7b 中即过 *m*′作 *s*′*k*′，再作出其水平投影 *sk*。由于点 *M* 属于直线 *SK*，根据点在直线上的从属性质可知 *m* 必在 *sk* 上，求出水平投影 *m*，再根据 *m*、*m*′ 可求出 *m*″。

点 *N* 可见，故点 *N* 必定在棱面△*SAC* 上。棱面△*SAC* 为侧垂面，它的侧面投影积聚为直线段 *s*″*a*″（*c*″），因此 *n*″ 必在 *s*″*a*″（*c*″）上，由 *n*、*n*″ 即可求出 *n*′。

2）过 *M* 点在△*SAB* 上作 *AB* 的辅助平行线ⅠⅢ，即作 1′*m*′∥*a*′*b*′，再作 1*m*∥*ab*，求出 *m*，再根据 *m*、*m*′ 求出 *m*″，如图 3–8 所示。

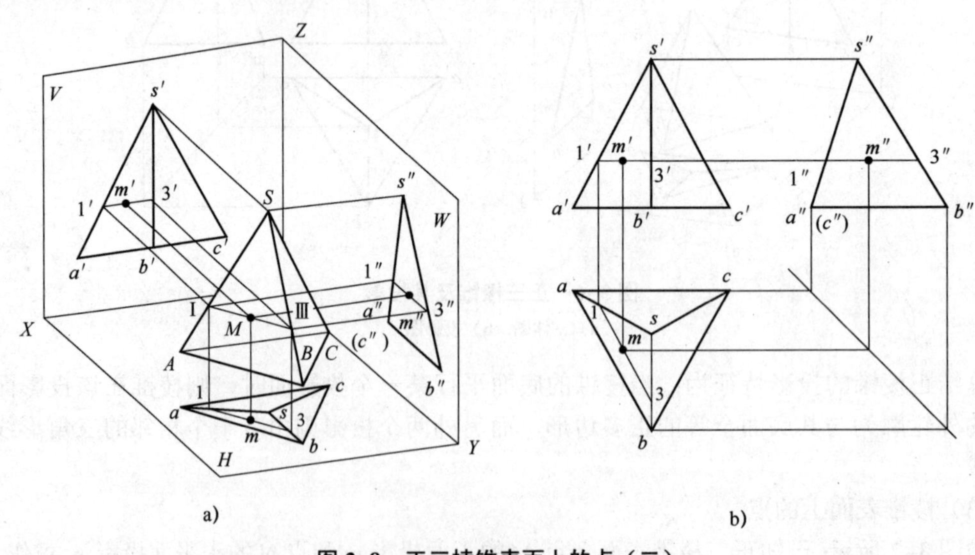

a)　　　　　　　　b)

图 3–8　正三棱锥表面上的点（二）

a）立体图；b）投影图

3.1.2　典型曲面立体

由若干个曲面或者曲面和平面围成的实体即为曲面立体，常见的曲面立体有圆柱、圆锥、球、圆环等。有的曲面立体有表面之间的交线，如圆柱的顶面与圆柱面的交线圆；有的曲面立体有尖点，如圆锥的锥顶；有的曲面立体全部由光滑的曲面组成，如球。曲面立体的表面多是光滑曲面，不像平面立体有着明显的棱线。因此，作曲面立体投影时，要将回转曲面的形成规律和投影表达方式紧密联系起来，从而掌握曲面投影的表达特点，除了画出轮廓线和尖点外，还要画出曲面投影的转向轮廓线。

1. 圆柱

（1）圆柱的形成

直线 AA_1 绕着与它平行的直线 OO_1 旋转，可形成圆柱体，如图 3–9 所示。这条运动的直线 AA_1 称为母线；母线上的各点绕轴线旋转时，形成回转面上垂直于轴线的纬圆；圆柱面上任意位置的母线称为素线。

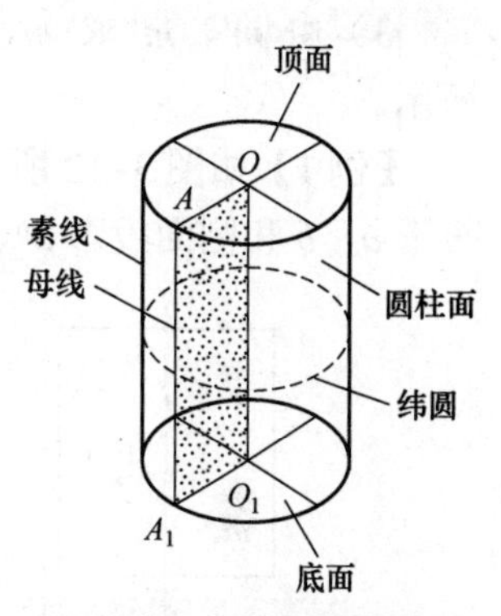

图 3–9　圆柱的形成

（2）圆柱的投影

图 3–10 所示为一轴线水平放置的圆柱，其轴线为侧垂线，圆柱由圆柱面和左右两底面组成。圆柱轴线垂直于侧面，所以圆柱面的侧面投影积聚成一个圆，同时此投影也是两底面的投影；在正面投影和水平投影上，两底面的投影各积聚成一条直线段，而圆柱面的投影要分别画出决定其投影范围的外形轮廓线的投影，该线也是圆柱面上可见和不可见部分的分界线。

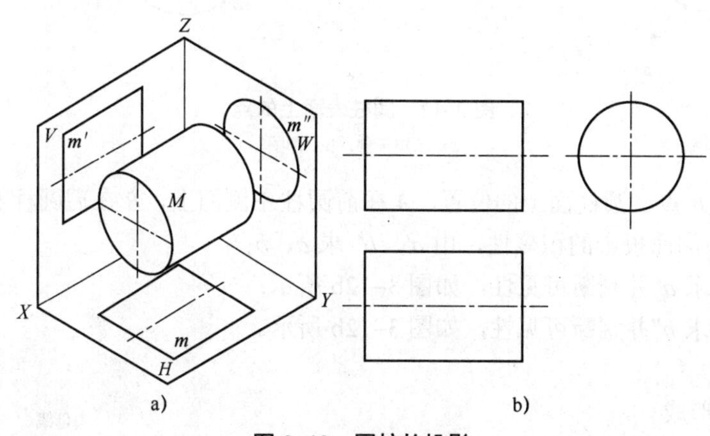

图 3–10　圆柱的投影

a）立体图；b）投影图

总结圆柱的投影特性为：当圆柱的轴线垂直某一个投影面时，则圆柱在该投影面上投影为一个圆，另外两个投影为全等的矩形。

（3）圆柱的投影及其表面上的点

圆柱的圆柱面和两底面均至少有一个投影具有积聚性，所以求圆柱表面点的投影可以利用积聚性直接求点的投影。

如图 3–10a 所示，因为圆柱面上每一条素线都垂直于侧面，所以圆柱面的侧面投影有积聚性，凡是在圆柱面上的点和线的侧面投影一定与圆柱面的侧面投影重合。因此，可以利用积聚性法求解。

已知 M 点的正面投影 m'，求 M 点的其他投影。作图步骤如下：

1）确定 M 点在圆柱面上的位置（上、前圆柱面上）；

2）利用圆柱侧面投影的积聚性，由 m' 求 m''；

3）由 m'、m''求 m，并判断可见性，如图 3–11 所示。

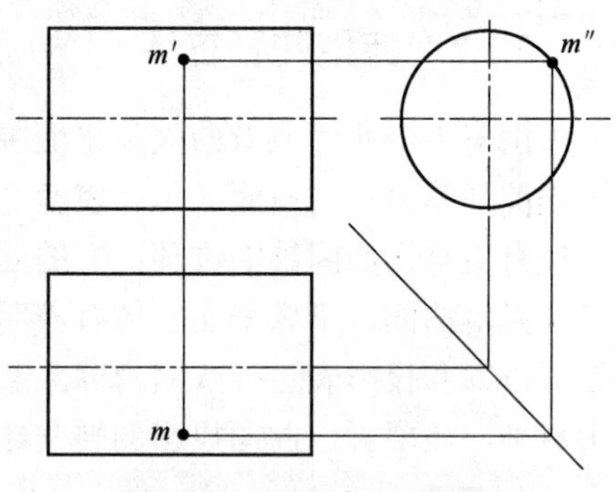

图 3–11　圆柱表面上取点

【例 1】 如图 3–12 所示，已知圆柱面上两点 A 和 B 的正面投影 a'和 b'，求出它们的水平投影 a、b 和侧面投影 a''、b''。

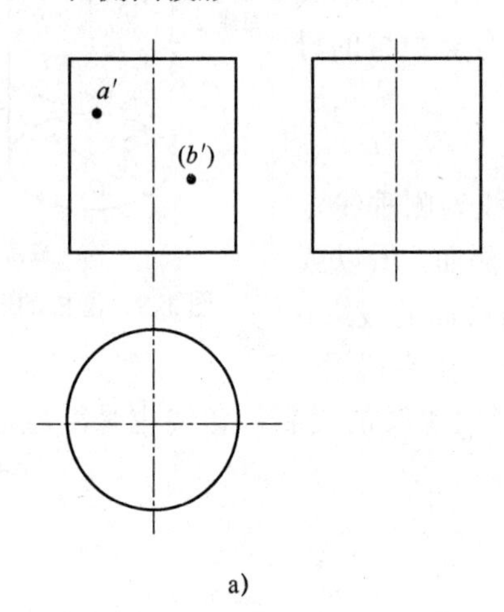

a)

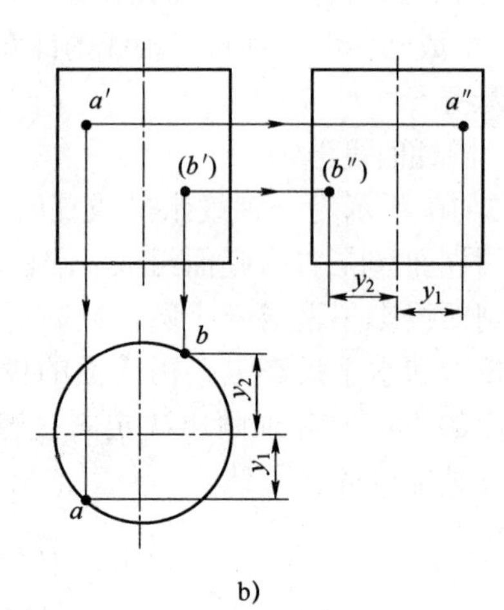

b)

图 3–12　圆柱表面上的点

a）已知条件；b）作图

1）确定 A、B 点在圆柱面上的位置，A 在前圆柱左侧面上，B 在后圆柱右侧面上；

2）利用圆柱侧面投影的积聚性，由 a'、b' 求 a、b；

3）由 a'、a 求 a''并判断可见性，如图 3–12b 所示；

4）由 b'、b 求 b''并判断可见性，如图 3–12b 所示。

2. 圆锥

（1）圆锥的形成

圆锥表面由圆锥面和底面所围成。如图 3–13 所示，圆锥面可看作是一条直母线围绕与它平行的轴线回转而成。在圆锥面上通过锥顶的任一直线称为圆锥面的素线。

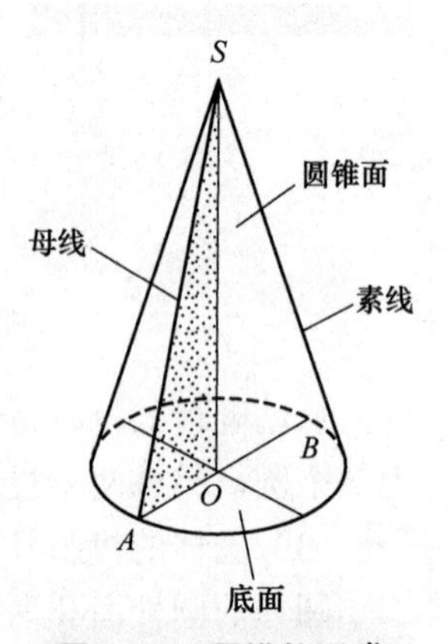

图 3–13　圆锥的形成

（2）圆锥的投影

图 3–14a 所示为一正圆锥，圆锥轴线为铅垂线。底面为水平面，它的水平投影反映实形，其正面投影和侧面投影积聚为一直线。圆锥面上所有素线均与轴线相交于锥顶，因此圆锥面的正面、侧面投影分

别为决定其投影范围的外形轮廓线。正面投影上是最左、最右两条素线的投影，它们是正面投影可见的前半圆锥面和不可见的后半圆锥面的分界线，也称为正面投影的转向轮廓线。侧面投影上是最前、最后两条素线的投影，它们是侧面投影可见的左半圆锥面和不可见的右半圆锥面的分界线，也称为侧面投影的转向轮廓线。圆锥面的水平投影与底面的水平投影相重合。显然，圆锥面的三面投影都没有积聚性。

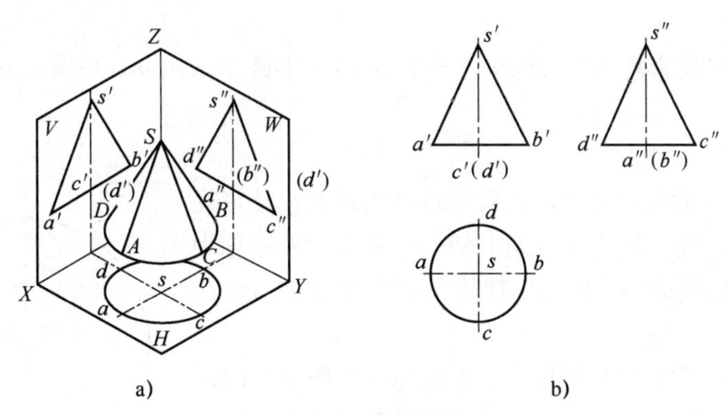

图 3–14　圆锥的投影

a）立体图；b）投影图

总结圆锥的投影特性为：当圆锥的轴线垂直某一个投影面时，则圆锥在该投影面上投影为与其底面全等的圆形，另外两个投影为全等的等腰三角形。

（3）圆锥表面上的点

组成圆锥的表面可能是特殊位置的平面，也可能是一般位置的平面。凡属特殊位置表面上的点，其投影可以利用平面投影的积聚性直接求得；属一般位置表面上的点，可通过在该面作辅助线或辅助圆的方法求得。如图 3–15 所示，已知圆锥面上 M 点的正面投影 m'，求作它的水平投影 m 和侧面投影 m''。

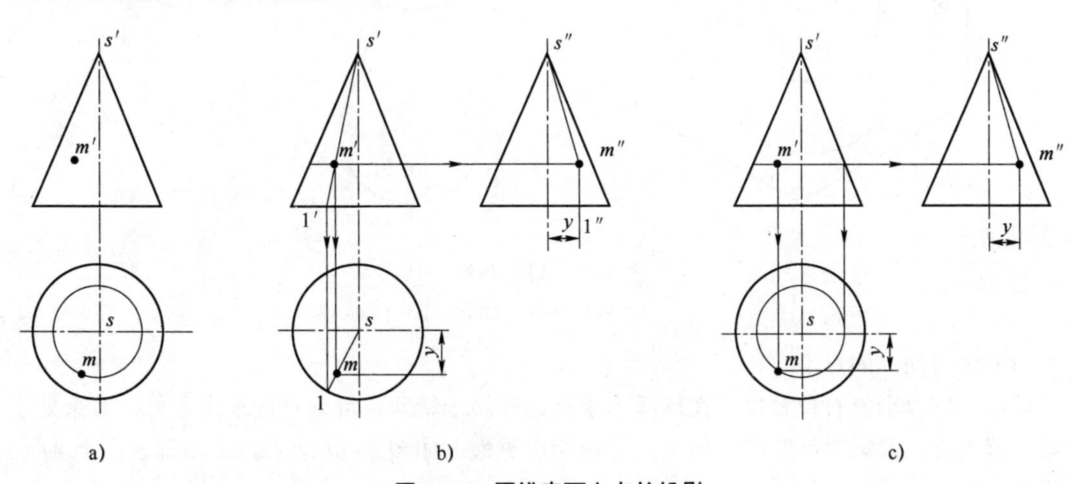

图 3–15　圆锥表面上点的投影

a）已知条件；b）素线法；c）纬圆法

1）素线法步骤如下：

① 连接 $s'm'$ 并延长，使与底圆的正面投影相交于 $1'$ 点，求出 $s1$ 及 $s''1''$，$S1$ 即为过 M 点

且在圆锥面上的素线；

② 已知 m'，应用直线上取点的作图方法求出 m 和 m''。

2）纬圆法步骤如下：

① 在正面投影中过 m'作水平线，与正面投影轮廓线相交（该直线段即为纬圆的正面投影），取此线段一半长度为半径，在水平投影中画底面轮廓圆的同心圆（此圆即是该纬圆的水平投影）；

② 过 m'向下引投影连线，在纬圆水平投影的前半圆上求出 m，并根据 m'和 m，求出 m''。

3. 球

（1）球的形成

圆周曲线绕着它的直径旋转，所得轨迹即为球面，该直径为轴线，该圆周为母线，母线在球面上任一位置时的轨迹称为球面的素线，球面所围成的立体称为球体，如图 3–16 所示。

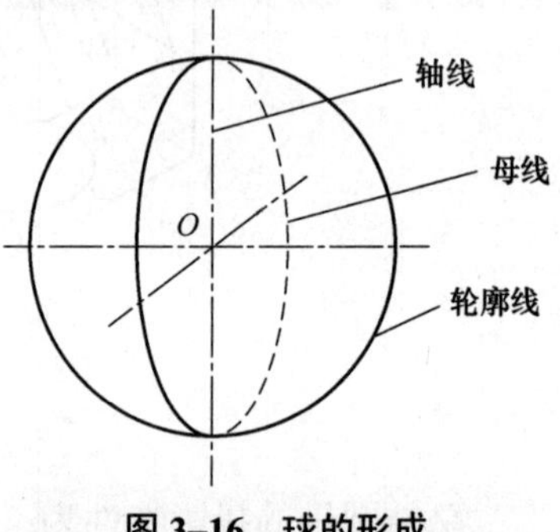

图 3–16　球的形成

（2）球的投影

球体的投影为三个直径相等的圆，如图 3–17 所示。但这三个圆分别表示三个不同方向的球面轮廓素线的投影。正面投影的圆是平行于 V 面的圆素线（它是前面可见半球与后面不可见半球的分界线）的投影；侧面投影的圆是平行于 W 面的圆素线的投影；水平投影的圆是平行于 H 面的圆素线的投影。

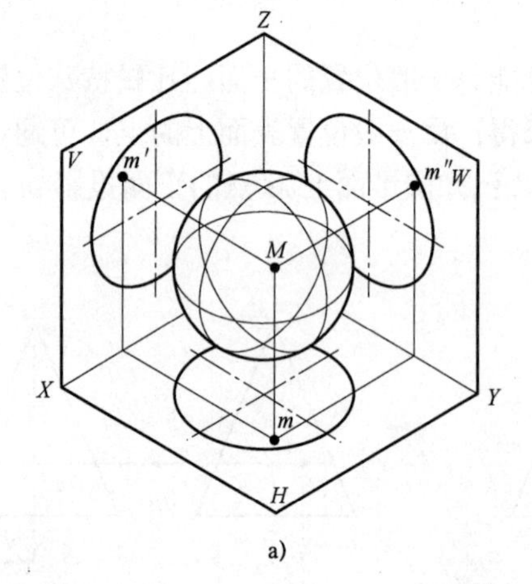

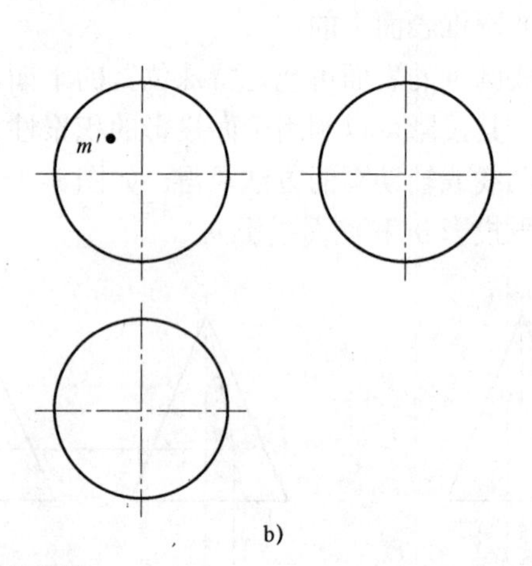

图 3–17　球的投影

a）立体图；b）投影图

（3）球表面上的点

球面的三投影没有积聚性，在球面上求点，除属于特殊点可以直接求出之外，其余处于一般位置的点，都须用辅助圆法作出，并标明可见性。如图 3–17 所示，求出球表面上 M 点的投影。作图步骤如下。

1）判断 M 点在球表面上的位置。根据图 3–17 中对 M 点的位置分析可知，M 点在上半球、前半球、左半球。

2）在球表面上求作点的方法。由于球面的投影没有积聚性，因此要借助于球体表面上的辅助圆来求点。过点 M 在球面上作一辅助圆，作出该圆的各投影后再将 M 点的投影对应到圆的投影上，如图 3–18 所示。

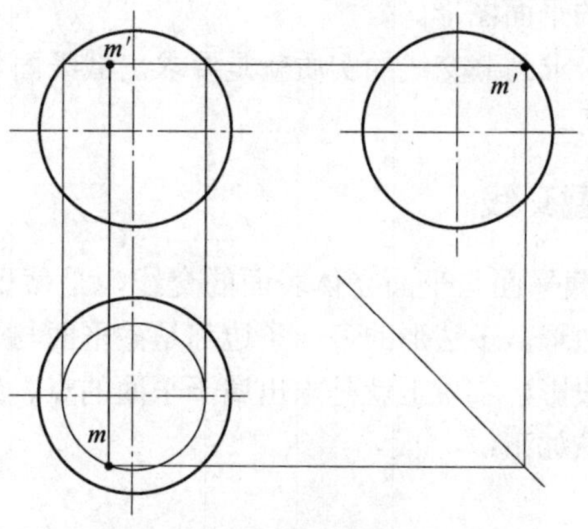

图 3–18　球表面上点的投影

3.2　切割体的投影

较为复杂的零件形体，往往不是单一、完整的基本体，而是由几种基本体进行切割或相交而成的形体，如图 3–19 所示。

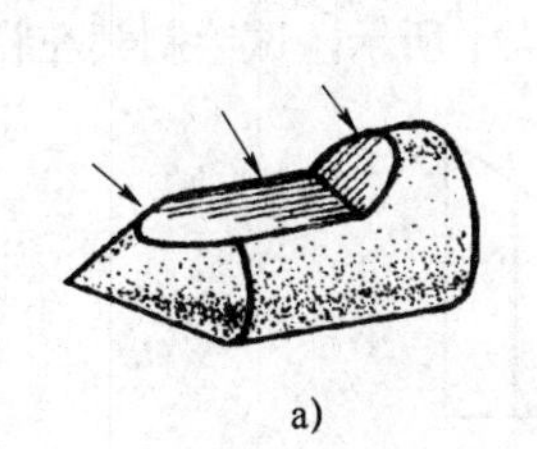
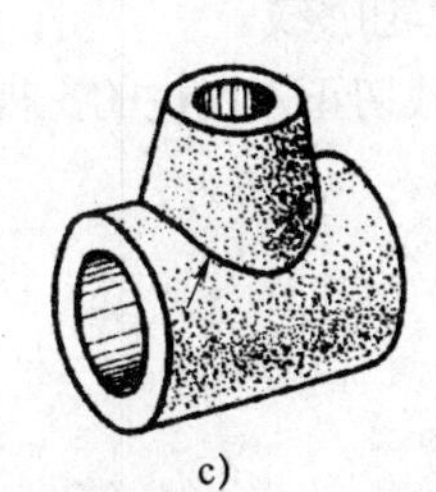
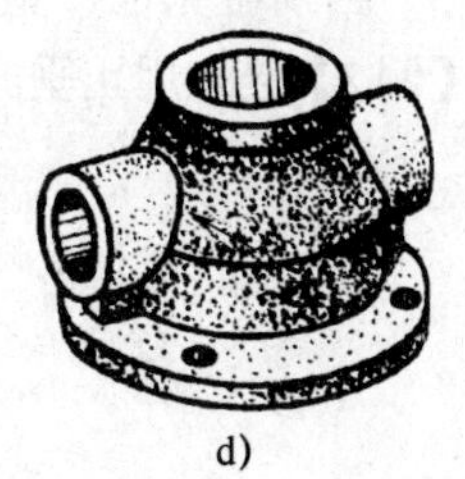

a)　b)　c)　d)

图 3–19　复杂形体举例

a）顶尖；b）球阀芯；c）三通管；d）盖

3.2.1　截交线基本知识

1. 基本概念

截交线的概念如图 3–20 所示。

1）切割体：基本体被平面截切后的部分。

2）截平面：用以截切基本体的平面。

3）截交线：截平面与基本体表面的交线。

4）截断面：因截平面的截切，在基本体上形成的平面。

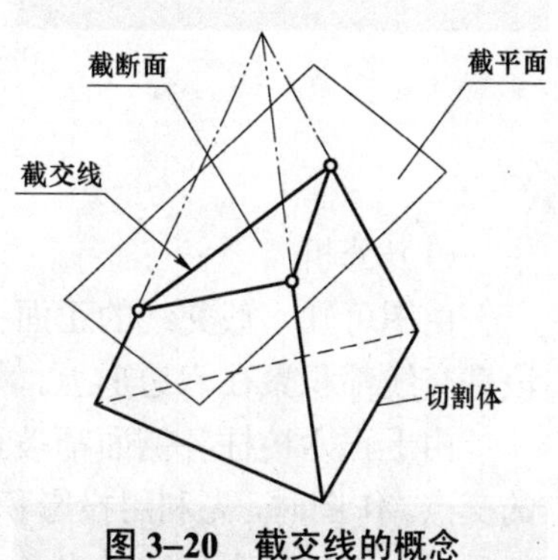

图 3–20　截交线的概念

2. 截交线的性质

截交线是一个由直线或曲线组成的封闭的平面多边形，其形状取决于平面体的形状及截平面相对平面体的截切位置。

1）共有性。截交线是截平面与立体表面的共有线，线上的任意一点都是截平面与立体表面的共有点，截交线既属于截平面，又属于立体表面。

2）封闭性。任何立体的表面都是封闭的，而截交线又为平面截切立体所得，故截交线所围成的图形一定是封闭的平面图形。

由以上性质可以看出，求画截交线的实质就是要求出截平面与基本体表面的一系列共有点，然后依次连接各点即可。

3.2.2 平面立体的截交线

平面立体的截交线是截平面与平面立体表面的交线，是截平面与平面立体表面的共有线，它是一封闭的平面多边形。多边形的每一条边都是截平面与平面立体各棱面的交线。所以，求平面立体截交线的投影，实质上就是求出属于平面的点、线的投影。

平面立体截交线的求法如下：

（1）分析

1）分析立体的表面性质及投影特点；

2）分析截平面与立体的相对位置，确定截交线形状；

3）分析截平面与投影面的相对位置，确定截交线的投影特性。

（2）画投影图

1）求出平面立体上被截断的各棱线与截平面的交点；

2）顺次连接各点；

3）判别可见性，整理轮廓线。

【例 2】已知用正垂面截切正六棱柱的主视图和俯视图，如图 3–21 所示，试绘制其左视图。

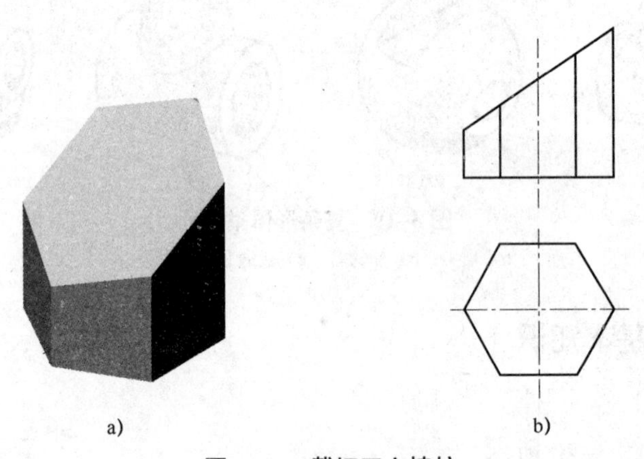

图 3–21 截切正六棱柱

a）立体图；b）投影图

（1）分析

由图可知，截交线的正面投影积聚为一直线。水平投影，除顶面上的截交线外，其余各段截交线都积聚在六边形上。

由于正六棱柱各侧面都被正垂面切断，其截面为一个六边形，顶点就是截平面与各棱线的交点。作图时，先利用投影积聚性求出截平面与六棱柱各棱线交点的正面投影和水平投影，然后根据点的投影规律求出各点的侧面投影，依次连接各点即为所求截交线的投影。

（2）作图步骤

1）绘制切割前六棱柱的左视图，如图 3–22a 所示；

2）找出截平面与各棱线交点的正面投影与水平投影，并对应求出各点的侧面投影，如图 3–22b 所示；

3）用直线连接侧面投影上的点，如图 3–22c 所示；

4）擦去被切部分的轮廓线，并描深图线，如图 3–22d 所示。

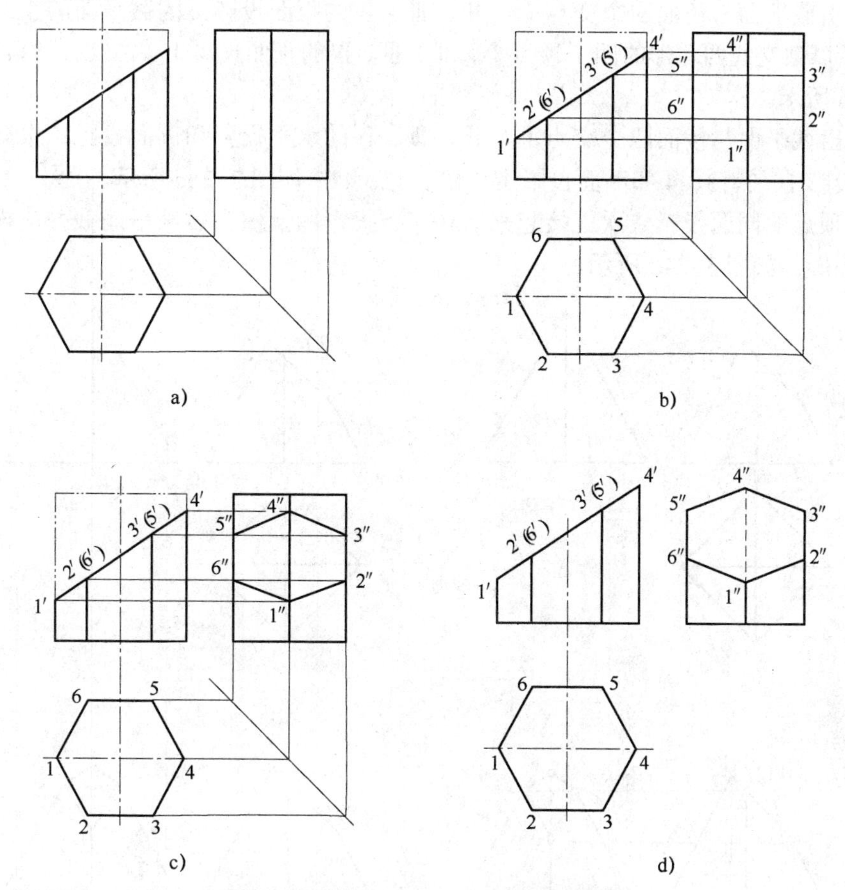

图 3–22　截切正六棱柱左视图作图步骤

【例 3】如图 3–23 所示，求用正垂面截切四棱锥后的俯视图和左视图。

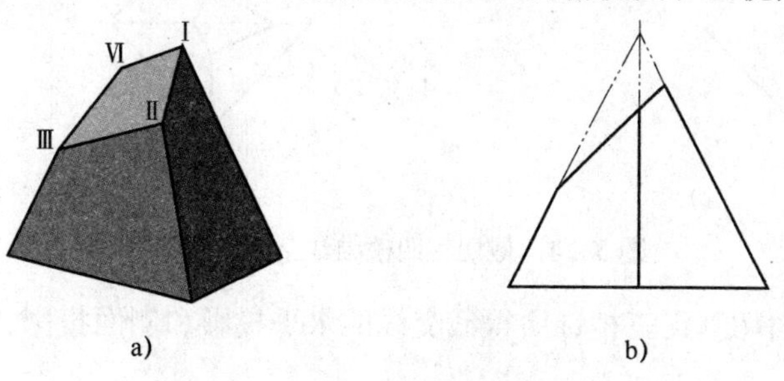

图 3–23　截切正四棱锥

a）立体图；b）主视图

（1）分析

截平面与四棱锥的四个棱面相交，所以截交线为四边形，它的四个顶点即为四棱锥的四条棱线与截平面的交点；截平面为正垂面，所以截交线的正面投影积聚在截平面上，侧面投影和水平投影为类似形。

（2）作图步骤

1）先画出完整正四棱锥的三个投影，如图 3–24a 所示。

2）找出截平面与棱面四个交点Ⅰ、Ⅱ、Ⅲ、Ⅳ的正面投影。因截平面的正面投影具有积聚性，所以截交线四边形的四个顶点Ⅰ、Ⅱ、Ⅲ、Ⅳ的正面投影 1′、2′、3′、4′可直接得出，如图 3–24b 所示。

3）找出截平面与棱面四个交点Ⅰ、Ⅱ、Ⅲ、Ⅳ的水平投影和侧面投影；根据正面投影求出水平投影 1、2、3、4 和侧面投影 1″、2″、3″、4″，如图 3–24c 所示。

4）将顶点的同面投影依次连接起来，在三个投影图上擦去被截平面截去的投影，即得截交线的投影，如图 3–24d 所示。

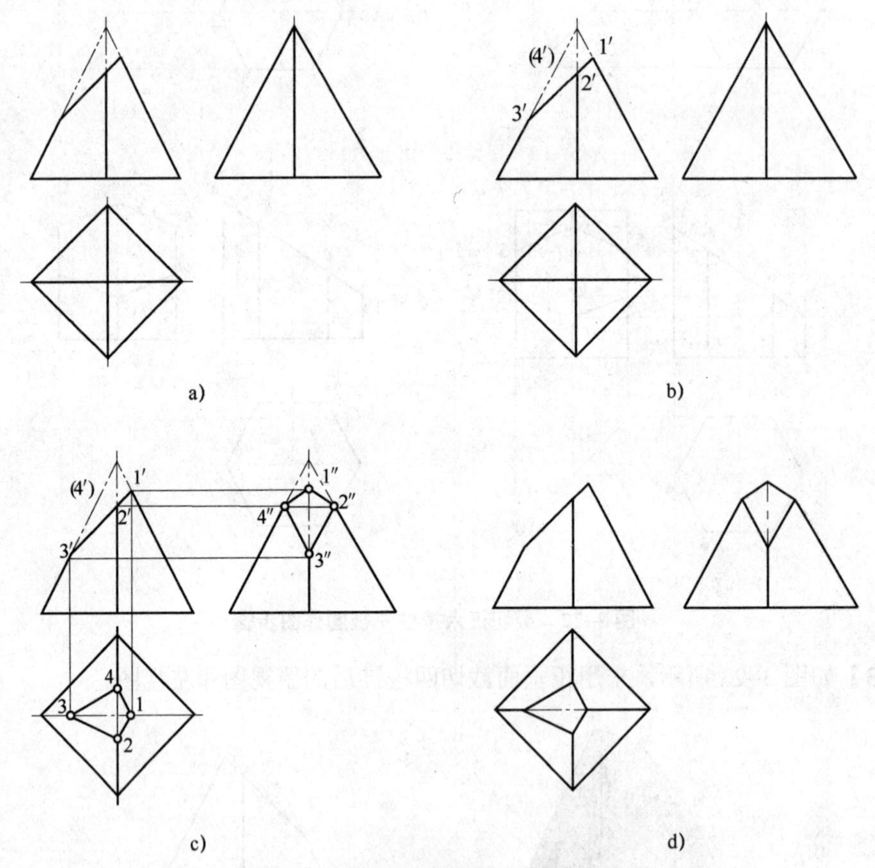

图 3–24　截切正四棱锥截交线作图步骤

【例 4】求两平面切割正三棱锥所得截交线的水平投影和侧面投影。

（1）分析

当用两个以上平面截切平面立体时，在立体上会出现切口、凹槽或穿孔等。作图时，只要作出各个截平面与平面立体的截交线，并画出各截平面之间的交线，就可作出这些平面立体的投影。

三棱锥被两平面截切，如图 3–25 所示。截平面 *P* 为正垂面，其与三棱锥的三个棱面的交线与前例相似。截平面 *Q* 为水平面，与三棱锥底面平行，所以其与三棱锥的三个棱面的交线，同底面三边形的对应边相互平行，利用平行线的投影特性很容易求得。此外，还应注意两平面 *P*、*Q* 相交亦会有交线，所以平面 *P* 和平面 *Q* 截出的截交线均为三角形。平面 *P* 为正垂面，其截交线投影特性同前例分析；平面 *Q* 为水平面，其截交线正面投影和侧面投影皆具有积聚性，水平投影则反映截交线的实形。

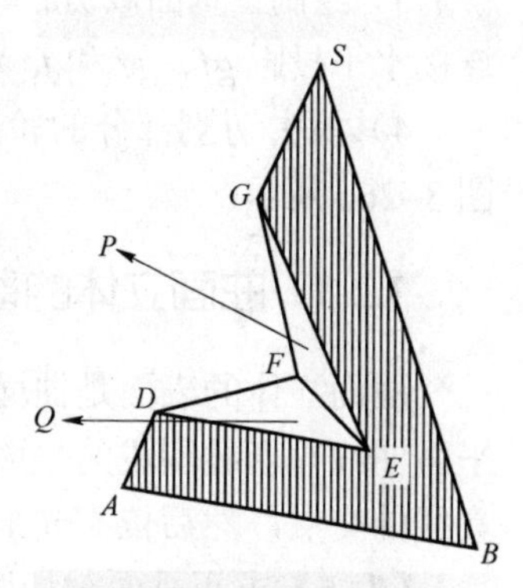

图 3–25　截切三棱锥

（2）作图步骤

1）绘制正三棱锥的三面投影和切口的正面投影。*G*、*D* 两点在直线 *SA* 上，面 *P* 为正垂面，找出 *D*、*E*、*F*、*G* 四点的正面投影 *d*′、*e*′、*f*′、*g*′，如图 3–26a 所示。

2）绘制水平面截切的水平投影和侧面投影。根据水平面截切后截交线与底面边线平行的特点，找出水平面截切 *D*、*E*、*F* 三个点的水平投影 *d*、*e*、*f* 和侧面投影 *d*″、*e*″、*f*″。连接水平投影 *df*、*ef* 和 *de*，侧面投影 *d*″*f*″、*e*″*f*″和 *d*″*e*″，如图 3–26b 所示。

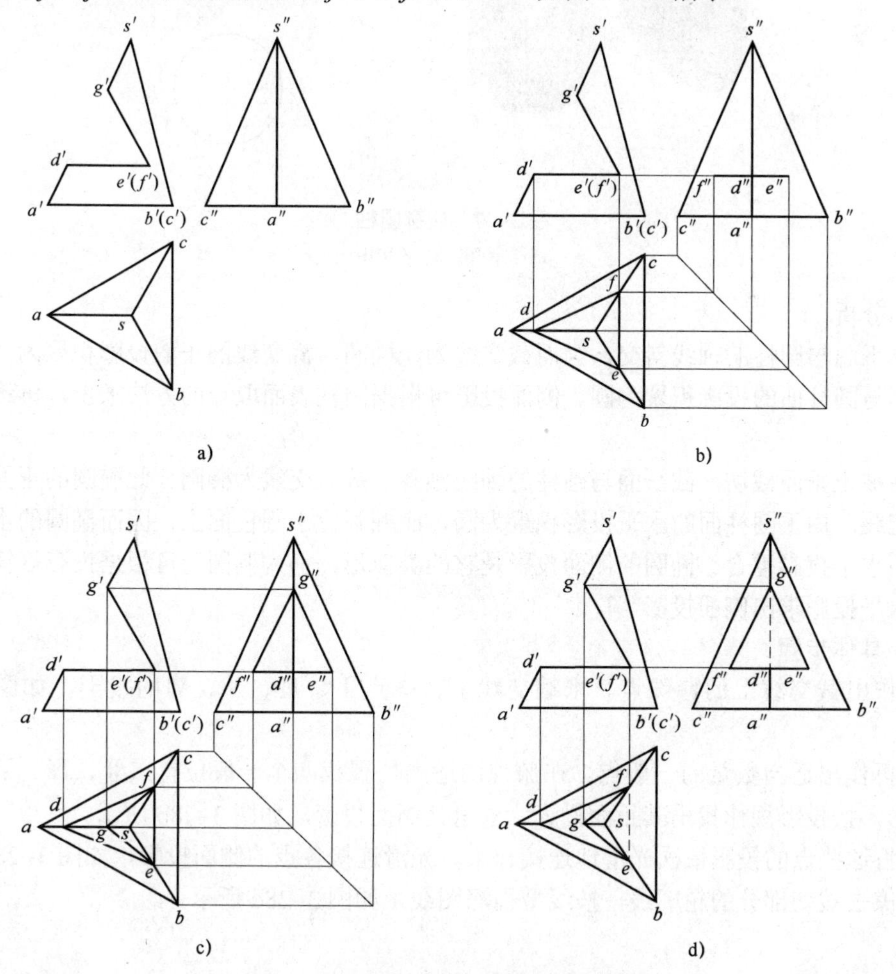

图 3–26　截切正三棱锥截交线的投影

3）绘制正垂面截切后的水平投影和侧面投影。先画出 g'对应的水平投影 g 和侧面投影 g''，连接水平投影 gf、ge 和 fe 及侧面投影 $g''f''$和 $g''e''$，如图 3–26c 所示。

4）擦去切割部分的轮廓线及辅助线，按线型描深图线，完成水平投影和侧面投影，如图 3–26d 所示。

3.2.3 曲面立体的截交线

曲面立体的表面是曲面或曲面加平面，它们切割后的截交线，一般是封闭的平面曲线或平面曲线与直线围成的平面图形。求截交线的实质，就是要求出截平面与曲面立体上各被截素线的交点，然后依次光滑相连。

【例 5】求正垂面截切圆柱的左视图，如图 3–27 所示。

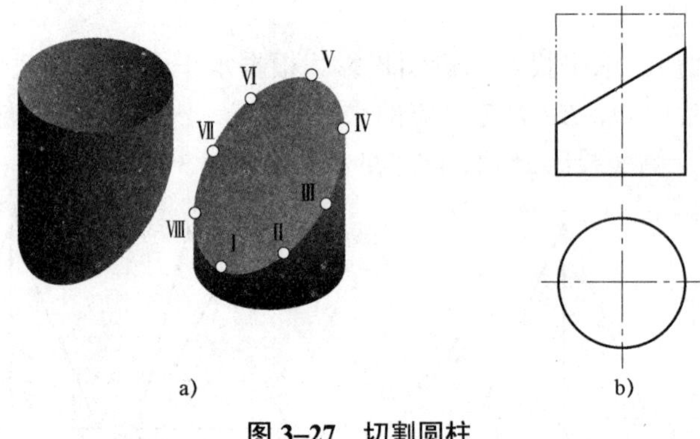

图 3–27　切割圆柱

a）立体图；b）投影图

（1）分析

由于平面与圆柱的轴线斜交，因而截交线为一椭圆。截交线的正面投影积聚为一直线，水平投影与圆柱面的投影积聚为圆。侧面投影可根据圆柱表面取点的方法求出，再连成光滑的曲线。

圆柱被正垂面截切，截平面与圆柱的轴线倾斜，故截交线为椭圆。此椭圆的正面投影积聚为一直线。由于圆柱面的水平投影积聚为圆，而椭圆位于圆柱面上，因而椭圆的水平投影与圆柱面水平投影重合。椭圆的侧面投影是它的类似形，仍为椭圆。可根据投影规律由正面投影和水平投影求出侧面投影。

（2）具体步骤

1）作出截交线上的特殊点。求截交线上特殊点Ⅰ、Ⅲ、Ⅴ、Ⅶ的投影，如图 3–28a 所示。

2）再作出适当数量的一般点。在俯视图适当位置找四个一般位置点Ⅱ、Ⅳ、Ⅵ、Ⅷ的水平投影，按投影规律找出其正面投影，求出其侧面投影，如图 3–28b 所示。

3）将这些点的投影依次光滑地连接起来。光滑连接各点的侧面投影，如图 3–28c 所示。

4）擦去被切部分的轮廓线，按线型描深图线，如图 3–28d 所示。

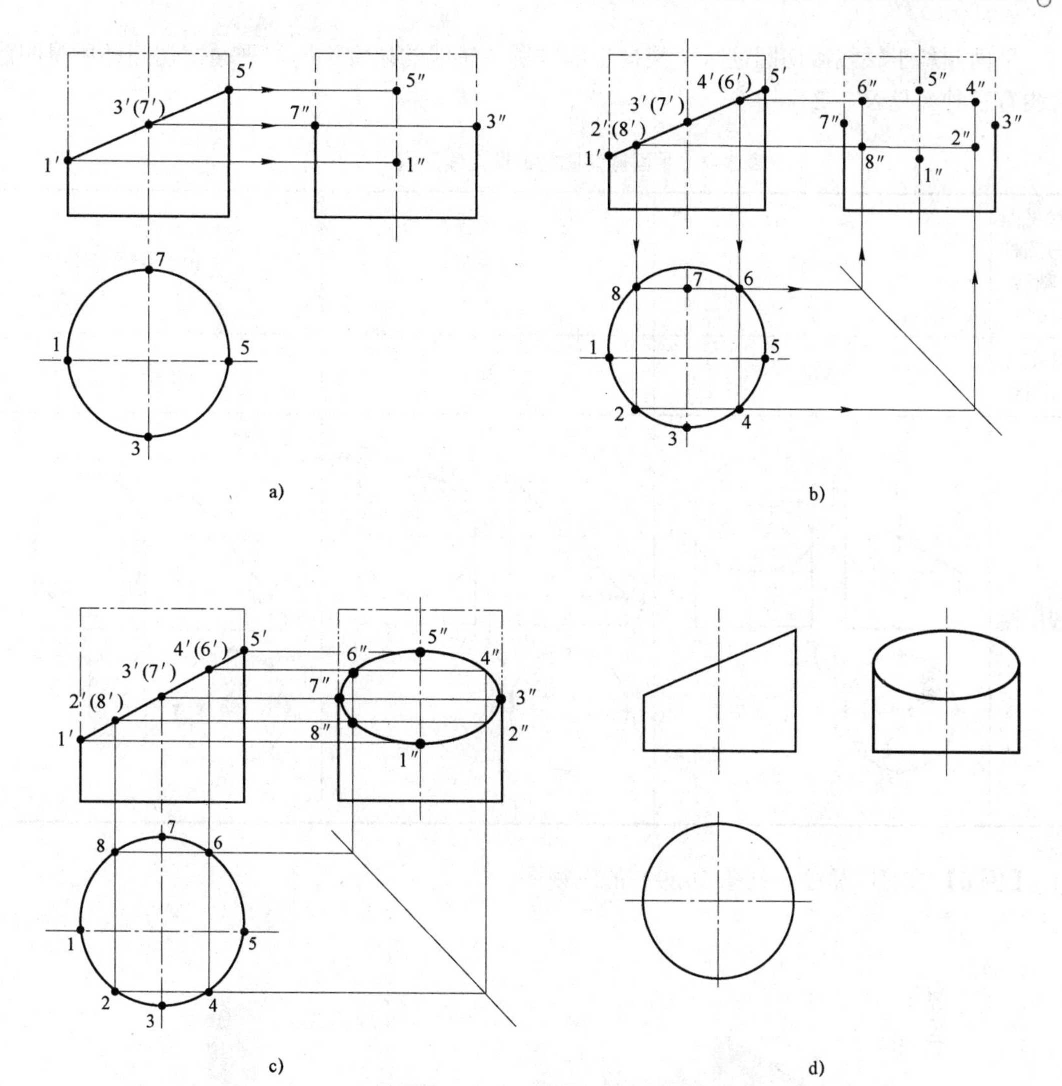

图 3–28　斜切圆柱截交线投影

截平面与圆柱面的截交线的形状取决于截平面与圆柱轴线的相对位置。平面截切圆柱时，根据平面与圆柱轴线的相对位置不同，平面截切圆柱所得的截交线有三种（见表 3–1）。

表 3–1　平面截切圆柱的截交线形状（一）

截平面位置	垂直于轴线	平行于轴线	倾斜于轴线
立体图			
截交线形状	圆	矩形	椭圆

平面倾斜于轴线截切圆柱时，根据平面与圆柱轴线的角度不同，平面截切圆柱所得的截交线有三种（见表 3–2）。

表 3–2　平面截切圆柱的截交线形状（二）

截平面与圆柱轴线角度	小于 45°	等于 45°	大于 45°
截交线形状	椭圆	圆	椭圆
投影图	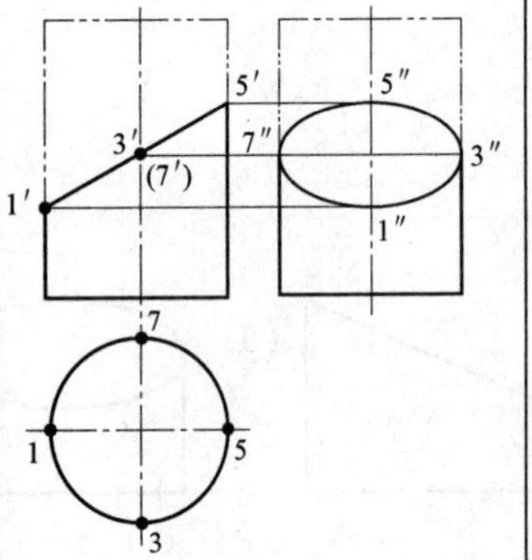	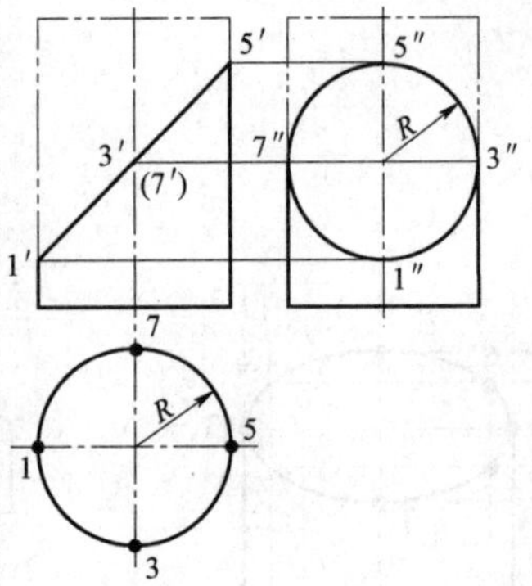	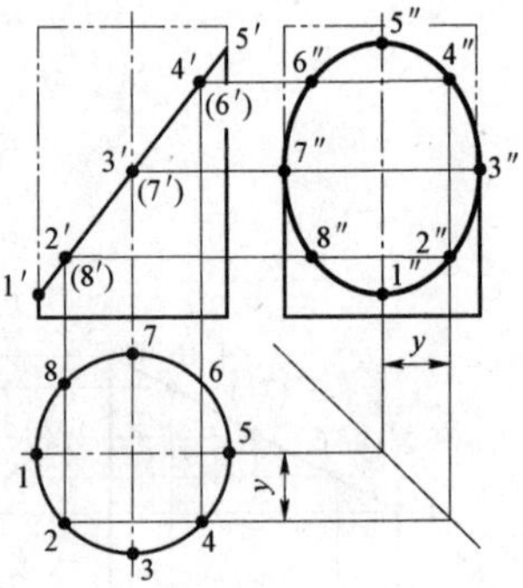

【例 6】 求切口圆柱（见图 3–29）的三视图。

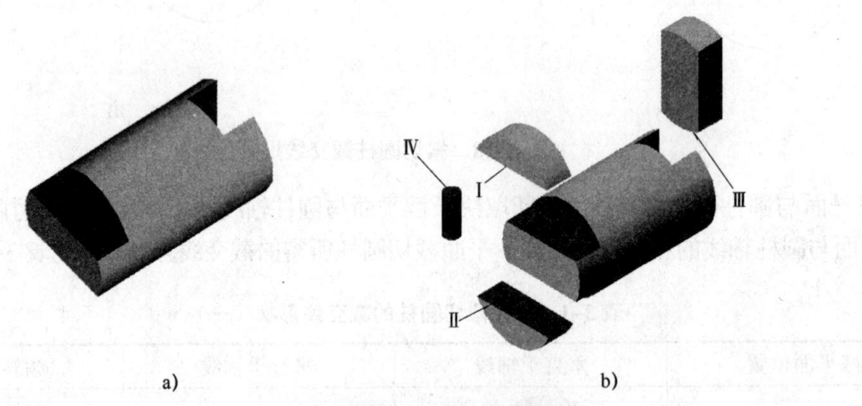

图 3–29　切口圆柱的立体图

a）立体图；b）分析图

（1）分析

如图 3–29 所示，该圆柱被切去Ⅰ、Ⅱ、Ⅲ、Ⅳ四部分形体。Ⅰ、Ⅱ部分为由两平行于圆柱轴线的平面和一垂直于圆柱轴线的平面切割圆柱而成，切口为矩形。Ⅲ部分也为由两平行于轴线的平面和一垂直于轴线的平面切割圆柱而成，即在圆柱右端开一个槽，切口亦为矩形。Ⅳ部分是在切割Ⅰ、Ⅱ部分的基础上再挖去的一个小圆柱。

（2）具体作图步骤

1）画出圆柱三视图，如图 3–30a 所示。

2）画出整个圆柱的三个投影，并切去Ⅰ、Ⅱ部分，如图 3–30b 所示。

3）画切去Ⅲ部分后的投影，如图 3–30c 所示。

4）画挖去Ⅳ部分，并完成全图，如图 3–30d 所示。

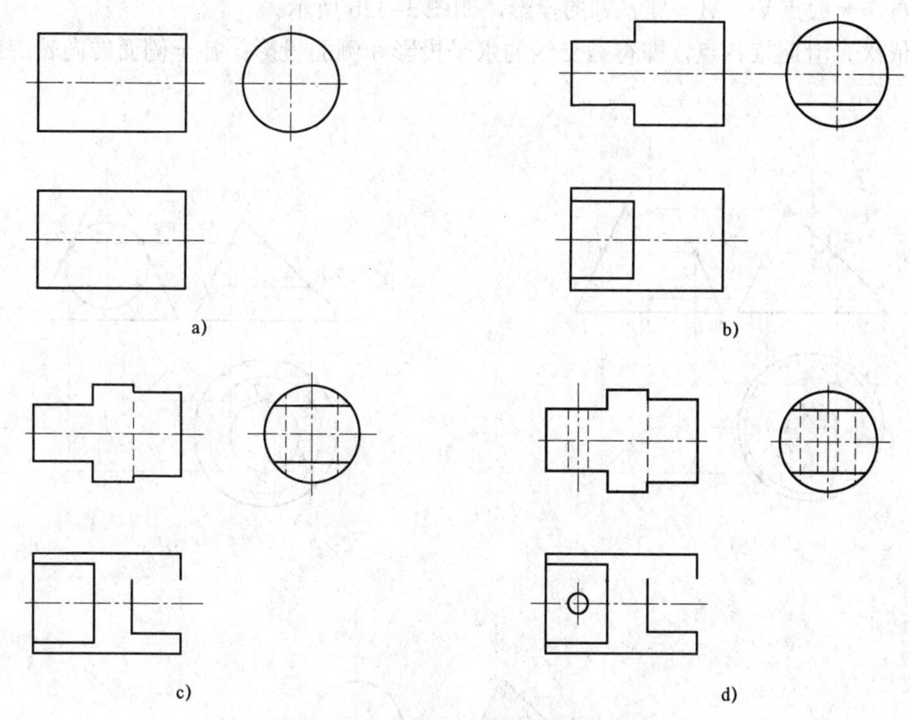

图 3–30　切口圆柱的投影绘图步骤

【例 7】如图 3–31 所示，圆锥被正垂面截切，求出截交线的另外两个投影。

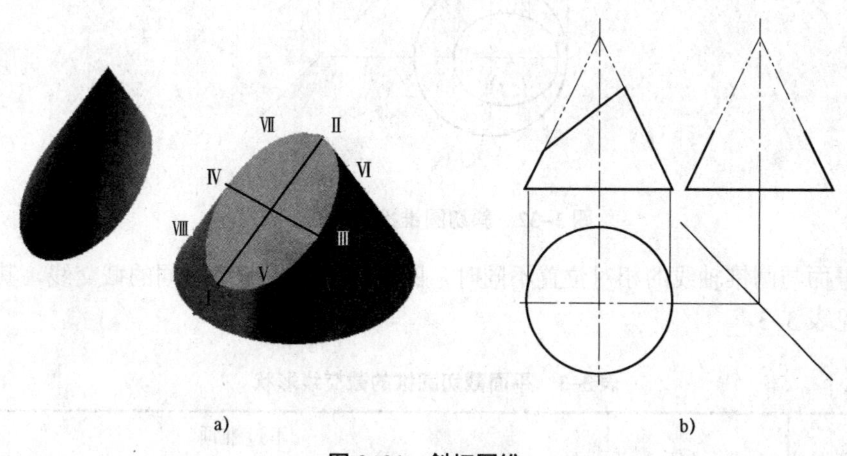

图 3–31　斜切圆锥

a）立体图；b）投影图

（1）分析

圆锥被正垂面斜切，截交线为一椭圆。椭圆的长轴Ⅰ、Ⅱ为截平面与圆锥前后对称面的交线——正平线，椭圆的短轴Ⅲ、Ⅳ是垂直于长轴的正垂线。

（2）具体作图步骤

1）先作出截交线上特殊点Ⅰ、Ⅱ、Ⅲ、Ⅳ的投影，如图 3–32a 所示。

2）再作一般点Ⅴ、Ⅵ、Ⅶ、Ⅷ的投影，如图 3–32b 所示。

3）依次光滑连接各点，即得截交线的水平投影和侧面投影；补全侧面转向轮廓线，如图 3–32c 所示。

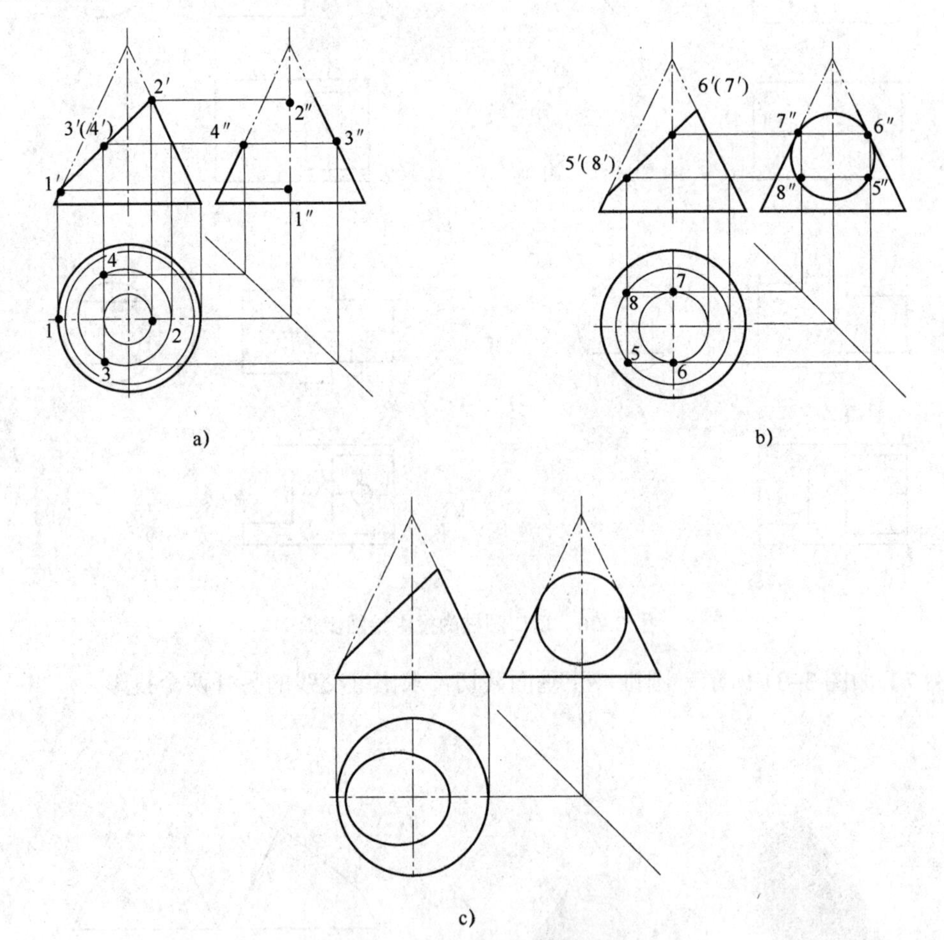

图 3–32　斜切圆锥投影绘图步骤

当截平面与圆锥轴线的相对位置不同时，圆锥表面上便产生不同的截交线，其基本形式有五种，见表 3–3。

表 3–3　平面截切圆锥的截交线形状

截平面的位置	过锥顶	不过锥顶			
		$\theta=90°$	$\theta<\alpha$	$\theta=\alpha$	$\theta>\alpha$
截交线的形状	两相交直线	圆	双曲线	抛物线	椭圆

续表

截平面的位置	过锥顶	不过锥顶			
		$\theta=90^\circ$	$\theta<\alpha$	$\theta=\alpha$	$\theta\geqslant\alpha$
立体图					
投影图					

【例 8】求半球切槽俯视图和左视图，如图 3–33 所示。

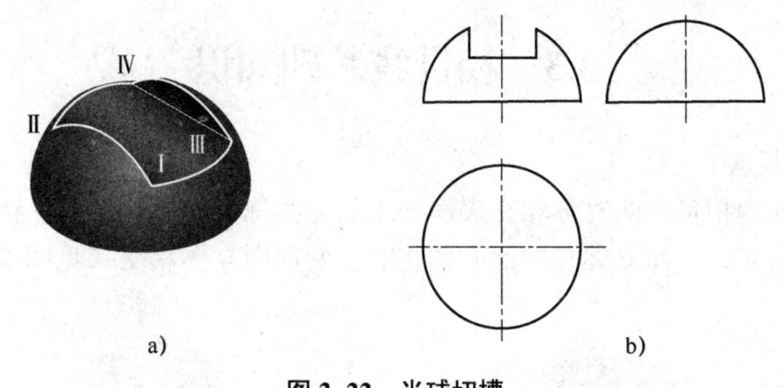

图 3–33　半球切槽

a）立体图；b）投影图

（1）分析

半球被两个侧平面和一个水平面截出一个凹槽，凹槽上的截交线均为圆弧。它们的正面投影都是直线。在水平投影上，由水平面截切出的截交线的投影（圆弧）反映实形；由两个侧平面截切出的截交线分别投射成直线段。在侧面投影上，由水平面截切出的截交线投射成两段直线，由两个侧平面截切出的截交线的投影反映实形，即圆弧，两个截平面的交线为正垂线ⅠⅡ和Ⅲ Ⅳ。

（2）具体作图步骤

1）作辅助水平面，求出水平面投影点，如图 3–34a 所示。

2）作辅助侧平面，求出侧面上的点的投影，如图 3–34b 所示。

3）擦去辅助线，按线型描深图线，如图 3–34c 所示。

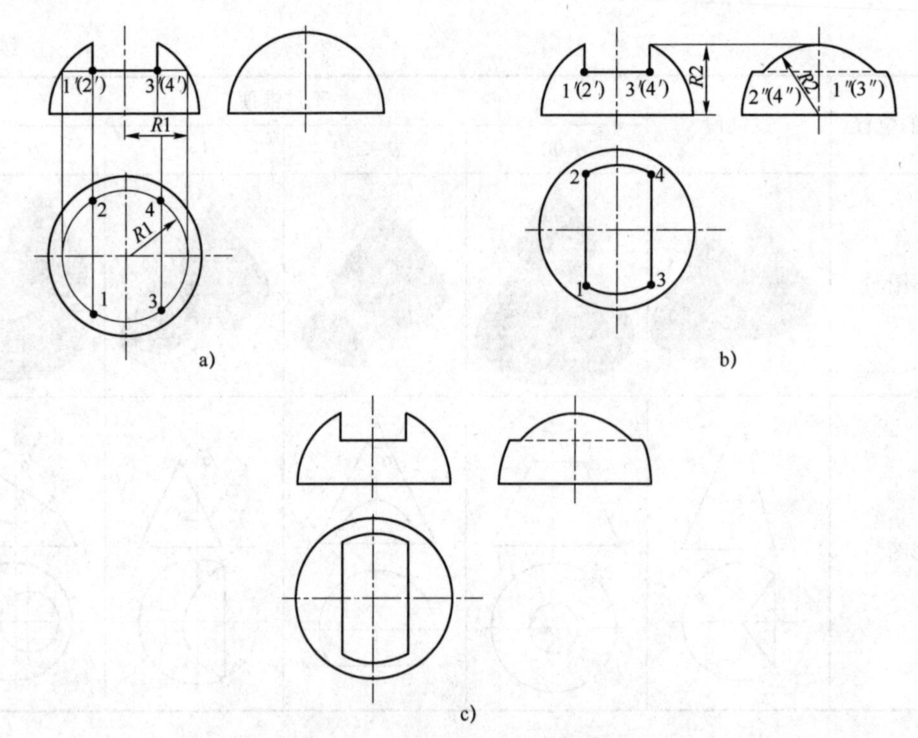

图 3-34　半球切槽俯视图和左视图作图步骤

3.3　相贯线基础知识

1. 相贯线的概念

两立体相交即为相贯，两立体相交表面产生的交线称为相贯线。两立体相贯可分为平面立体与平面立体相交、平面立体与曲面立体相交、两曲面立体相交（见图 3-35）。

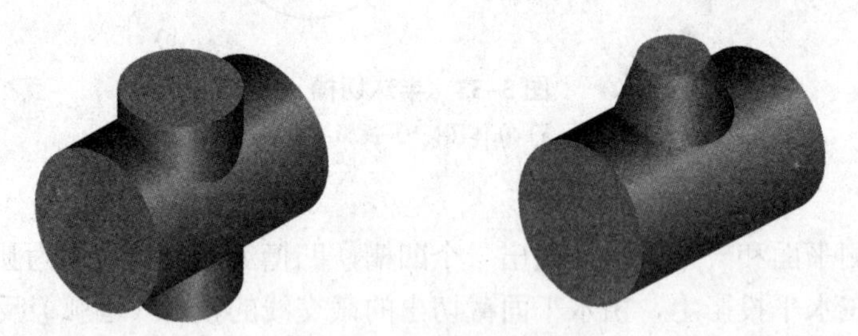

图 3-35　曲面立体相贯

2. 相贯线的性质

相交基本体的几何形状、大小和相对位置不同，相贯线的形状也不相同，但都有以下共同的基本性质。

1）表面性：相贯线位于两立体的表面上。

2）封闭性：相贯线一般是封闭的空间折线（通常由直线和曲线组成）或空间曲线。

3）共有性：相贯线是两立体表面的共有线。

求相贯线的作图实质是找出相贯的两立体表面的若干共有点的投影。

【例 9】已知两个圆柱正交，求相贯线的投影，如图 3–36 所示。

（1）分析

若两相贯体中有圆柱体，且圆柱体轴线垂直于某一投影面，则在该投影面的投影积聚为圆，相贯线的该面投影与圆重合。可利用圆柱投影的积聚性求出相贯线的其他投影。相贯线的水平投影和侧面投影已知，可利用表面取点法求共有点。

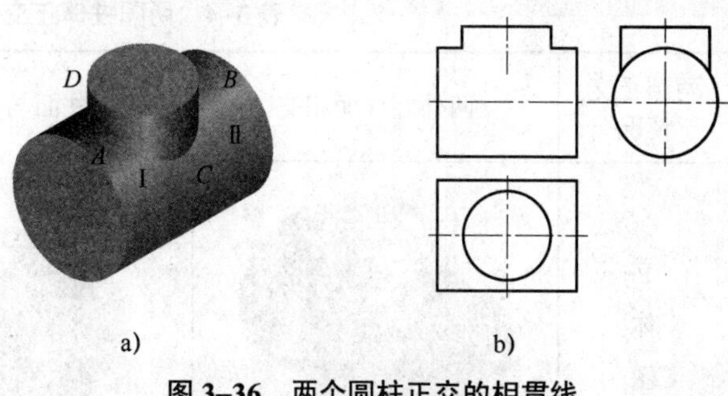

图 3–36　两个圆柱正交的相贯线

a）立体图；b）投影图

（2）具体步骤

1）求出相贯线上的特殊点 A、B、C、D；直接定出相贯线的最左点 A 和最右点 B 的三面投影，再求出相贯线的最前点 C 和最后点 D 的三面投影，如图 3–37a 所示。

2）求出若干个一般点Ⅰ、Ⅱ等；在已知相贯线的水平投影上任取两点 1、2，找出侧面重影点 1″、2″，然后作出正面投影 1′、2′，如图 3–37b 所示。

3）光滑且顺次地连接各点，作出相贯线，并且判别可见性。相贯线的正面投影左右、前后对称，后面的相贯线与前面的相贯线重影，只需按顺序光滑连接前面可见部分各点的投影即完成作图，如图 3–37c 所示。

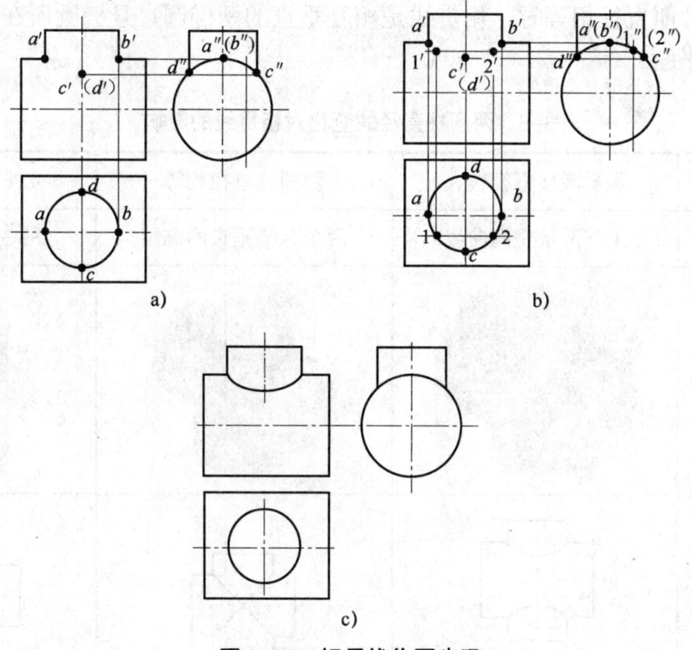

图 3–37　相贯线作图步骤

两圆柱正交有三种情况：两外圆柱面相交，外圆柱面与内圆柱面相交，两内圆柱面相交。这三种情况的相交形式虽然不同，但相贯线的性质和形状一样，求法也是一样的。两圆柱体正交的三种情况见表 3–4。

表 3–4　两圆柱体正交的三种情况

两圆正交情况	两外圆柱面相交	外圆柱面与内圆柱面相交	两内圆柱面相交
立体图		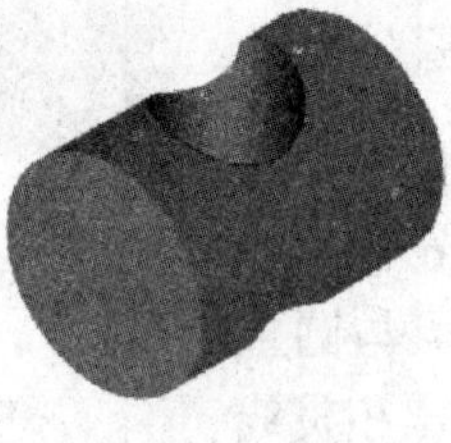	
投影图	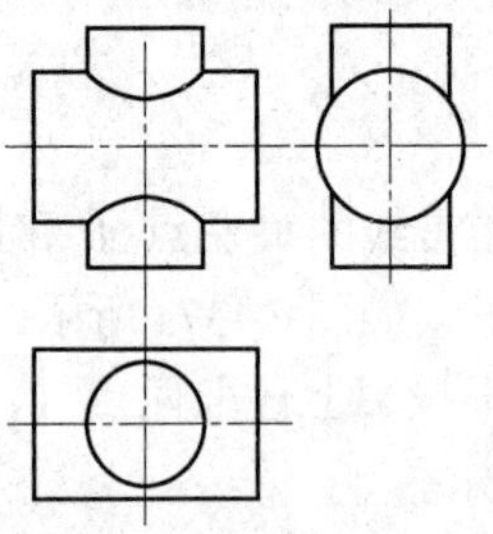	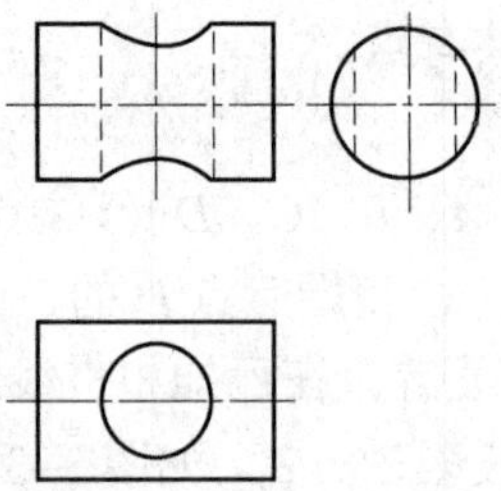	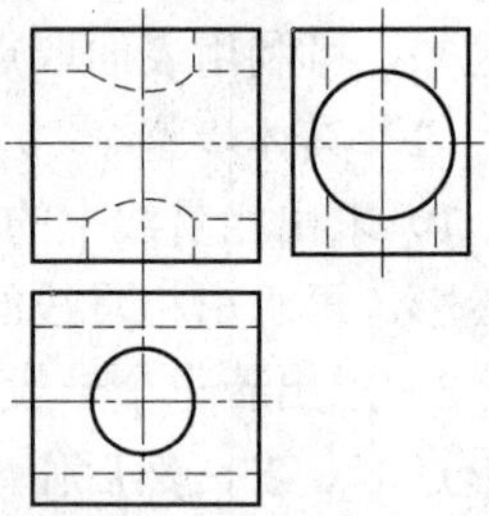

两圆柱正交时，相贯线的形状和位置取决于它们直径的大小和轴线的相对位置，表 3–5 列出了两圆柱的直径大小变化时对相贯线的影响。这里特别指出的是，当相贯线（也可不垂直）的两圆柱面直径相等时，相贯线是相互垂直的两椭圆，且椭圆所在的平面垂直于两条轴线所确定的平面。

表 3–5　两圆柱直径的变化对相贯线的影响

两圆柱直径情况	水平圆柱直径较大	两圆柱直径相等	水平圆柱直径较小
相贯线的形状	上下两条空间曲线	两个互相垂直的椭圆	左右两条空间曲线
立体图	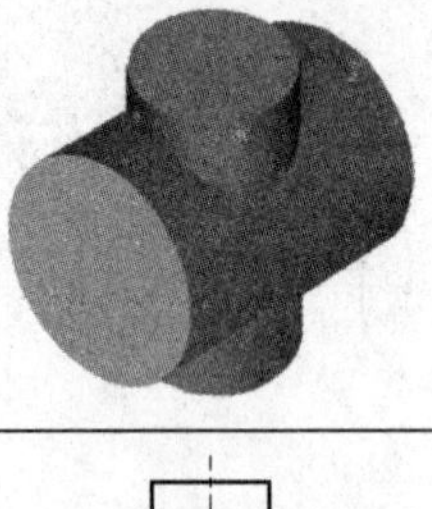	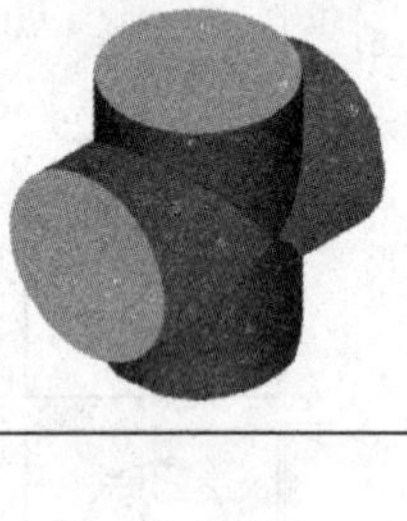	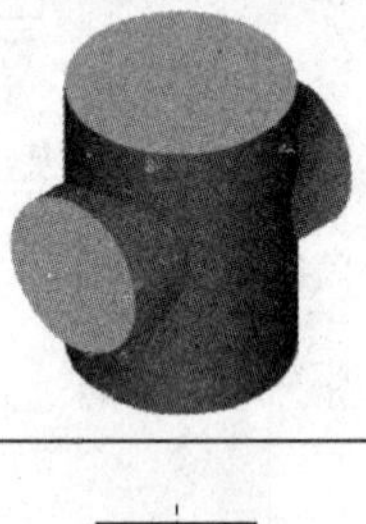
投影图	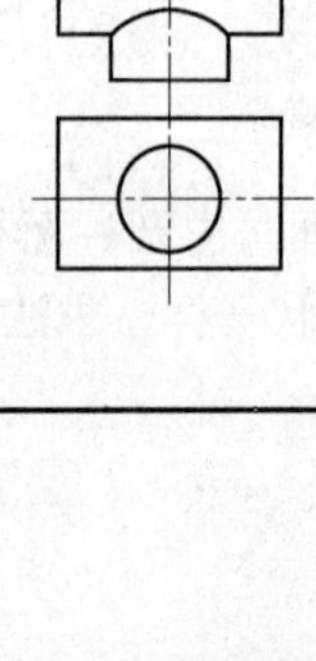	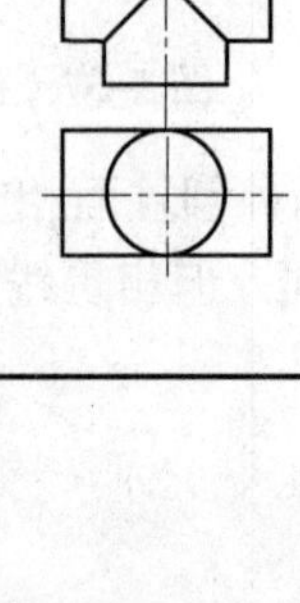	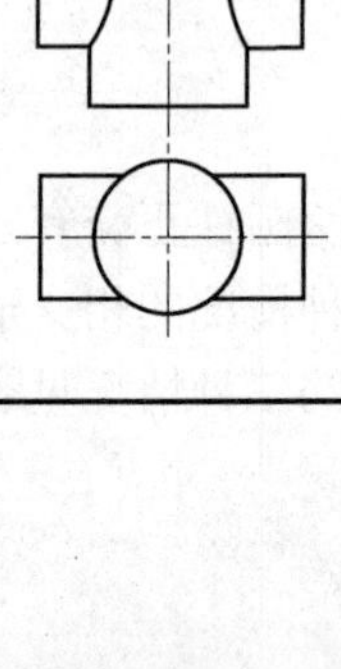

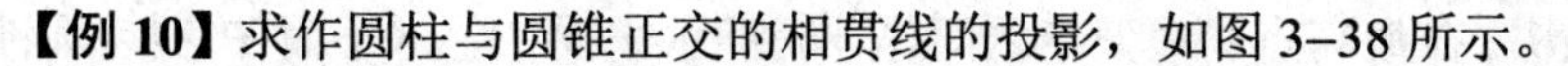

【例 10】求作圆柱与圆锥正交的相贯线的投影，如图 3–38 所示。

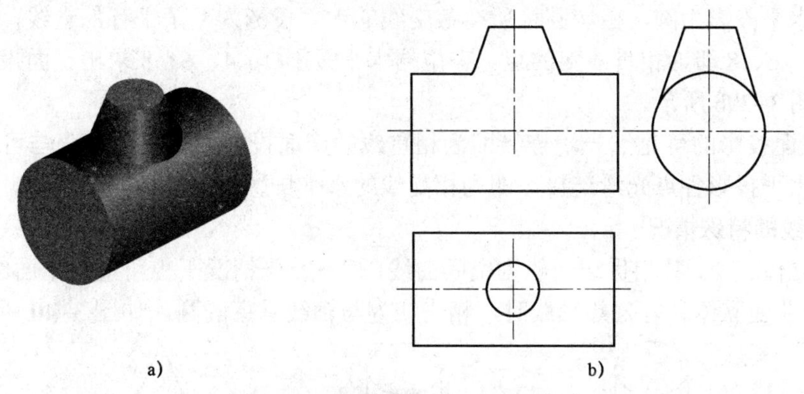

图 3–38　圆柱与圆锥正交的相贯线

a）立体图；b）投影图

（1）分析

因圆柱与圆锥正交，相贯线为前后、左右对称的空间曲线。圆柱轴线垂直于侧投影面，相贯线的侧面投影为圆的一部分（与圆柱面投影重合），需求出相贯线的正面投影和水平投影。

（2）具体步骤

1）求特殊点的投影。根据相贯线最高点（最左点和最右点）和最低点（最前点和最后点）的侧面投影 1″（5″）、3″、7″，可求出其正面投影 1′、5′、3′（7′）及水平投影 1、5、3、7，如图 3–39a 所示。

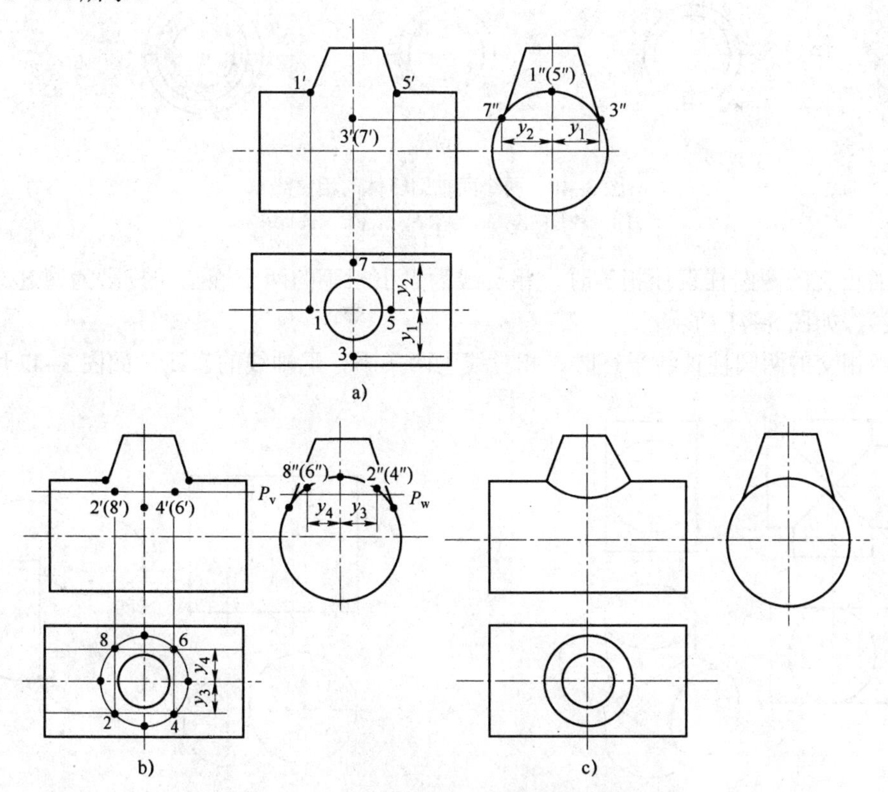

图 3–39　圆柱与圆锥正交的相贯线绘图步骤

2）求一般点的投影。在最高点和最低点之间作一辅助水平面 P，水平面 P 截切圆锥所得截交线的水平投影为圆，截切圆柱所得截交线的水平投影为两条平行的素线，两组截交线的交点 2、4、6、8 即为相贯线上的点。在根据水平投影 2、4、6、8 求出正面投影 2′（8′）、4′（6′），如图 3–39b 所示。

3）将正面投影的可见点光滑连接即为相贯线的正面投影，不可见部分与可见部分的投影重合。将水平投影各点光滑连接，即为相贯线的水平投影，如图 3–39c 所示。

3. 相贯线的特殊情况

两曲面立体相交，其相贯线一般为空间曲线，但在特殊情况下也可能是平面曲线或直线。

1）两个曲面立体具有公共轴线时，相贯线为与轴线垂直的圆，如图 3–40 所示。

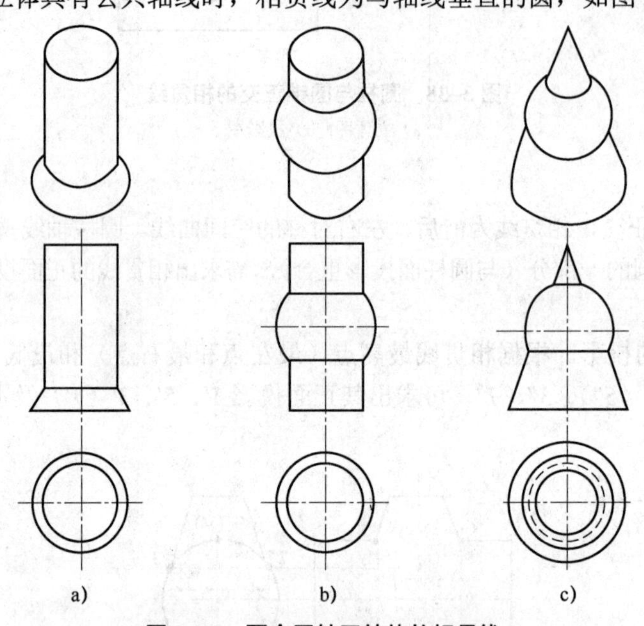

图 3–40　两个同轴回转体的相贯线

a）圆柱与圆锥；b）圆柱与球；c）圆锥与球

2）当正交的两圆柱直径相等时，相贯线为大小相等的两个椭圆（投影为通过两轴线交点的直线），如图 3–41 所示。

3）当相交的两圆柱轴线平行时，相贯线为两条平行于轴线的直线，如图 3–42 所示。

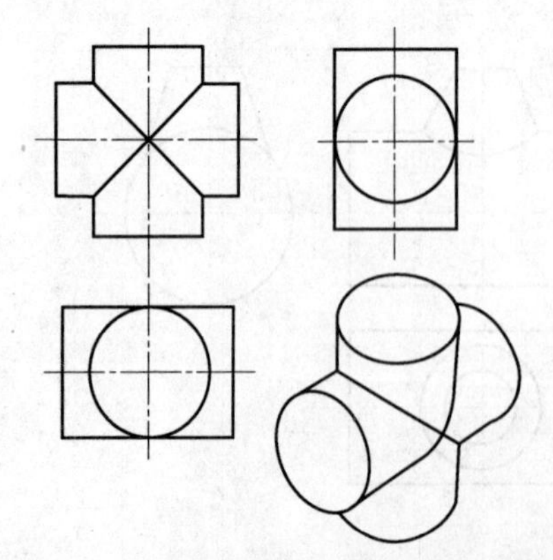

图 3–41　正交两圆柱直径相等时的相贯线

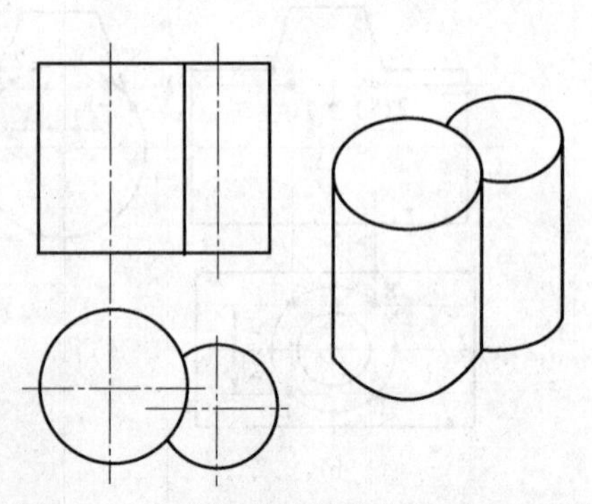

图 3–42　相交两圆柱轴线平行时的相贯线

4. 相贯线的简化画法

当两圆柱正交且直径相差较大，作图要求精度不高时，相贯线可采用近似画法，用圆弧代替非圆曲线。以大圆柱的 $D/2$ 为半径作圆弧代替非圆曲线的相贯线，如图 3–43 所示。

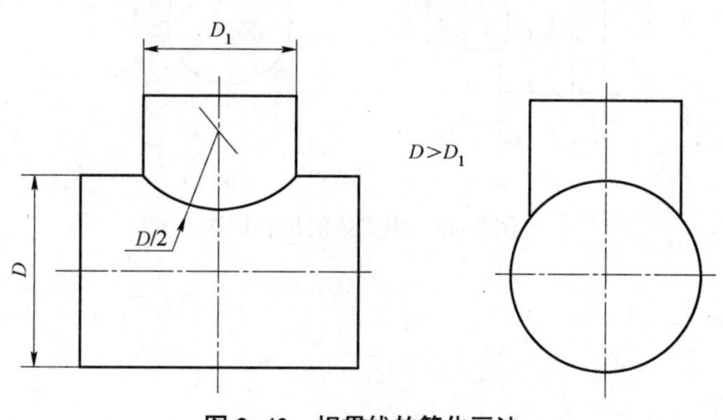

图 3–43　相贯线的简化画法

3.4　切割体、相贯体的尺寸标注

切割体的尺寸标注首先标注基本体的尺寸，然后标注截切位置尺寸。截切后形成的表面形状不标注尺寸，由于截平面在形体上的相对位置确定后，截交线即被唯一确定，因而对截交线不应再标注尺寸。切割体的尺寸标注如图 3–44 所示。

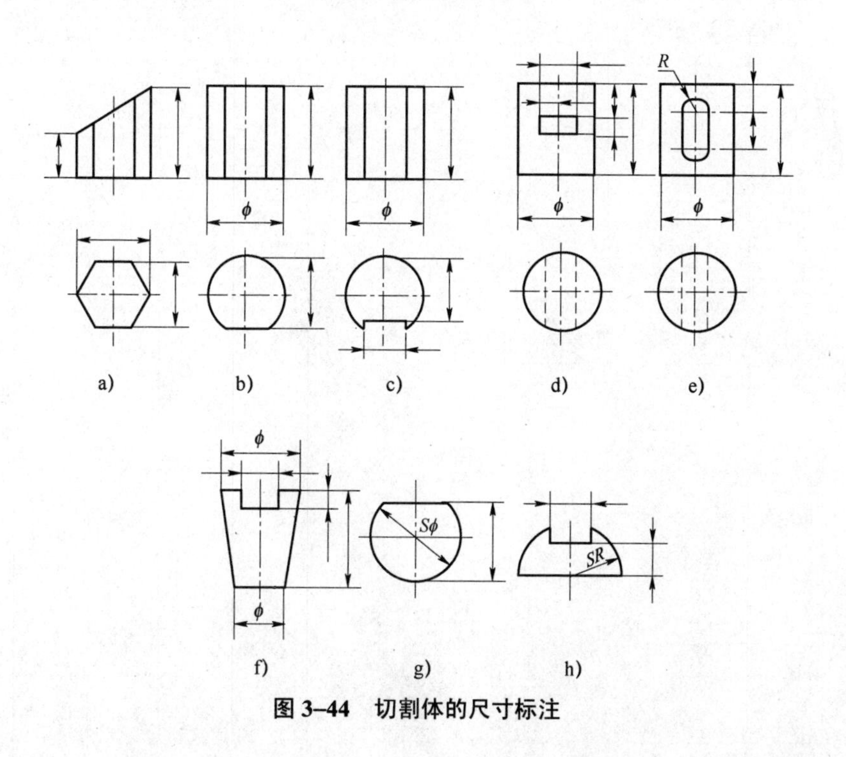

图 3–44　切割体的尺寸标注

相贯体的尺寸标注要先确定尺寸基准，圆柱基准为轴线和底面。如图 3–45 所示，分别标注回转体的直径尺寸（定形尺寸）；再根据选定的基准，标注出定位尺寸。

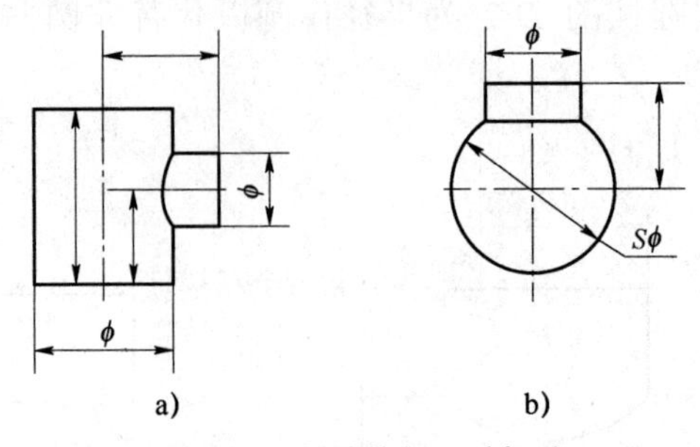

图 3–45　相贯体的尺寸标注

第4章

组合体的视图

任何复杂的机器零件，都可以看成由一些简单的基本体经过叠加、切割或打孔等方式组合而成。这种由两个或两个以上的基本体组合构成的整体称为组合体。

本章主要内容有组合体基础（组合体的组合形式、组合体相邻表面之间的连接关系及其画法）、组合体三视图的画法及尺寸标注、读组合体的方法。

4.1　组合体基础

4.1.1　组合体的组合形式

组合体的形状按组合的方式可分为叠加、切割和综合三种基本组合形式。由若干基本体按照一定的方式叠加而成的组合体称为叠加型组合体，如图 4–1a 所示；由基本体经过切割或打孔的方式形成的具有缺角、凹槽、空腔的组合体称为切割型组合体，如图 4–1b 所示；既有叠加又有切割的组合体称为综合型组合体，常见的组合体大都是综合式组合体，如图 4–1c 所示。

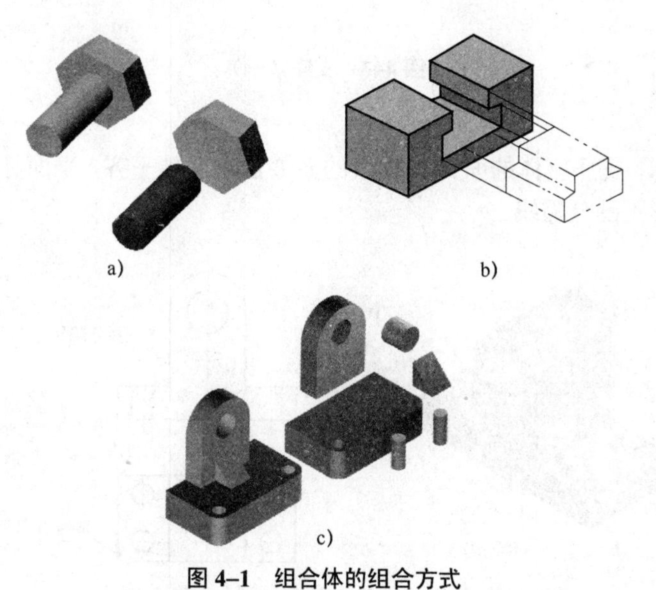

图 4–1　组合体的组合方式

a）叠加型组合体；b）切割型组合体；c）综合型组合体

注意：绘图时，被切割后的轮廓线必须画出，如图 4–2 所示。

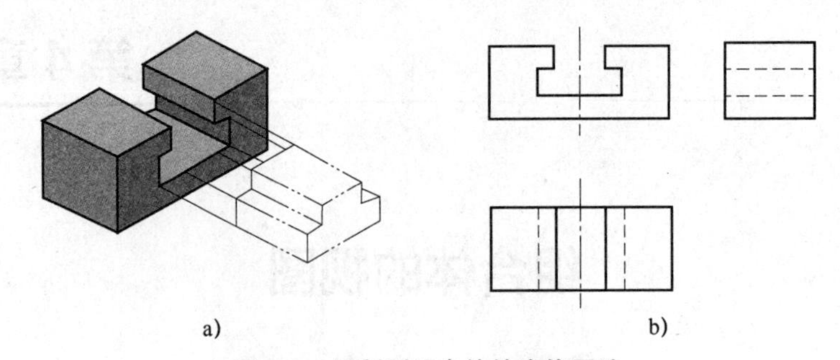

图 4–2　切割型组合体轮廓线画法

4.1.2　组合体相邻表面之间的连接关系及画法

组合体相邻表面之间的连接关系分为不平齐、平齐、相切和相交四种情况。

1. 不平齐

如图 4–3 所示，支座可以看成是由一块长方形底板和一个一端呈半圆形的座体组成。座体的面 *A*、*C* 与底板的面 *B*、*D* 不对齐，所以面 *A* 与 *B*、*C* 与 *D* 之间在主、左视图上要画出交线的投影。

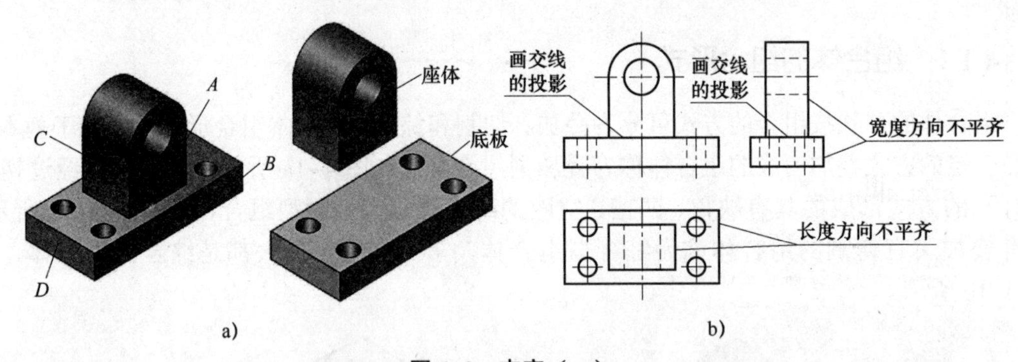

图 4–3　支座（一）

2. 平齐

如图 4–4 所示，支座座体的面 *A* 与底板的面 *B* 的表面端平齐，平面 *A*、*B* 构成同一平面，在主视图上的投影不画分隔线。

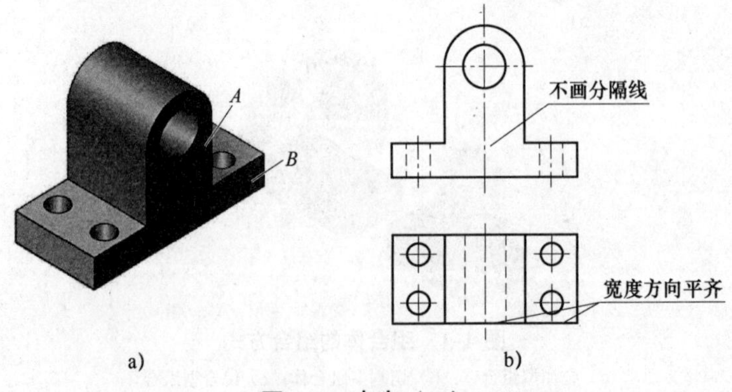

图 4–4　支座（二）

3. 相切

图 4–5a 所示的套筒可以看成是由圆筒和支耳两部分相切叠加而成的。圆筒的面 A 与支耳的面 B 相切，相切处表面光滑过渡，面 A、B 之间不画分隔线。图 4–5b 所示的主、左视图中不画切线的投影。

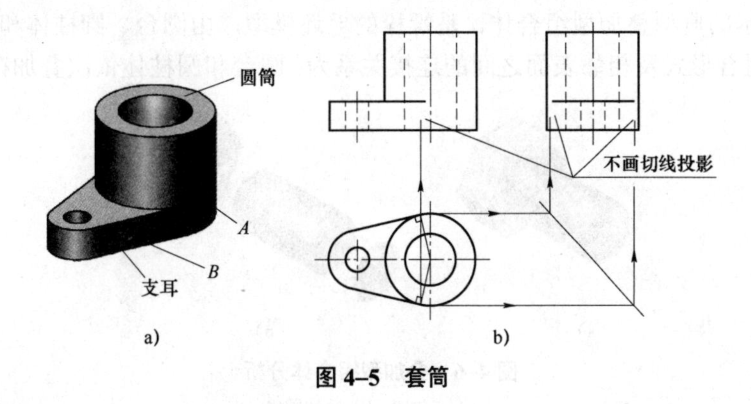

图 4–5 套筒

需要注意的是：

1）当两表面平齐时，中间无线隔开；

2）当两表面不平齐时，中间应有线隔开；

3）当两表面相交时，会产生交线，应画出交线的投影；

4）当两表面相切时，在相切处表面光滑过渡，不存在轮廓线，因此在相切处不应画线，但必须保证切点的三个投影相互对应；

5）当两形体叠加后，内部融合时，内部应无线。

4.1.3 组合体的分析方法——形体分析法和线面分析法

1. 形体分析法

组合体可以理解为是把零件进行必要的简化，将零件看作由若干个基本几何体组成。将组合体假想分解成若干个简单体（包括基本体），分析各简单体的形状、相对位置及相邻表面的连接关系、投影特征和组合形式，从而弄清组合体的结构形状，即为形体分析法。它是读、画组合体三视图的基本方法。

2. 线面分析法

在绘制组合体的视图时，对于比较复杂的组合体，通常在运用形体分析法的基础上，对不易表达或读懂的局部，结合线、面的投影分析，如分析物体的表面形状、物体上面与面的相对位置、物体的表面交线等，来帮助表达或读懂这些局部形状，这种方法称为线面分析法。

4.2 组合体三视图的画法

4.2.1 绘图前的准备工作

1. 形体分析

画图前应分析组合体的组合方式，分析该组合体是叠加型的、切割型的还是综合型的。

对于叠加型的组合体，重点分析各组成部分的形状、相对位置及表面连接关系等；对于切割型的组合体，重点分析在基础体上切去几部分几何形体，它们的形状及相邻连接面之间的位置关系等，注意切口、穿孔和圆角等局部形状；对于综合型的组合体，要对其各部分的形状、位置关系及线面等综合分析。

图 4–6 所示的典型叠加型组合体，是螺栓的毛坯模型，由圆台、圆柱体和六棱柱三部分组成，它们的组合形式及相邻表面之间的连接关系为：圆台和圆柱体依次叠加在六棱柱之上。

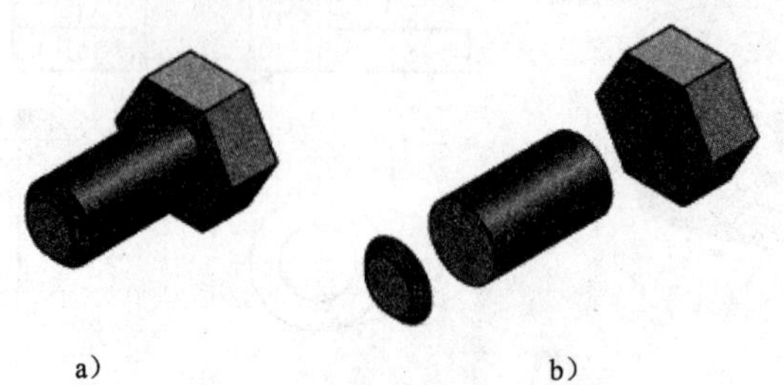

a）　　　b）

图 4–6　叠加型组合体分析

a）立体图；b）分解图

图 4–7 所示的典型切割型组合体，基础体是四棱柱，经过三次切割而成，分别切除左边梯形槽、U 形槽和右边梯形槽，如图 4–7a、b、c 所示，具体切割示意图如图 4–7d 所示。

图 4–8 所示的典型综合型组合体，是轴承座模型，由凸台、水平圆筒、支承板、肋板和底板五部分组成。其中支承板和肋板叠加在底板之上，凸台与水平圆筒相交会在内外表面上产生相贯线，支承板与圆筒外表面相切，肋板则与圆筒外表面相交。

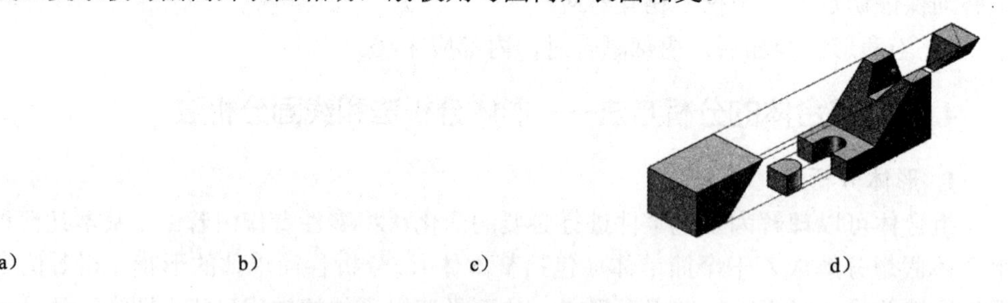

a）　　　b）　　　c）　　　d）

图 4–7　切割型组合体分析

a）一次切割；b）二次切割；c）三次切割；d）切割过程示意图

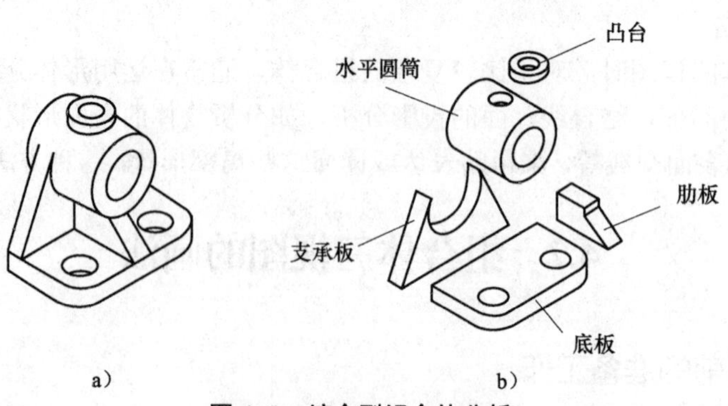

a）　　　b）

图 4–8　综合型组合体分析

a）立体图；b）形体分析

2. 主视图的选择

从物体的前面向后面投射所得的视图称主视图，主视图是最重要的视图，确定主视图是画三视图的关键。为方便看图，应选择最能反映该组合体形状特征和位置关系的视图作为主视图。选择方法如下：将零件放正，将能充分反映零件的结构形状，而且视图中的虚线尽量少的视图作为主视图。

图4–9所示的轴承座，按自然位置放置后，按照箭头的四个投射方向，可以得到四个主视图。从四组不同的主视图可以看出，如果 *C* 方向作为主视图的投射方向，主视图不能充分反映零件的结构形状，因此不适合作为主视图的投射方向；如果 *B* 方向作为主视图投射方向，*C* 方向就是左视图的投射方向，很显然肋板的结构会被遮挡，左视图中会出现较多的虚线，也不适合作为主视图的投射方向；如果考虑到尽量使视图中的长方向尺寸大于宽度方向尺寸，*A* 方向作为主视图最好。

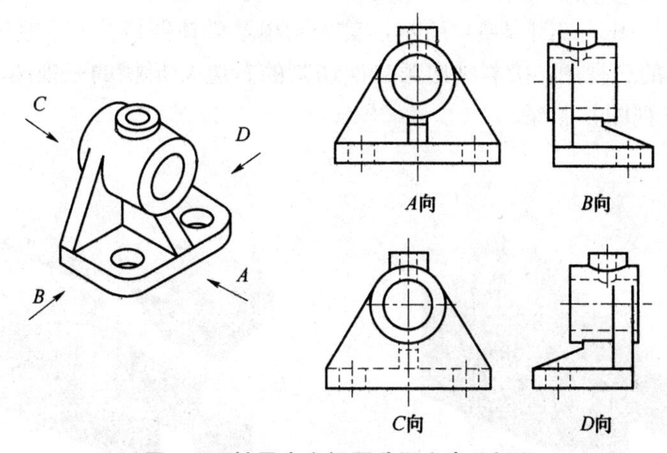

图4–9 轴承座主视图选择方案分析图

3. 选择绘图比例和图纸幅面

根据组合体的尺寸大小，选择适当的绘图比例和图纸幅面。尽量选用 1∶1 的比例，这样既便于直接估量组合体的大小，也便于画图。

4.2.2 典型组合体三视图画法

1. 叠加型组合体三视图画法

叠加型组合体的画图顺序为：按先画主要部分后画次要部分的顺序，依次画出组合体的各个组成部分。如图 4–10 所示，首先布置视图，画基准线和中心线，然后画六棱柱的三视图，接着画出圆柱三视图，最后画圆台的三视图并加深。

布置视图，画基准线时要根据组合体的总长、总宽、总高确定各视图在图框中的具体位置，使三视图分布均匀，并要在视图之间留出标注尺寸的位置和适当的间距。

【例1】画出螺栓的三视图，如图 4–10 所示。

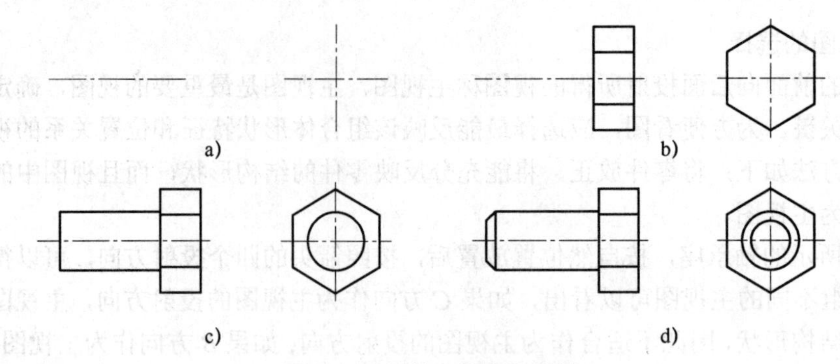

图 4–10　螺栓三视图的绘制

a）先画中心线；b）画六棱柱投影；
c）画圆柱投影；d）画圆台投影，并描深

2. 切割型组合体三视图画法

切割型组合体的画图顺序为：在画出组合体基础体的基础上，按切去部分的位置和形状依次画出切割后的视图。如图 4–11 所示，首先画出基础体四棱柱的三视图，然后画出第一次切割的左边梯形的三视图，接着画出第二次切割的右边 V 形槽的三视图，最后画出第三次切割的 U 形槽的三视图并加深。

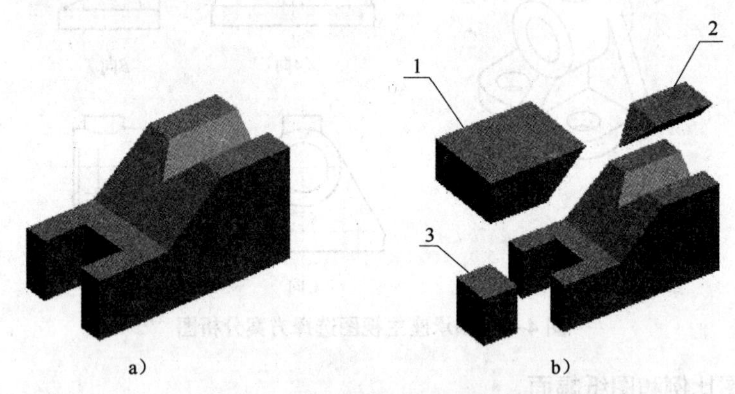

图 4–11　切割型组合体三视图的绘制

a）直观图；b）分解图

画切割型组合体时，应从反映几何体轮廓且具有积聚性的视图开始，再按照投影关系画出其他的视图。

【例 2】画出切割型组合体的三视图，如图 4–12 所示。

1）画原始形体的三视图。先画基准线，布置视图，再画出其原始形体的三视图，如图 4–12a、b 所示。

2）画截平面的三视图。画各截平面的三视图时，应从各截平面具有积聚性和反映其形状特征的视图开始画起。如图 4–12c、d、e 所示。

3）检查、描深。各截平面的投影完成后，仔细检查投影是否正确，是否有缺漏和多余的图线，准确无误后，按国家标准规定的线型加粗、描深，如图 4–12f 所示。

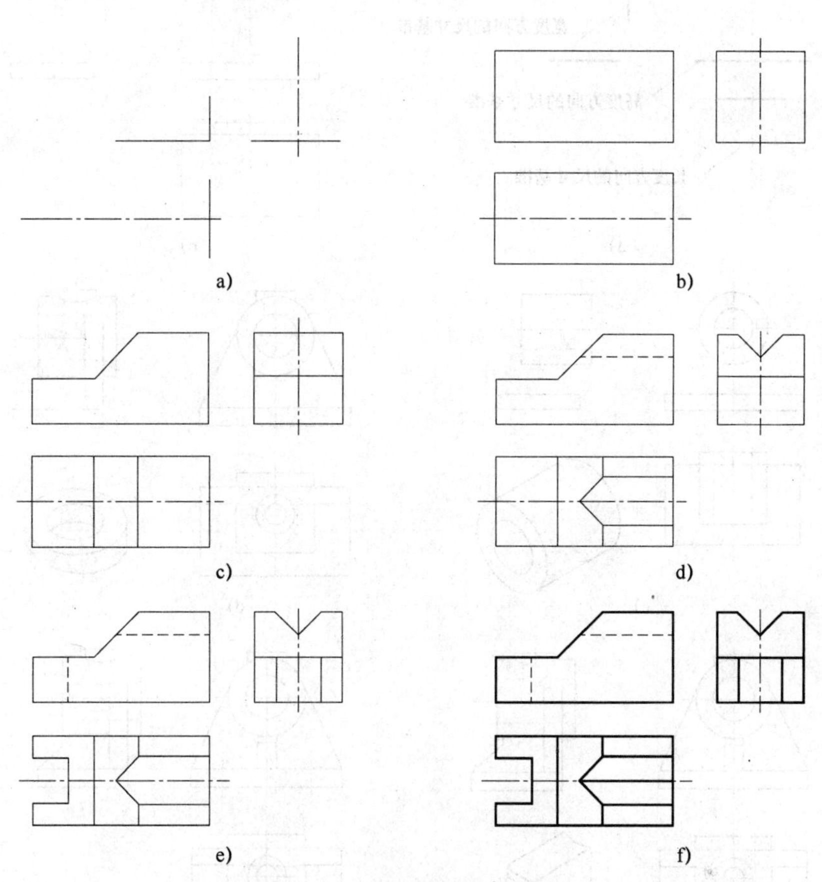

图 4–12　切割型组合体的绘制

a）画基准线、位置线；b）画原始形体的三视图；c）画切去形体 1 的三视图；
d）画切去形体 2 的三视图；e）画切去形体 3 的三视图；f）加粗描深

【例 3】画出轴承座的三视图，如图 4–13 所示。

画轴承座三视图时应注意以下几个问题。

1）绘制底板三视图时，先画底板的俯视图，根据“三等”规律画出其主视图和左视图。

2）先画圆筒的主视图，俯视图中将被遮挡的投影改为虚线。

3）先画支承板的主视图，在俯视图和左视图中擦去多余的图线。

4）先画凸台的俯视图，然后画出凸台与圆筒之间的相贯线，并擦去多余图线。

5）先画肋板的主视图，擦去俯视图、左视图中的多余图线。

6）先画圆柱孔的中心线和轴线，三个视图同时画。

画图时应注意以下几个问题。

1）应按照投影规律，将组合体的三个视图联系起来画。

2）画基本形体的三视图时，一般应先画反映其形状特征（圆或多边形）的视图；对于槽、切口等切割方式形成的结构，也应从反映其形状特征的有积聚性的投影画起。

3）注意基本形体表面之间平齐、不平齐、相交、相切部位的画法。

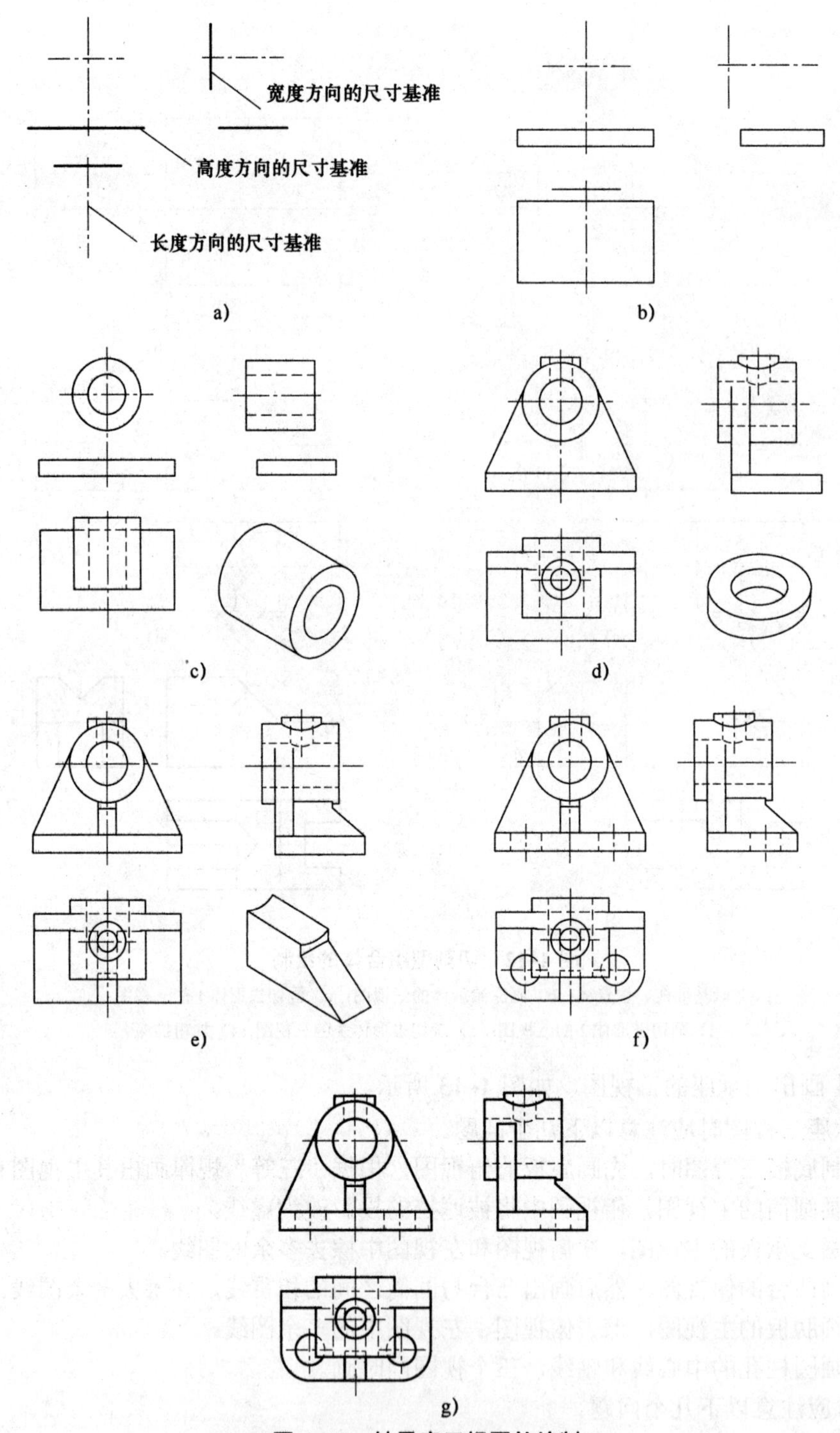

图 4–13　轴承座三视图的绘制

a）布置三视图的作图基准线；b）画底板的三视图；
c）画圆筒的三视图；d）画支承板和凸台的三视图；
e）画肋板的三视图；f）画底板圆角和圆柱孔；g）检查并加深

4.3　组合体三视图的尺寸标注

组合体的视图只能表达其形状，而组合体的大小及各部分的相对位置，则由视图上的尺寸确定。

4.3.1　组合体尺寸种类

1. 定形尺寸

定形尺寸是确定组合体中各基本体形状和大小的尺寸。图 4–14 中的 50、30、7 三个尺寸确定底板的长、宽、高；*φ*20、*φ*14、23 三个尺寸确定圆筒的大小；*R*5、4×*φ*5 两个尺寸分别确定底板上圆角和四个圆柱孔的大小。

2. 定位尺寸

定位尺寸是确定组合体中各基本体之间相对位置的尺寸。图 4–14 中的 20、40 两个尺寸确定底板上四个圆柱孔的圆心位置，23 确定圆筒上圆柱孔的圆心位置。

3. 总体尺寸

总体尺寸是确定组合体外形总长、总宽、总高的尺寸。图 4–14 中的 50、30、30 三个尺寸确定该组合体的总体大小。

4.3.2　组合体尺寸基准

组合体中的各基本体需要在长、宽、高三个方向上定位，因此在这三个方向上需要有定位尺寸，即三个方向上的尺寸基准，尺寸基准是标注或度量尺寸的起点。一般情况选择对称平面、底面、重要端面或者回转体的轴线作为尺寸基准。物体长、宽、高三个方向的尺寸基准为主要基准，其余的为辅助基准。

如图 4–15 所示，该组合体左右对称，因此长度方向的基准为对称平面，图 4–15 中 40 为两圆柱孔长度方向的定位尺寸；该组合体左右也对称，因此宽度方向的尺寸基准为对称平面，图 4–15 中 20 为底板上两个圆孔宽度方向的定位尺寸；高度方向的定位基准是底板的底面，图 4–15 中 23 为圆筒上小圆柱孔的定位尺寸。

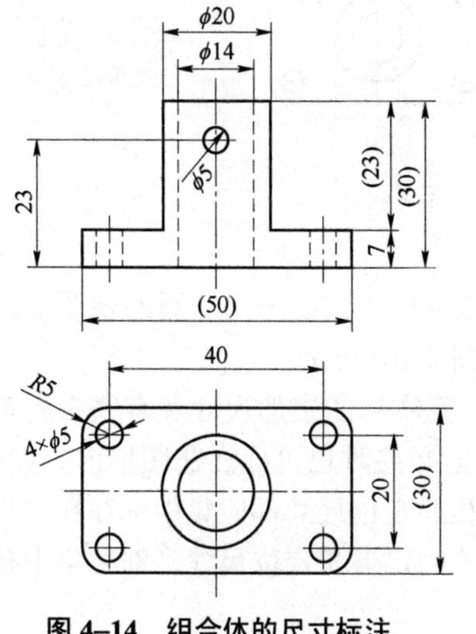

图 4–14　组合体的尺寸标注

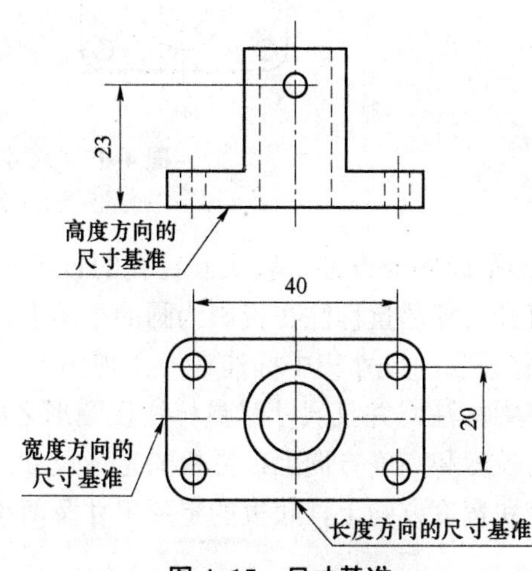

图 4–15　尺寸基准

4.3.3　组合体尺寸标注要求

1）正确：遵守国家标准“尺寸标注”的相关规定。

2）完整：零件中的定形尺寸和定位尺寸都应该标注，不重复、不遗漏。

3）清晰：组合体的尺寸配置要清楚，排列整齐，方便阅读。

4.3.4　组合体尺寸标注注意事项

1）考虑到零件加工等因素，视图中不应出现“封闭尺寸链”。如图 4–16 所示，底板高度是 7，圆筒高度是 23，总高为 30，如果这三个尺寸同时标出，形成“封闭尺寸链”，就不合理。

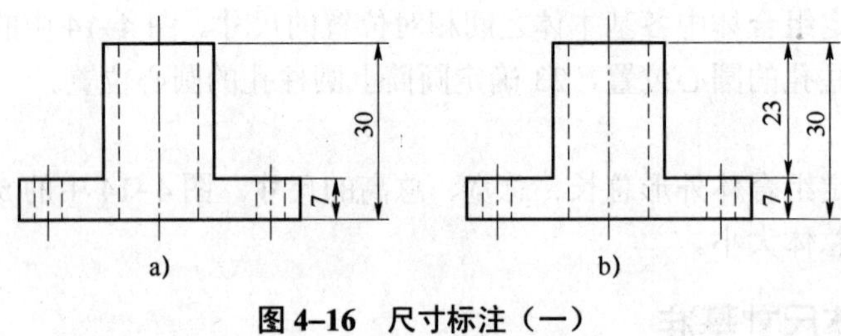

图 4–16　尺寸标注（一）

a）合理；b）不合理

2）半径尺寸只能标注在显示圆弧的视图上，如图 4–17 所示。

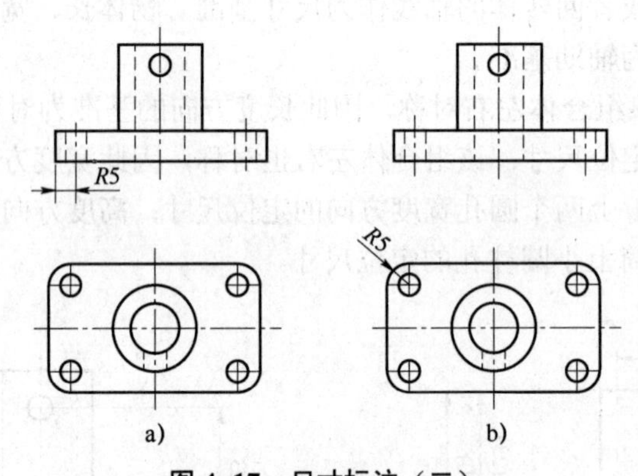

图 4–17　尺寸标注（二）

a）错误标注；b）正确标注

3）为了读图的方便，较大圆柱孔的直径尺寸尽量标注在投影为非圆的视图上，较小的圆柱孔直径尺寸尽量标注在投影为圆的视图上，如图 4–18 所示。

4）有关联的尺寸集中标注在一个视图上，同一基本体的定形尺寸及有联系的定位尺寸应尽量集中标注，并且尺寸尽量标注在图形之外，但必要时也可标注在图形内。如图 4–19 所示，在长度和高度方向上，立板的定形尺寸及圆孔的定位尺寸都应集中标注在主视图上。而在长度和宽度方向上，底板的定形尺寸及两小圆孔的定形和定位尺寸，都应集中标注在俯视图上。

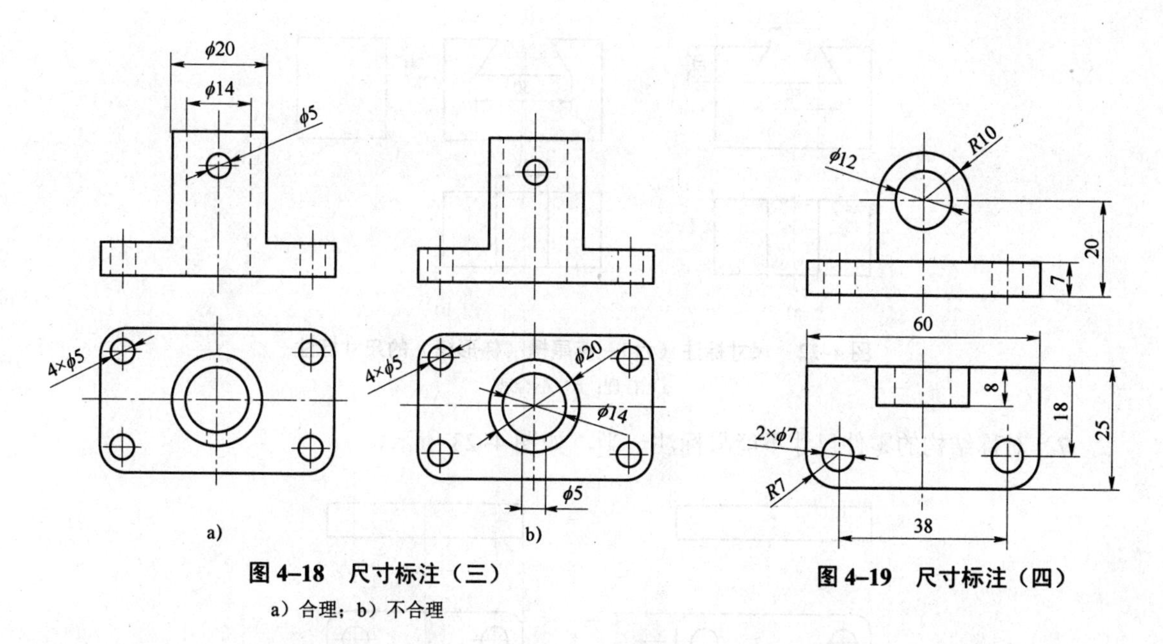

图 4–18　尺寸标注（三）

a）合理；b）不合理

图 4–19　尺寸标注（四）

5）标注尺寸要排列整齐，同一方向上几个连续尺寸应尽量标注在同一条尺寸线上，如图 4–20 所示。

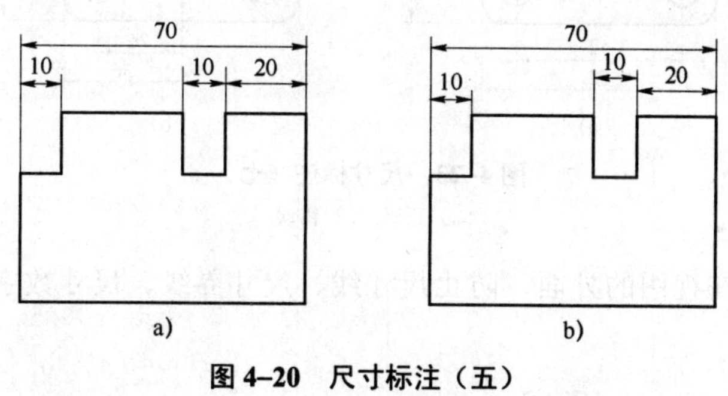

图 4–20　尺寸标注（五）

a）合理；b）不合理

6）相关槽的尺寸尽量标注在同一个视图上，如图 4–21 和图 4–22 所示。

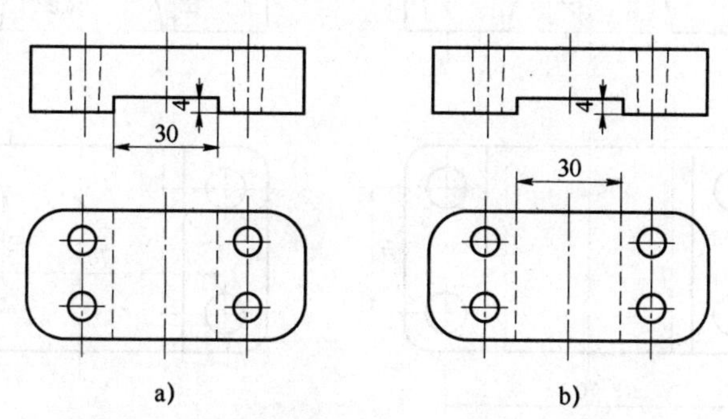

图 4–21　尺寸标注（六）：方槽的尺寸标注

a）合理；b）不合理

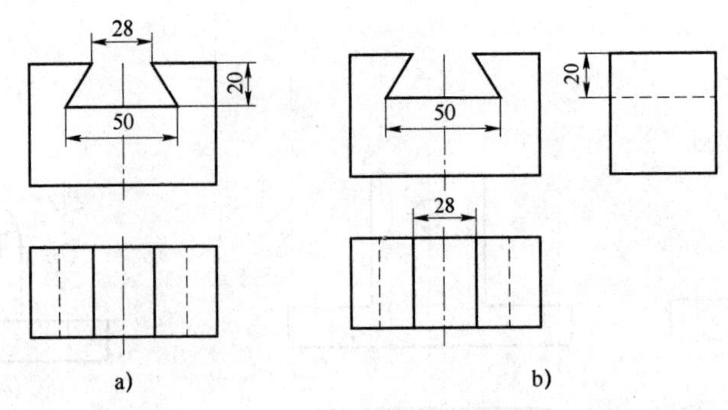

图 4–22　尺寸标注（六）：燕尾槽（梯形槽）的尺寸标注

a）合理；b）不合理

7）对称结构的零件尺寸不能只标注一半，如图 4–23 所示。

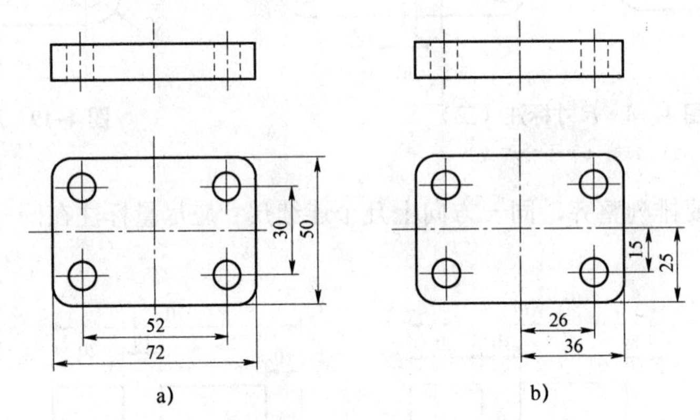

图 4–23　尺寸标注（七）

a）正确；b）错误

8）应尽量标注在视图的外面，防止尺寸线、尺寸界线、尺寸数字与轮廓线相交，如图 4–24 所示。

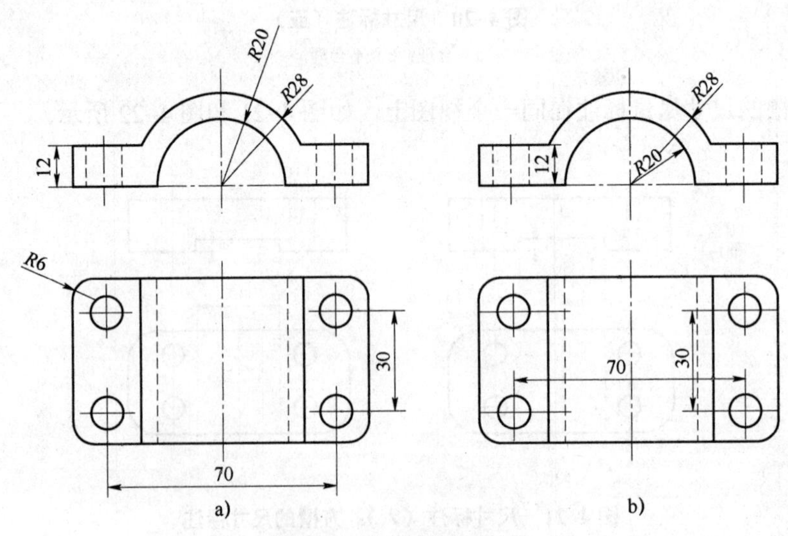

图 4–24　尺寸标注（八）

a）正确；b）错误

9）同心圆的直径尺寸，尽量标注在非圆的视图上，如图 4–25 所示。

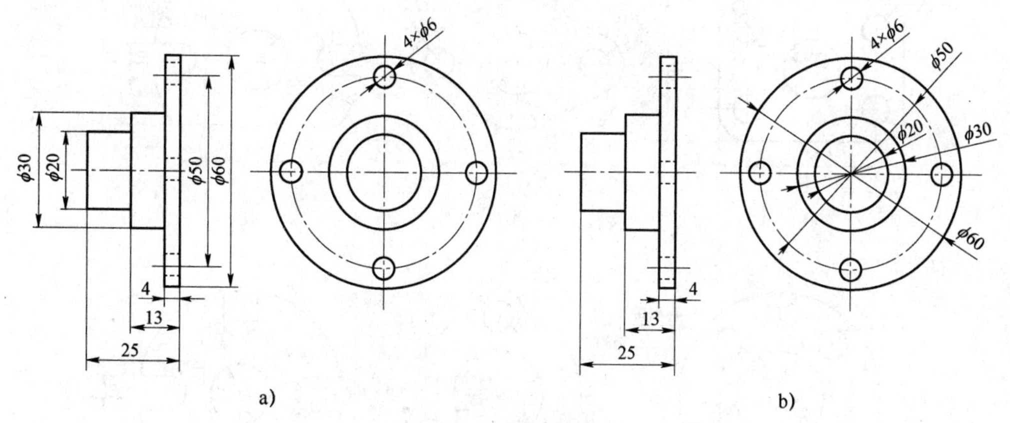

图 4–25　尺寸标注（九）

a）正确；b）错误

10）尺寸线相互平行的尺寸，应该是小尺寸在内，大尺寸在外，如图 4–26 所示。

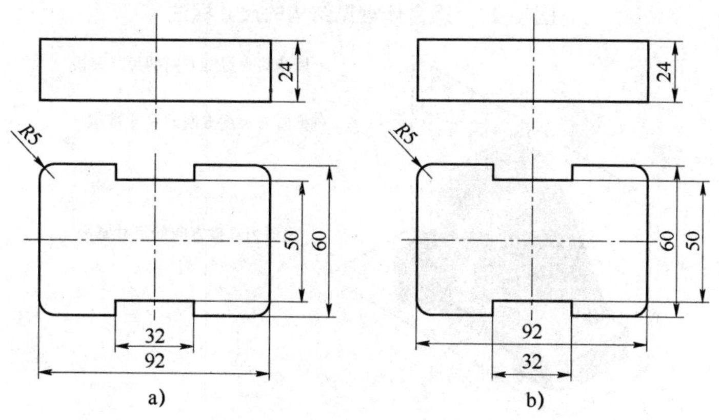

图 4–26　尺寸标注（十）

a）正确；b）错误

4.3.5　常见结构的尺寸标注

组合体常见结构的尺寸标注如图 4–27 所示。

4.3.6　典型组合体的尺寸标注

以轴承座为例进行组合体的尺寸标注，标注组合体尺寸时，应按照形体分析法将组合体分解为若干的基本形体，然后标注出各基本形体的定形尺寸和定位尺寸，步骤如下。

1. 选择尺寸基准

如图 4–28 所示，长度方向尺寸基准：轴承座左右对称，长度方向的尺寸基准可以选为对称面，即主视图和俯视图中的中心线。

宽度方向尺寸基准：轴承座的后端面可以作为宽度方向的尺寸基准。

高度方向尺寸基准：底板的底面可作为高度方向的尺寸基准。

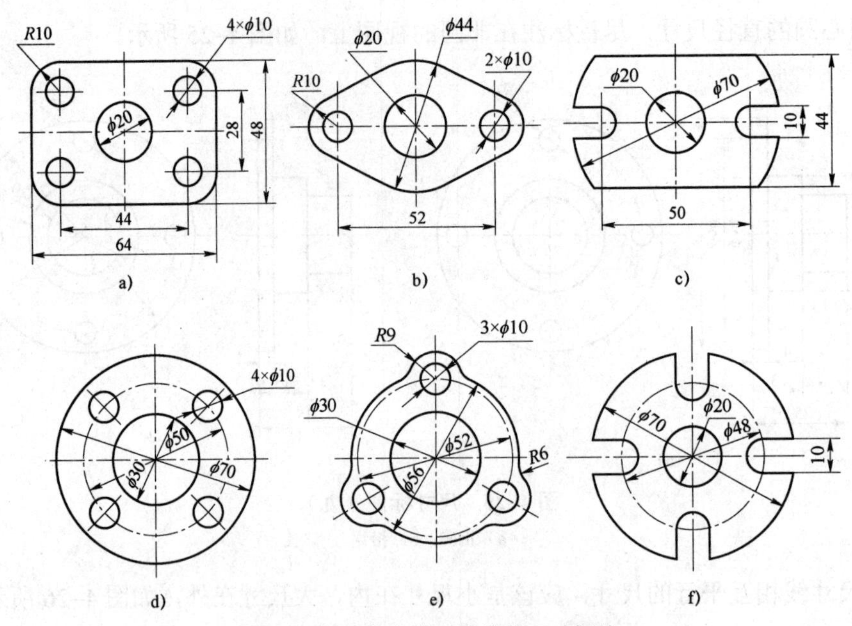

图 4–27 组合体常见结构的尺寸标注

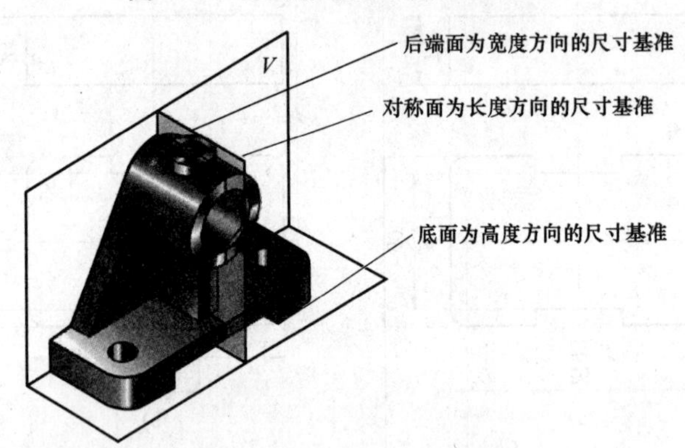

图 4–28 轴承座尺寸基准

2. 标注尺寸

尺寸基准选定后，通常依次标注组合体中基本体的定形尺寸和定位尺寸。

（1）底板的尺寸标注

标注底板的长 40、宽 20，圆角半径 $R5$，两个小圆孔的直径 $\phi4$，圆心的定位尺寸 30 和 12，在主视图上标注底板的高度 5，方形槽的定形尺寸 2、定位尺寸 22，如图 4–29 所示。

（2）圆筒的尺寸标注

在主视图、左视图上标注圆筒的定形尺寸 $\phi14$、$\phi20$ 和 18，宽度方向的定位尺寸 10 和高度方向的定位尺寸 25，如图 4–29 所示。

（3）凸台的尺寸标注

标注凸台的定形尺寸 $\phi6$、$\phi10$，宽度方向的定位尺寸 10 和高度方向的定位尺寸 37，如图 4–29 所示。

（4）支承板的尺寸标注

在左视图上标注支承板的宽度 4，如图 4–29 所示。

（5）肋板的尺寸标注

在主视图和左视图上标注肋板的定形尺寸 4 和 10，如图 4–29 所示。

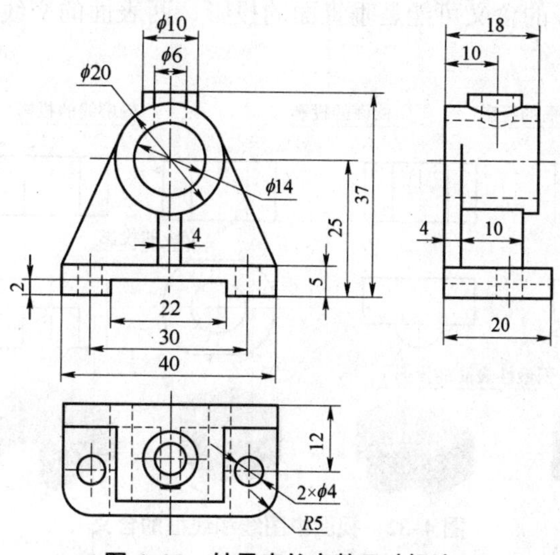

图 4–29　轴承座的完整尺寸标注

3. 检查、调整

对所标注的尺寸按照正确、完整、清晰的要求进行检查，如果有不合理的地方，应作适当的调整。

4.4　组合体识读

画图和读图是认识物体的两个过程，读图是分析视图上的线框和图线并想象出它的空间结构形状。

4.4.1　读图的基础

1. 几个视图要用投影关系联系起来读

一个或两个视图不能确定物体的形状。读图时要用投影关系将几个视图联系起来读。图 4–30 所示的四个物体的主视图相同，但却是四个不同的物体；图 4–31 所示的两个物体的主视图和俯视图相同，但却是两个不同的物体。

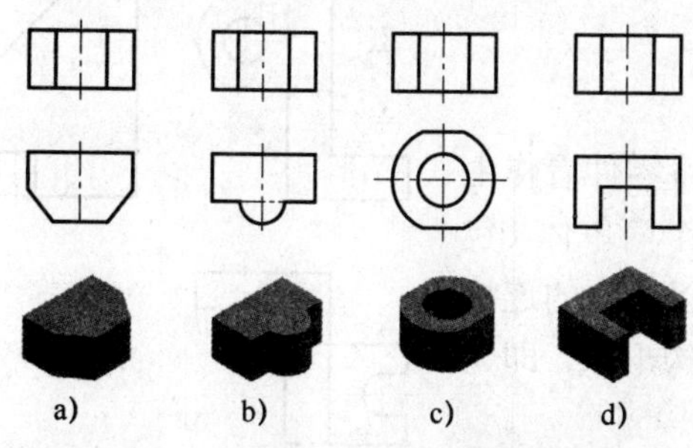

图 4–30　一个投影不能确定物体的形状

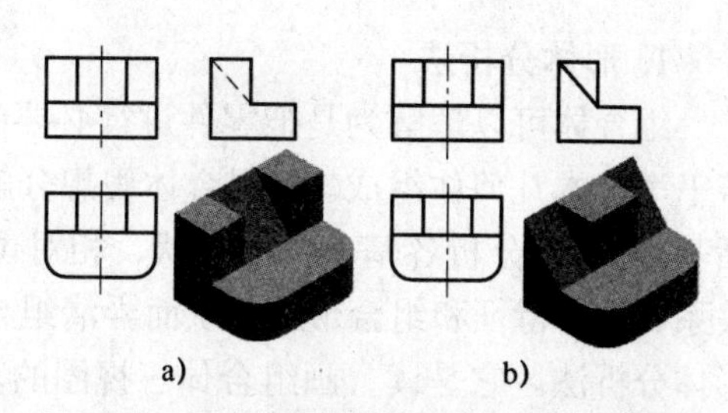

图 4–31　两个投影不能确定物体的形状

2. 明确视图中图线和线框的含义

1）视图中每个封闭线框的含义可能是平面、曲面、平面和曲面的相切连接、孔或体。

2）视图中每个图线的含义可能是垂直面的投影、两表面的交线、曲面转向轮廓线，如图 4–32 所示。

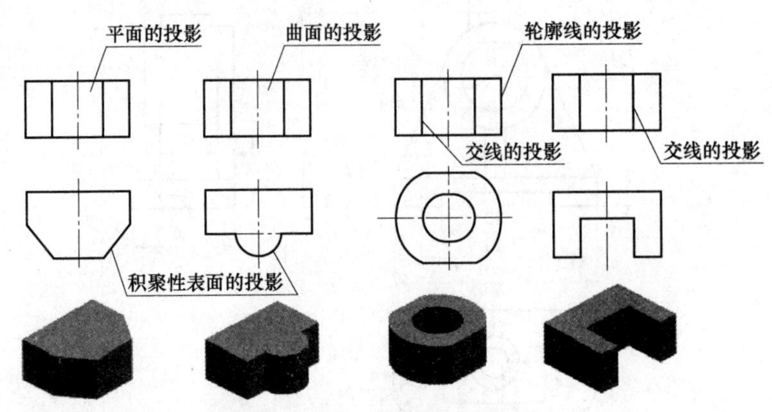

图 4–32　视图中图线和线框的含义

3. 善于构思物体的形状

主视图为一个方框，有可能是圆柱、半圆柱、四棱柱、三棱柱的投影，如图 4–33 所示。

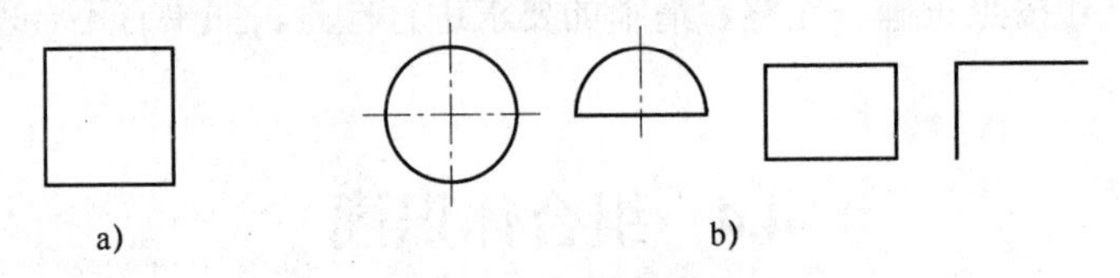

图 4–33　视图的表达

a）主视图；b）俯视图

4. 善于抓住反映物体特征的视图

所谓特征视图就是能充分反映物体形状特征和位置特征的视图。由画组合体的视图可知，主视图通常作为最重要的视图能较多地反映物体的形状特征。因此，看图时一般先从主视图看起。但组成物体的各个部分的形状特征，并非总是集中在一个视图上。读图时，先要抓住反映一个形体的形状特征较多的视图，然后与其他视图联想构思，这样才能较快、较正确地想出该物体的形状。

4.4.2　组合体读图方法

1. 形体分析法

组合体可以理解为是把零件进行必要的简化，将零件看作由若干个基本几何体组成。将组合体假想分解成若干个简单体（包括基本体），分析各基本体的形状、相对位置及相邻表面的连接关系、投影特征和组合形式，从而弄清组合体的结构形状，即为形体分析法。它是读、画组合体三视图的基本方法。

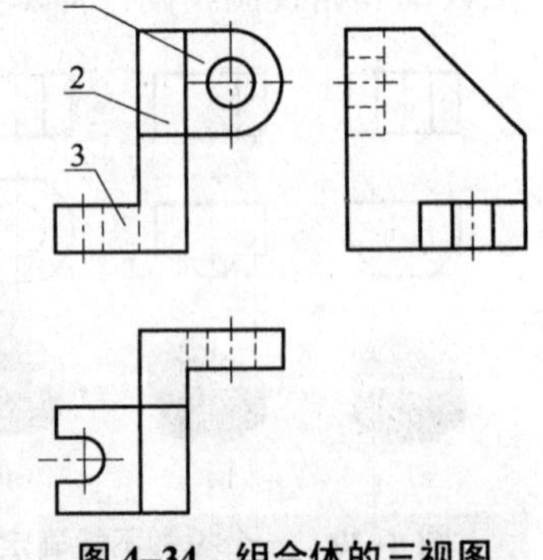

图 4–34　组合体的三视图

【例 4】图 4–34 给出了组合体的三视图，试想象出其空间形状。

1）从主视图出发，初识形体。以主视图为主，配合其他视图，进行初步的投影分析和空间分析；从主视图着手，将图形分解为若干部分，如图 4–34 所示 1、2、3 三个部分。

2）对投影、想形状，根据 1、2、3 的投影，想象出 1、2、3 的形状，如图 4–35 所示。

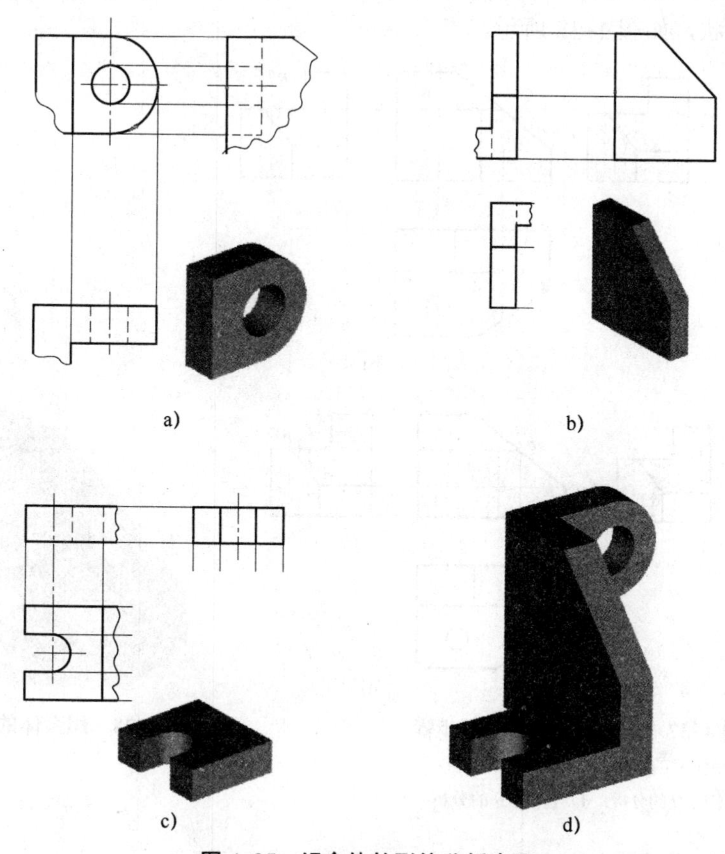

图 4–35　组合体的形体分析步骤

a）形体 1 的三视图和立体图；b）形体 2 的三视图和立体图；

c）形体 3 的三视图和立体图；d）物体的立体图

2. 线面分析法

在绘制组合体的视图时，对比较复杂的组合体通常在运用形体分析法的基础上，对不易表达或读懂的局部，还要结合线、面的投影分析，如分析物体的表面形状、物体上面与面的相对位置、物体的表面交线等，来帮助表达或读懂这些局部的形状，这种方法称为线面分析法。

线面分析法是形体分析法读图的补充。物体是由许多不同集合形状的线面组成的，通过线面的分析来想象物体的形状和位置，比较容易构思出物体的形状。

【例 5】图 4–36 给出了组合体的三视图，试想象出其空间形状。

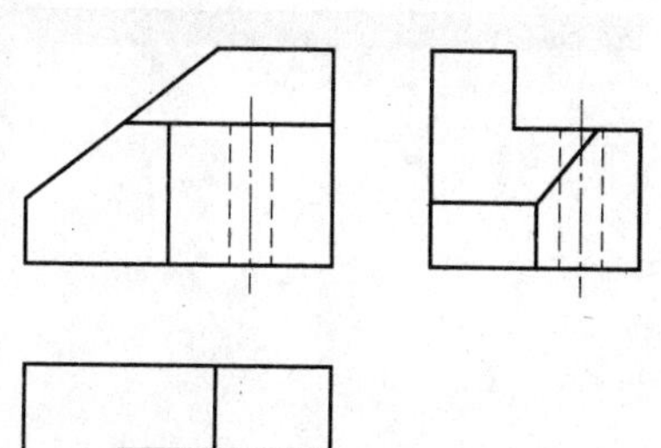

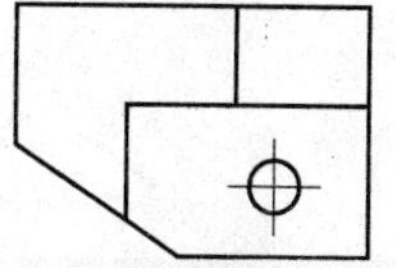

图 4–36　组合体的三视图

整体分析：由已知三个视图可知，该物体可以看成由一个长方体切割而成。主视图表示出长方体的左上方切去一个角，俯视图可看出左前方也切去一个角，左视图可看出物体的前上方切去一个长方体。

线面分析：如图 4–37 所示，根据面的投影规律可以看出，P 面是铅垂面；同理 Q 面是正垂面；R 面是正平面；根据直线 AB 的投影规律可以看出，直线 AB 是一般位置直线。最终想象出物体的形状，如图 4–38 所示。

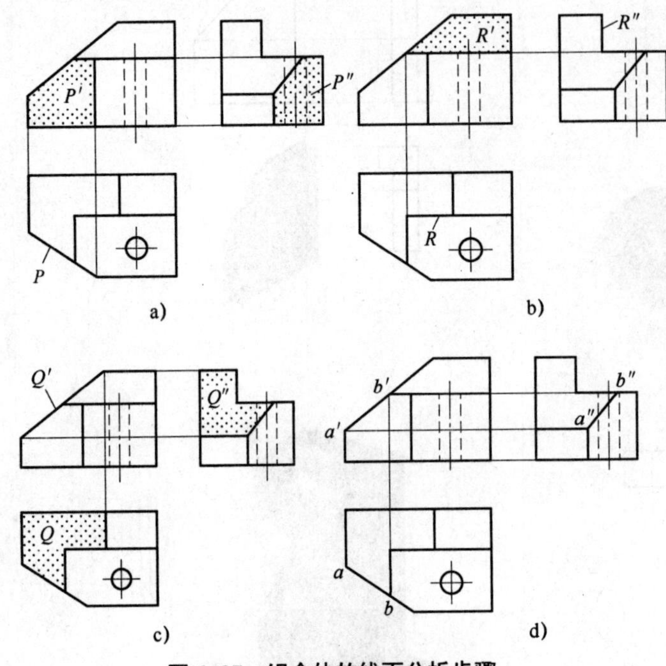

图 4–37　组合体的线面分析步骤

a）平面 P 的分析；b）平面 R 的分析；

c）平面 Q 的分析；d）直线 AB 的分析

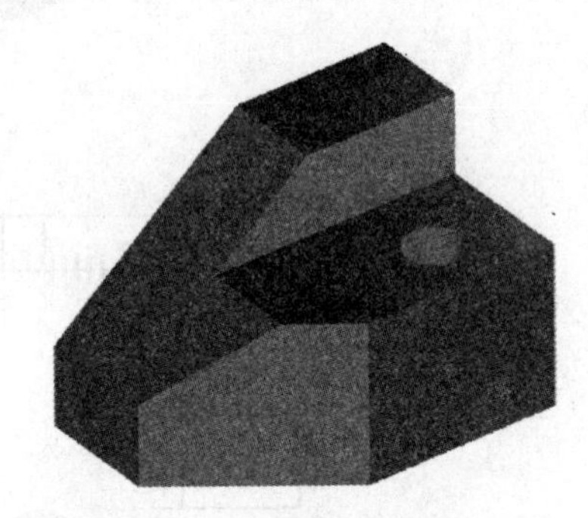

图 4–38　组合体的立体图

第5章

图样表达方法

有些机件的外形和内形都比较复杂，仅用三个视图和“可见部分画实线，不可见部分画虚线”的方法不可能完整、清晰地把它们表达出来。因此，国家标准《机械制图　图样画法》中，对于复杂的零件或装配件采用三视图和辅助视图配套来表现特征，规定了视图（GB/T 4458.1—2002）、剖视图和断面图（GB/T 4458.6—2002）及其他画法。

本章的主要内容包括视图、剖视图、断面图和其他类型表达方法。

5.1　视　　图

根据有关规定用正投影法所绘制出物体的图形称为视图。视图主要用来表达物体的外形，一般只画出物体可见部分的投影，必要时才画出不可见部分的投影。视图分为基本视图（六视图）、向视图、局部视图和斜视图。

5.1.1　基本视图

1. 基本视图的形成

当机件的外部形状比较复杂，并在上下、左右、前后各个方向形状都不同时，用3个视图往往不能完整、清晰地对其进行表达。因此GB/T 17451—1998《机械制图　图样画法　视图》规定，采用正六面体的6个面作为基本投影面，将物体放在其中，分别向6个投影面投影，得到6个基本视图，正六面体的6个面称为基本投影面。

1）主视图（*A*视图）：由前向后投射所得的视图。

2）俯视图（*B*视图）：由上向下投射所得的视图。

3）左视图（*C*视图）：由左向右投射所得的视图。

4）右视图（*D*视图）：由右向左投射所得的视图。

5）仰视图（*E*视图）：由下向上投射所得的视图。

6）后视图（*F*视图）：由后向前投射所得的视图。

6个基本投影面展开时，规定正立投影面不动，其余各投影面按图5–1所示的方向，展开到与正立投影面在同一平面上。

2. 基本视图投影规律及位置关系

投影面展开后，6个基本视图的配置关系如图5–2所示，在同一张图纸上，基本视图如按这种位置关系配置，可不标注视图的名称。6个基本视图之间与三视图一样，仍然符合“长对正、高平齐、宽相等”的投影规律，具体如下：

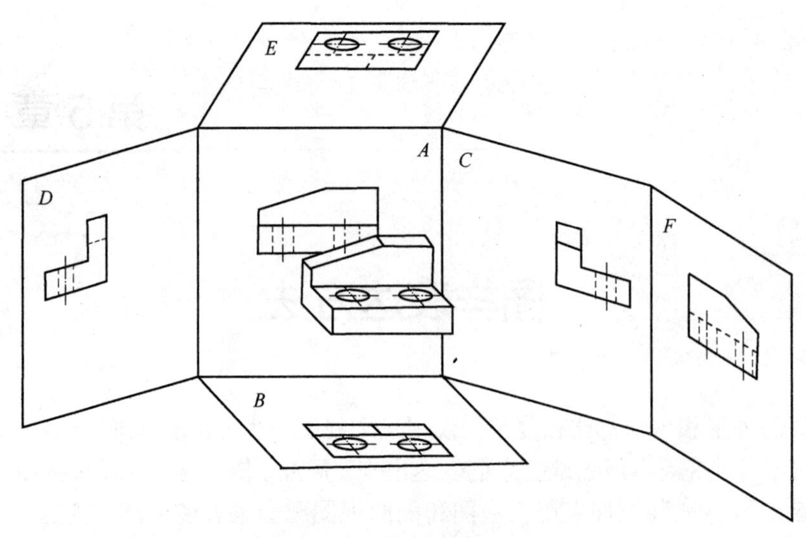

图 5–1　基本视图展开

1）主、俯、仰、后视图“长对正”；

2）主、左、右、后视图“高平齐”；

3）俯、左、右、仰视图“宽相等”。

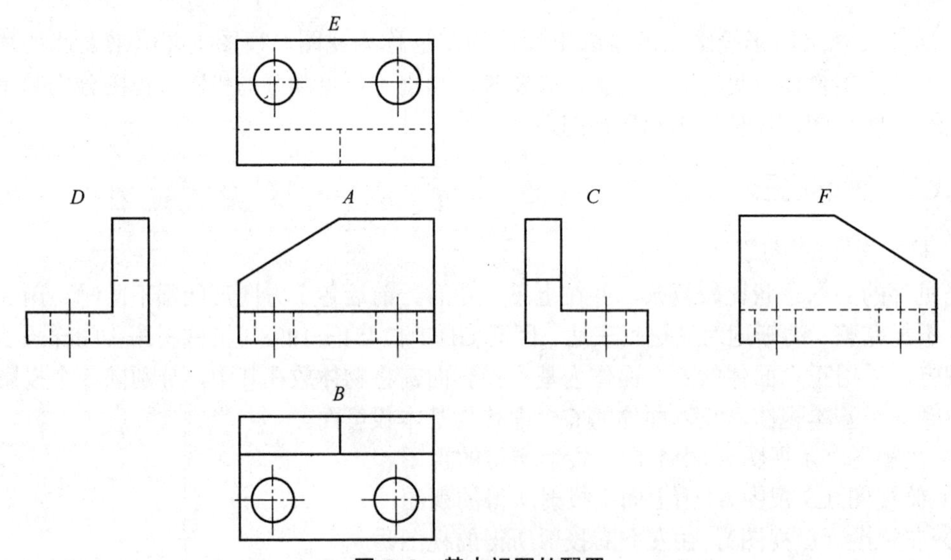

图 5–2　基本视图的配置

须注意的是：在俯、左、仰、右视图中，靠近主视图的一面是物体的后面，远离主视图的一面是物体的前面；此外，主视图和后视图的左右位置关系相反。

在绘图时，应根据物体的结构特点，按实际需要选择基本视图的数量。总的要求是表达完整、清晰，又不重复，使视图的数量最少。

5.1.2　向视图

向视图是可以自由配置的基本视图，是基本视图的一种表达形式。向视图与基本视图的区别在于视图的配置形式不同。

基本视图按图 5–2 所示的位置配置时，可不标注视图的名称。但在实际绘图过程中，为了合理利用图纸，可以对视图进行自由配置，这类视图称为向视图。

根据图 5–3 所示组合体的三视图，参照轴测图绘制 *A*、*B* 两个方向的向视图。在向视图上方用大写拉丁字母标出视图的名称“×”，并在相应视图附近用箭头标明投射方向，注上同样的字母，如图 5–4 所示。

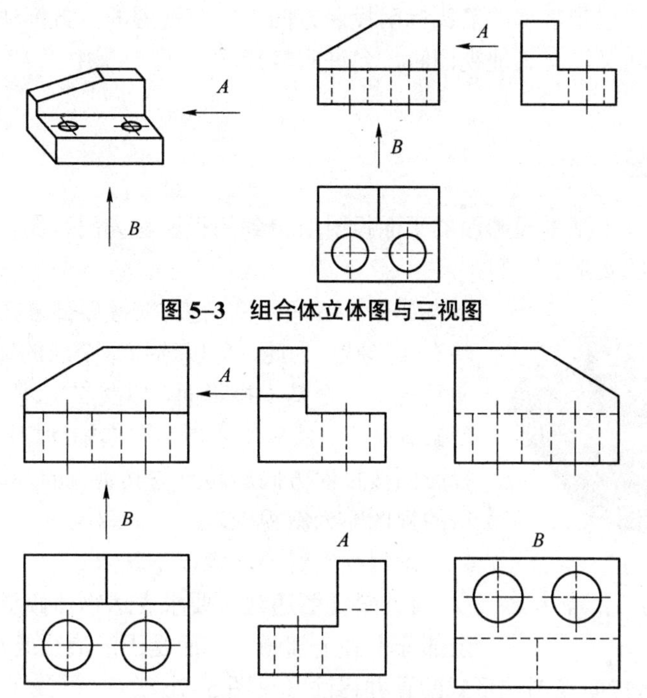

图 5–3　组合体立体图与三视图

图 5–4　向视图的配置和标注

配置向视图时应该注意：

1）向视图的视图名称“×”为大写拉丁字母，无论是箭头旁的字母，还是视图上方的字母，均应与正常的读图方向一致，以便于识别；

2）由于向视图是基本视图的另一种配置形式，所以表示投射方向的箭头应尽可能配置在主视图上。在绘制以向视图方式配置的后视图时，应将表示投射方向的箭头配置在左视图或右视图上，以便所获视图与基本视图一致。

5.1.3　局部视图

当机件的某一部分形状未表达清楚时，可以只将机件的这一部分向基本投影面投射，所得的视图称为局部视图。利用局部视图可以减少基本视图的数量，补充表达基本视图尚未表达清楚的部分。图 5–5 所示的机件，主、俯两个基本视图已将其基本部分的结构表达清楚，但左侧凹槽和右侧凸台在主、俯视图中尚未表

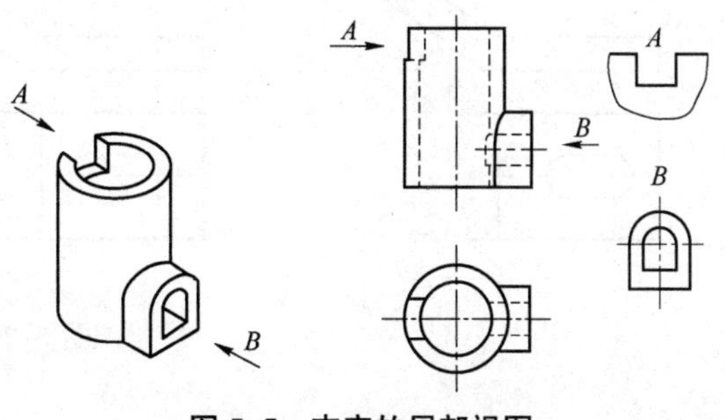

图 5–5　支座的局部视图

达清楚，需采用局部视图来表示，这样既简化作图，又可表达清楚、突出重点，简单明了。

局部视图的断裂边界用波浪线或双折线表示（图 5–5 中的“*A*”），在一张图样上一般采用一种线型。当所表示的局部结构是完整的，外形轮廓成封闭时，波浪线可省略（图 5–5 中的“*B*”）。

局部视图应尽量按基本视图的位置配置。有时为了合理布置图面，也可按向视图的配置形式配置。

画局部视图时，用带字母的箭头标明投射方向，并在视图的上方标注相应的字母。当按投影关系配置，中间又没有其他视图时，允许省略标注（图 5–5 中“*A*”向图的箭头和字母均可省略）。

5.1.4 斜视图

将机件向不平行于基本投影面的平面投射所得到的视图称为斜视图。斜视图主要用于表述物体上倾斜部分的实形。

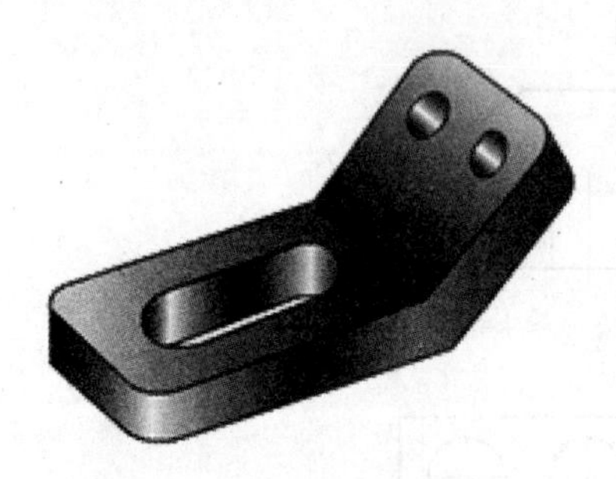

图 5–6 弯板的立体图

如图 5–6 所示的弯板，其倾斜部分在基本视图上不能反映真实形状。为此，可以选择一个新的辅助投影面（该投影面垂直于一个基本投影面，如图 5–7a 所示），使它与物体倾斜部分平行，然后将倾斜部分向辅助投影面投影，再将辅助投影面按投射方向旋转到与其垂直的基本投影面上，这样所得的视图即为斜视图。

画斜视图时要注意以下几点。

1）斜视图通常只要求表达物体倾斜部分的实形，故其余部分不必全部画出，而是用波浪线或双折线断开。

2）斜视图通常按向视图的形式配置并标注（见图 5–7b）。

3）斜视图应尽量配置在箭头所指的方向，并与斜面保持投影关系。为了作图方便和合理利用图纸，也可以平移到其他适当的位置。必要时，允许将斜视图旋转配置，使图形的主要轮廓或中心线成水平或垂直位置。经过旋转的斜视图，必须在斜视图上标注，其标注形式为“⌒*A*”或“*A*⌒”，表示该视图名称的大写字母应靠近旋转符号的箭头端，箭头随斜视图旋转方向确定（见图 5–7c）。

无论哪种画法，标注字母和文字都必须水平书写。

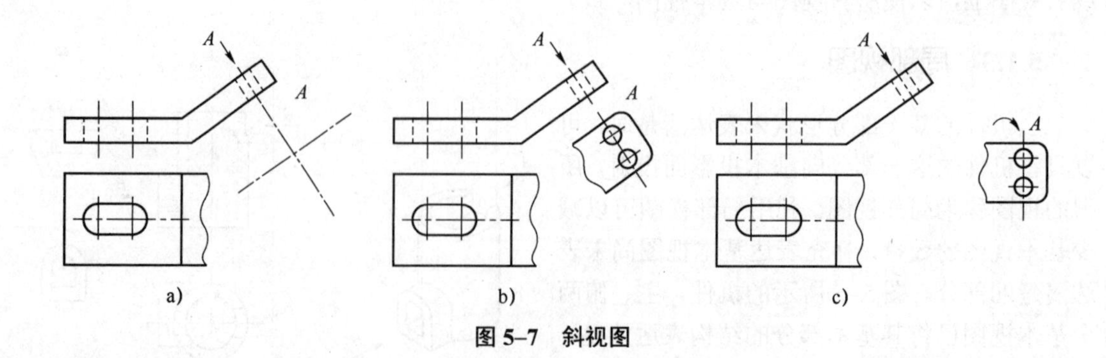

图 5–7 斜视图

5.2 剖　视　图

当机件内部结构比较复杂时，视图中就会出现较多的虚线（如图5–8所示机件的主视图），既影响图形表达的清晰性，又不利于看图和标注尺寸。为此，对物体不可见的内部结构形状经常采用剖视图来表达。剖视图可分为全剖视图、半剖视图和局部剖视图三种。

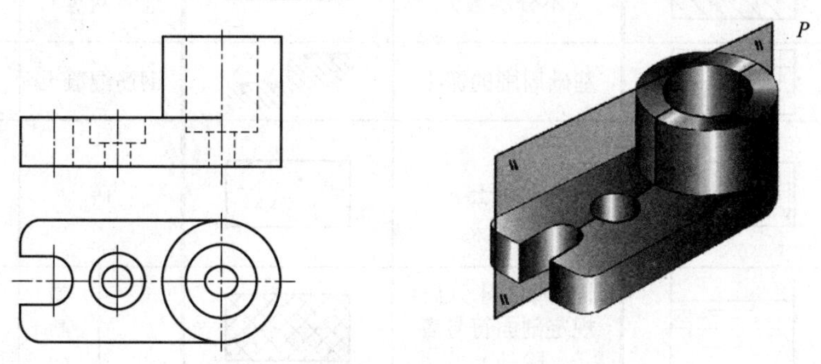

图5–8　机件的立体图与主、俯视图

5.2.1　剖视图概述

1. 剖视图的概念

假想用剖切平面 *P* 剖开机件，将处在观察者和剖切平面之间的部分移去，而将其余部分向投影面投射，所得的图形称为剖视图，简称剖视。用剖切面完全地剖开机件所得的剖视图称为全剖视图。剖视图主要用于外形简单，内部形状复杂，且又不对称的机件，或全由回转面构成外形的机件。机件被剖切时，剖切平面与机件的接触部分，称为剖面区域。为了区别被剖切到和未被剖切到的部分，在绘制剖视图或断面图时，通常应在剖面区域画出剖面符号，如图5–9所示。

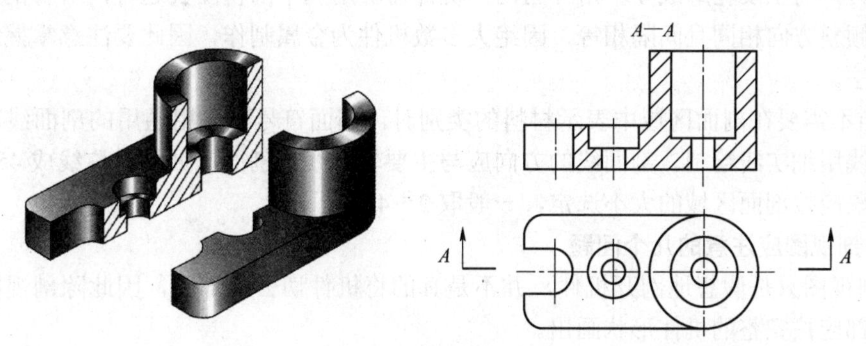

图5–9　机件的剖视图

2. 剖视图的画法

1）对物体进行形体分析，弄清其结构。

2）选择剖切位置及投射方向，并根据规定作出标注。移去观察者与剖切平面之间的部分，将剩余部分向投影面投射得到剖视图。由于剖视图是假想剖开机件得到的，因此，其他视图仍完整画出。

3）画出剖面区域轮廓的投影，并填充剖面符号。在剖视图中，剖切平面与机件的接触部分须画出相应的剖面符号。表 5–1 中列出了常用材料的剖面符号。

表 5–1　常用材料剖面符号

机械制图——剖面符号（GB/T 4457.5—2013）					
金属材料（已有规定剖面符号者除外）		木质胶合板（不分层数）		格网（筛网、过滤网等）	
线圈绕组元件		基础周围的泥土		钢筋混凝土	
转子、电枢、变压器和电抗器等的叠钢片		混凝土		砖	
液体		非金属材料（已有规定剖面符号者除外）		木材　横断面	
玻璃及供观察用的其他透明材料		型砂、填砂、粉末冶金、砂轮、陶瓷刀片、硬质合金刀片等		木材　纵断面	

注：1. 剖面符号仅表示材料的类别，材料的名称和代号必须另行注明。

2. 叠钢片的剖面线方向，应与束装中叠钢片的方向一致。

3. 液面用细实线绘制。

4. 另有 GB/T 17453—2005《技术制图 图样画法 剖面区域的表示法》适用于各种技术图样，如机械、电气、建筑和土木工程图样等，所以机械制图应同时执行 GB/T 17453 的规定。

4）补全缺漏的轮廓线。金属材料的剖面符号应画成间隔均匀的平行细实线，向左或向右倾斜均可，与主要轮廓成 45° 角。当同一机件需要用几个剖视图表达时，所有剖视图中的剖面线应倾斜方向相同且间隔相等，因绝大多数机件为金属制作，因此要注意掌握这种剖面符号的画法。

5）当不需要在剖面区域中表示材料的类别时，剖面符号可采用通用的剖面线表示。通用的剖面线用细实线绘制。剖面线的方向应与主要轮廓线或剖面区域的对称线成 45° 角，剖面线的间隔应按剖面区域的大小选定，一般取 2～4 mm。

3. 画剖视图应注意的几个问题

1）剖视图只是假想地剖开机件，并不是真的将机件切去一部分，因此除剖视图外的其他图形，都应按完整的机件形状画出。

2）为表达机件内部的实形，剖切平面应尽量通过机件的对称平面或孔、槽的中心线，且要平行于某一基本投影面，避免剖切出不完整的结构要素。

3）剖视图上一般不画虚线，只有在不影响剖视图的清晰而又能减少视图的数量时，可画少量虚线。

4）不要漏线或多线。

① 不要漏画面的积聚性投影。图 5–10c 中漏画了点 A 和点 B 所在平面的投影，图 5–10a

是正确的。

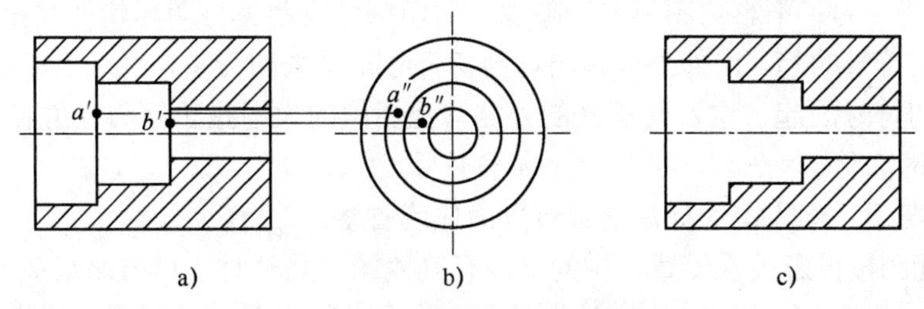

图 5–10 不漏画面的投影

② 不要漏画交线的投影。图 5–11c 中漏画了点 A 所在交线的投影，图 5–11a 是正确的。

③ 不要多画线。图 5–11c 所示剖面区域中的粗实线是多余的。

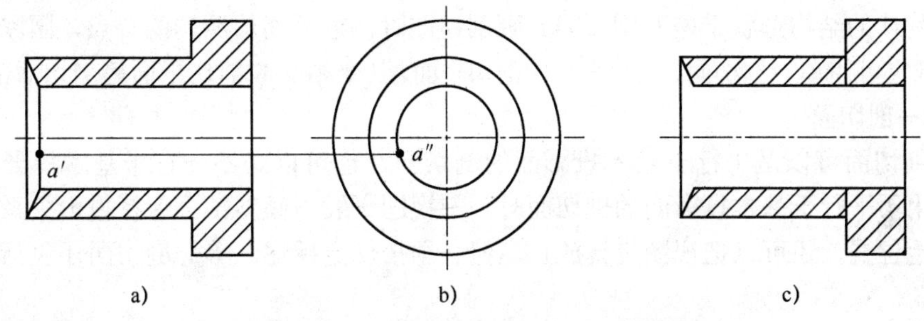

图 5–11 不漏画交线的投影、不多画线

4. 画剖视图的步骤

1）确定剖切面的位置，如图 5–12a 所示。

2）绘制剖切面之后的可见部分，如图 5–12b 所示。

3）在剖面区域内绘制剖面符号，如图 5–12c 所示。

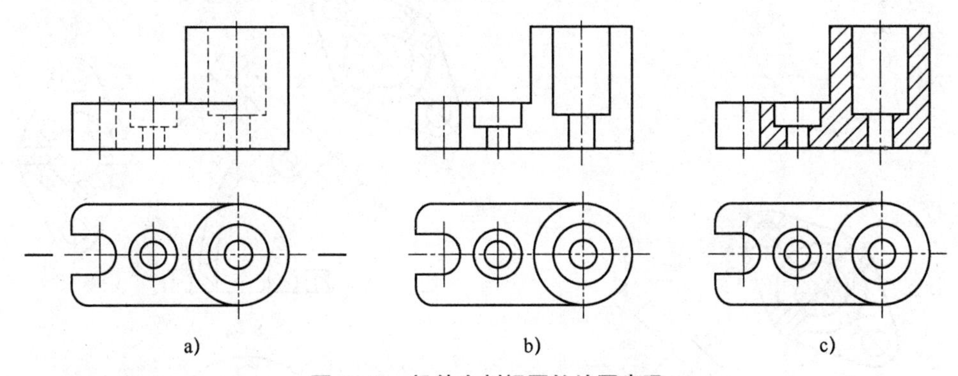

图 5–12 机件全剖视图的绘图步骤

5. 剖视图的配置与标注

剖视图通常按投影关系配置在相应的位置上，必要时可以配置在其他适当的位置。

剖视图标注的目的在于表明剖切平面的位置及投射的方向。一般应在剖视图上方用大写拉丁字母标出剖视图的名称“×—×”，在相应视图上用剖切符号（粗短线）表示剖切位置，用箭头表示投射方向，并注上同样的字母。

1）剖切符号用线宽（1～1.5）d、长 5～10 mm 断开的粗实线，在相应的视图上表示出剖切平面的位置。为了不影响图形的清晰度，剖切符号应避免与图形轮廓线相交。

2）在剖切符号的起、讫处外侧画出与剖切符号相垂直的箭头，表示剖切后的投射方向。

3）在剖切符号的起、讫及转折处的外侧写上相同的大写拉丁字母，并在剖视图的上方标注出剖视图的名称“×—×”，字母一律水平书写。

在下列情况下，剖视图的标注内容可以简化或省略：

① 当剖视图按投影关系配置，中间又没有其他图形隔开时，可省略箭头；

② 当单一剖切平面通过物体的对称平面或基本对称平面，且剖视图按投影关系配置，中间又没有其他图形隔开时，可省略标注。

5.2.2 剖切面的种类

由于物体的结构形状千差万别，因此画剖视图时，根据物体结构的特点，国家标准《技术制图》规定可用单一剖切面、几个平行的剖切平面、几个相交的剖切平面等剖切面剖开物体。

1. 单一剖切面

单一剖切面可以是平行于基本投影面的剖切面，也可以是不平行于基本投影面的剖切面。当采用不平行于基本投影面的剖切面时，剖视图一般与倾斜部分保持投影关系，也可以配置在其他位置，还可以把视图旋转放正，但必须按规定标注。单一剖切面还包括单一的圆柱剖切面。

不平行于任何基本投影面的剖切平面绘制如下。

1）根据斜视图画剖视图的断面形状及其他轮廓线，如图 5–13a 所示。

2）检查，去掉绘图辅助线，加深轮廓线，画上剖面线，对剖视图进行标注，即完成全图。为了画图方便，可以把剖视图转正，如图 5–13b 所示。

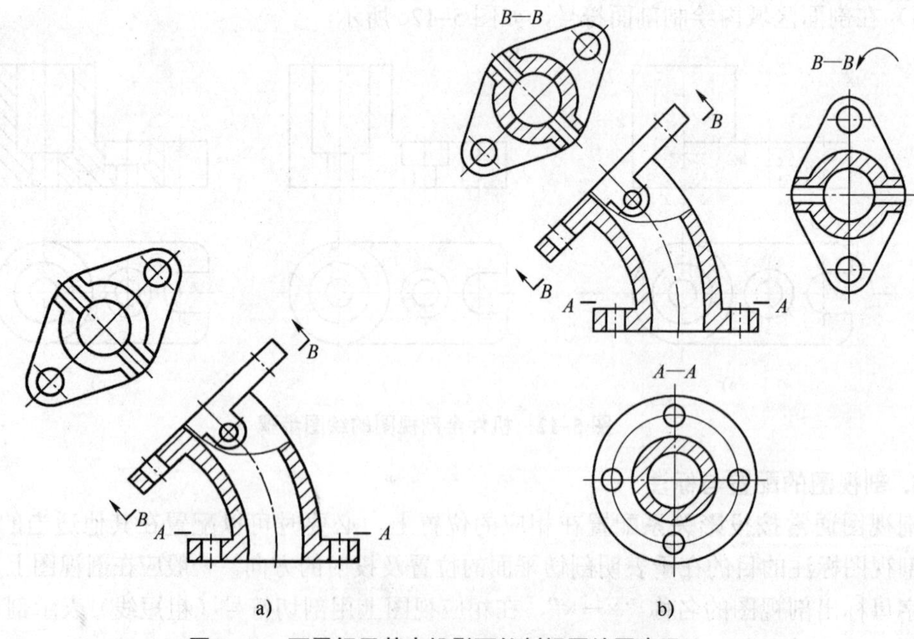

图 5–13 不平行于基本投影面的剖视图绘图步骤

2. 几个平行的剖切平面

图 5–14 所示的轴承挂架，左右对称，如果用单一剖切面剖开，上部的小孔不能剖到，若采用两个互相平行的剖切平面将机件剖开，可同时将上、下两部分的内部结构表达清楚。

第一步：绘制剖切符号，如图 5–15a 所示。

第二步：绘制剖视图，如图 5–15b 所示。

图 5–14　机件立体图

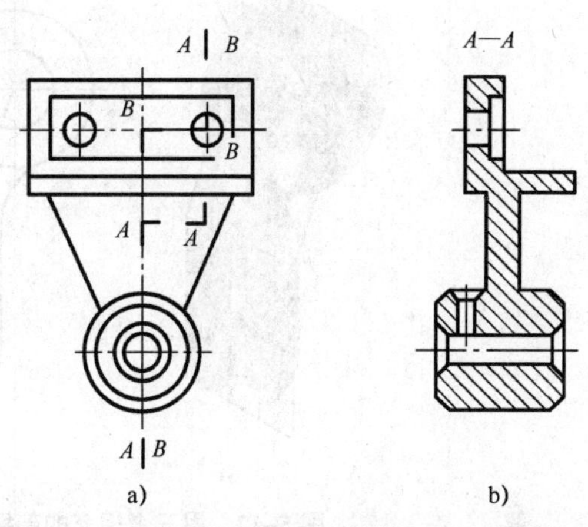

图 5–15　两个平行剖切平面的剖视图的绘图步骤

（1）标注方法

在剖视图上方标出相同字母的剖视图名称“×—×”。在相应视图上用剖切符号表示剖切位置，在剖切平面的起、讫和转折处标注相同字母，剖切符号两端用箭头表示投射方向。当剖视图按投影关系配置，中间又无其他图形隔开时，可省略箭头。

（2）注意事项

1）因为剖切平面是假想的，所以不应画出剖切平面转折处的投影，如图 5–16c 所示。

2）剖视图中不应出现不完整结构要素，如图 5–16d）所示 *B*—*B*。但当两个要素在图形上具有公共对称中心线或轴线时，可各画一半，此时应以对称中心线或轴线为界。

3）必须在相应视图上用剖切符号表示剖切位置，在剖切平面的起、讫和转折处注写相同字母。

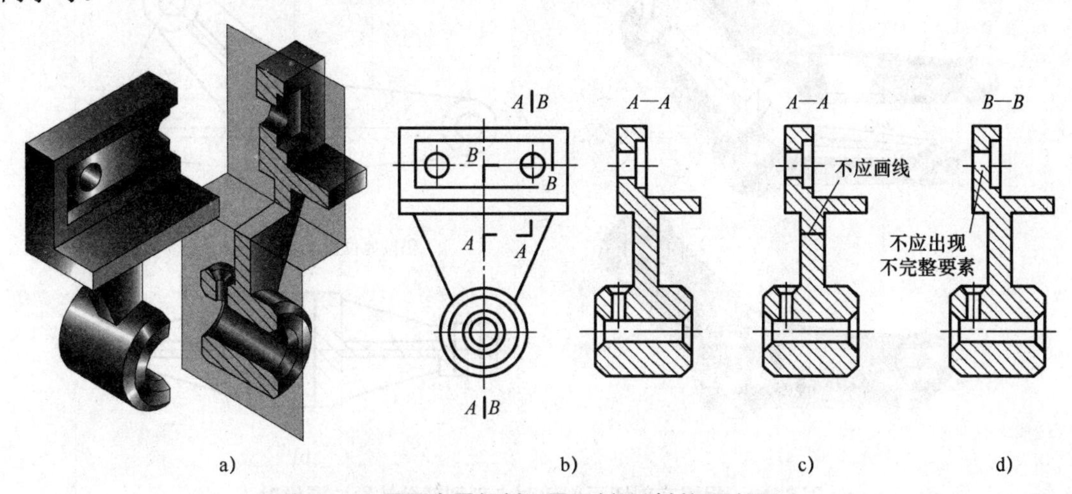

图 5–16　用两个平行剖切平面剖切时剖视图的画法

3. 几个相交的剖切平面

当物体的内部结构形状用一个剖切平面不能表达完全，且这个物体在整体上又具有回转轴时，可用几个相交的剖切平面（交线垂直于某一基本投影面）剖开物体，并将与投影面不平行的剖切平面剖开的结构，及其有关部分旋转到与投影面平行再进行投射，如图 5–17 所示。

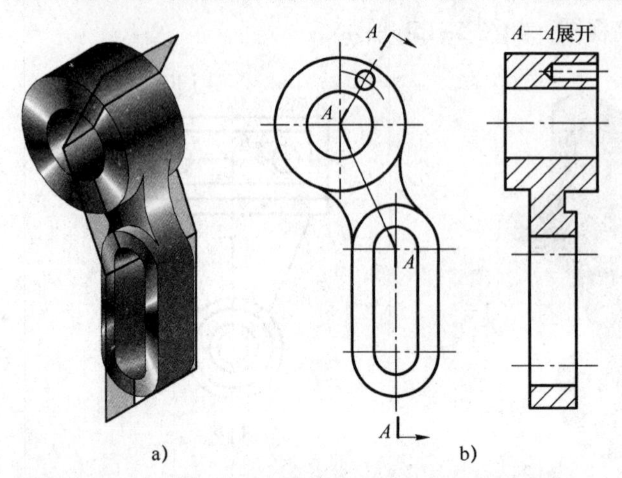

图 5–17　用三个相交的剖切面剖切时的剖视图

（1）标注方法

在剖视图上方标出相同字母的剖视图名称“×—×”。在相应视图上用剖切符号表示剖切位置，在剖切平面的起、讫和转折处标注相同字母，剖切符号两端用箭头表示投射方向。当剖视图按投影关系配置，中间又无其他图形隔开时，可省略箭头，如图 5–18 所示。

（2）采用几个相交剖切面画剖视图应注意的问题

1）相邻两剖切平面的交线应垂直于某一个投影面。

2）用两个相交的剖切面剖开机件绘图时，应先剖切后旋转，旋转至与某一投影面平行再投射。此时旋转部分的某些结构与原图形不再保持投影关系，如图 5–18 所示机件中

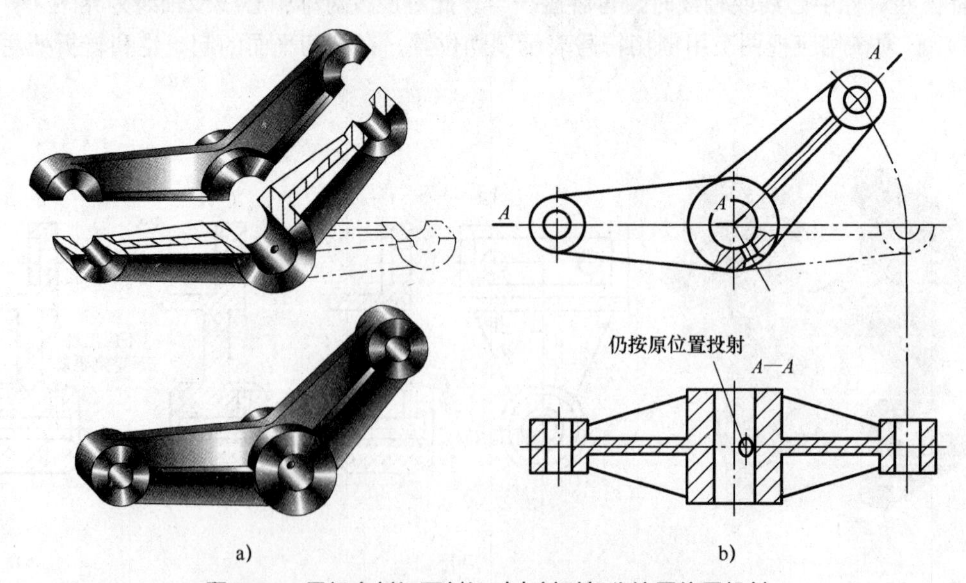

图 5–18　用相交剖切面剖切时未剖到部分按原位置投射

倾斜部分的剖视图。但是位于剖切面后的其他结构一般仍应按原来位置投影，如图 5–18 中剖切平面后的小圆孔。

3）采用这种剖切面剖切后，应对剖视图加以标注。剖切符号的起、讫及转折处用相同字母标出，但当转折处空间狭小又不致引起误解时，转折时允许省略字母。

5.2.3　剖视图的种类

根据剖切范围的大小，剖视图可分为全剖视图、半剖视图和局部剖视图。

1. 全剖视图

用剖切面完全地剖开物体所得的剖视图称为全剖视图。前面介绍的剖视图均为全剖视图。全剖视图用于表达内形复杂的不对称物体。为了便于标注尺寸，对于外形简单，且具有对称平面的物体也常采用全剖视图。

2. 半剖视图

当机件具有对称平面时，向垂直于对称平面的投影面上投射所得的图形可以对称中心线（细点画线）为分界，一半画成剖视图以表达内形，另一半画成视图以表达外形，这样的图形称为半剖视图。

半剖视图的特点是一半表达物体的外部结构，一半表达物体的内部结构。如图 5–19 所示的零件，其前部有凸台，内部有台阶，若采用全剖只能表达内孔的情况，俯视图采用全剖也不合适。因此，在主视图、俯视图上采用半剖为最佳表达方案。

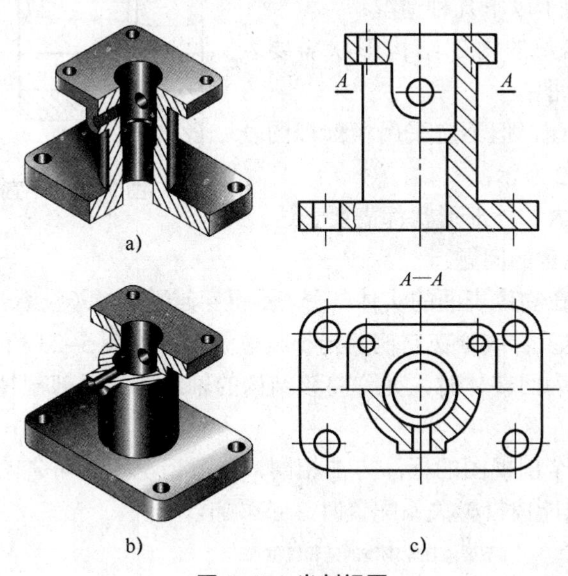

图 5–19　半剖视图

半剖视图按照全剖视图的标注方法进行标注。其主要用于内、外形状都需要表示的对称机件。

绘制半剖视图时应注意以下几个问题：

1）半剖视图中，因机件的内部形状已经由半个剖视图表达清楚，所以在不剖的半个外形视图中，表达内部形状的虚线应省略不画；

2）画半剖视图，应不影响其他视图的完整性；

3）半剖视图中间应画细点画线，不应画出粗实线。

3. 局部剖视图

如图 5–20 所示，支架由大圆筒、底板和小圆柱凸台三部分组成。主视图若采用全剖视图，虽然大孔可得到充分表达，但小凸台被剖掉，底板上的小孔没有表达。另外，因结构不对称，故不适合采用半剖视图表达，根据情况可以采用局部剖视图。

用剖切面将机件局部剖开，通常用波浪线表示剖切范围，所得的剖视图称为局部剖视图，如图 5–21 所示。

图 5–20　支架立体图

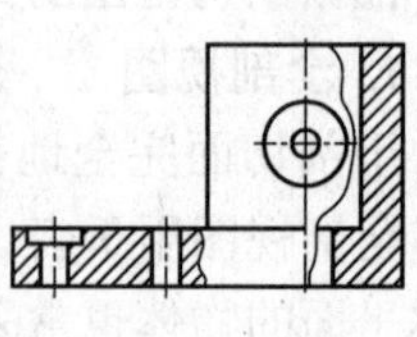

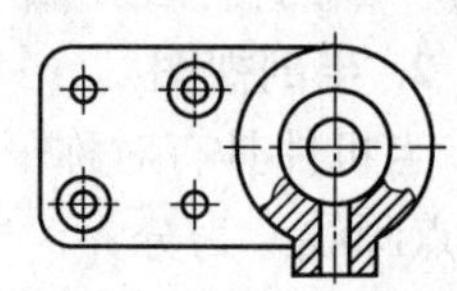

图 5–21　局部剖视图

局部剖视图的标注与全剖视图相同，当只有一个剖切平面且剖切位置明确时，不必标注。

局部剖视图主要用于以下几种情况：

1）物体上只有局部的内部结构形状需要表达，而不必画成全剖视图；

2）物体具有对称面，但不宜采用半剖视图表达内部形状，如图 5–22 所示；

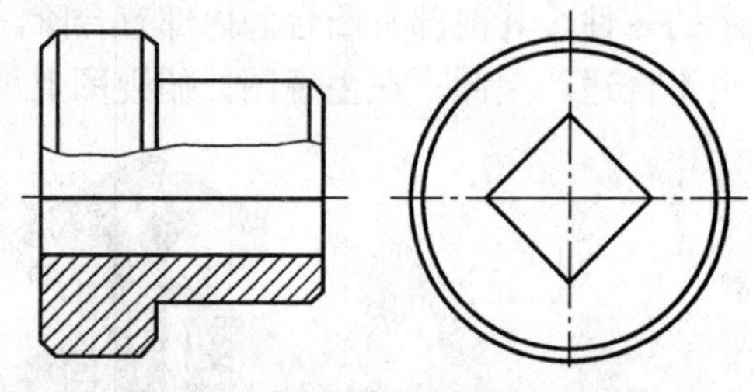

图 5–22　不宜作半剖视图的机件

3）不对称物体的内、外部形状都需要表达。

画局部剖视图应注意的问题：

1）波浪线只能画在物体表面的实体部分，不得穿越孔或槽（应断开），也不能超出视图，波浪线不应与其他图线重合或画在它们的延长线位置上，如图 5–23 所示；

2）当被剖切结构为回转体时，允许将该结构的轴线作为局部剖视图与视图的分界线，如图 5–24 所示；

3）局部剖视图和全剖视图的标注方法相同，一般情况下，可省略标注，但当剖切位置不明显或局部剖视图未能按投影关系配置时，必须加以标注。

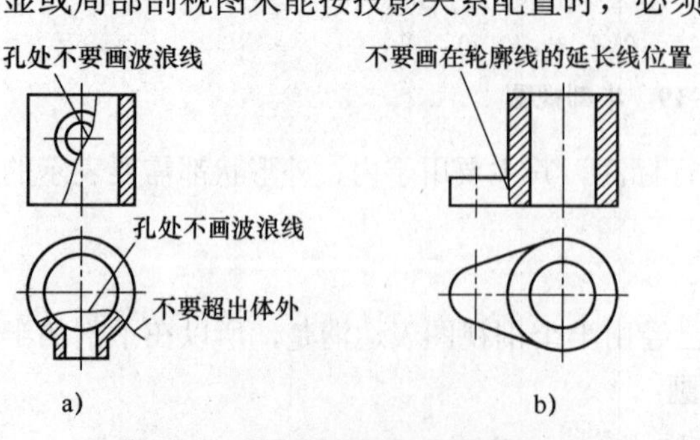

图 5–23　局部剖视图波浪线的画法

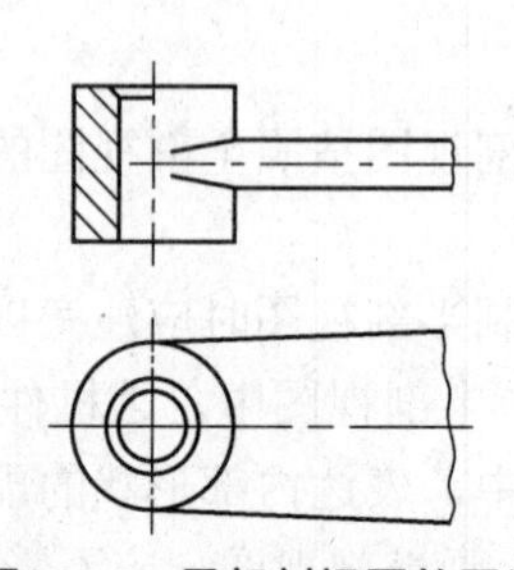

图 5–24　局部剖视图的画法

5.3 断　面　图

5.3.1　断面图的概念

假想用剖切面将物体的某处切断，仅画出该剖切面与物体接触部分的图形，称为断面图，简称断面，如图 5–25 所示。

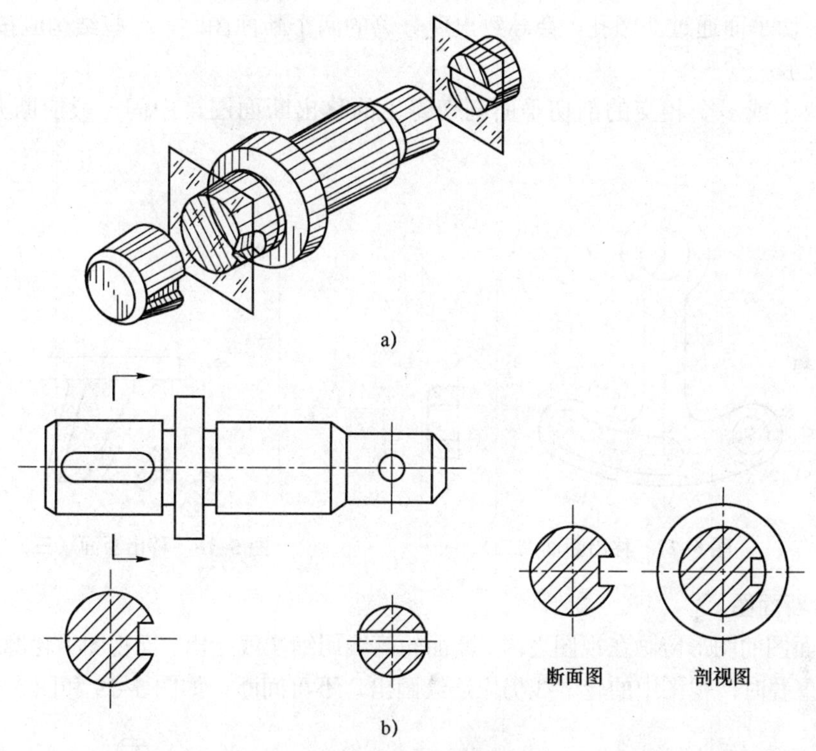

图 5–25　断面图

画断面图时，应特别注意断面图与剖视图的区别，断面图只画出物体被切处的断面形状。而剖视图除了画出物体断面形状之外，还应画出断面后的可见部分的投影，如图 5–25b 所示。断面图通常用来表示物体上某一局部的断面形状。如零件上的肋板、轮辐、轴上的键槽和孔等。

5.3.2　断面图的分类及画法

断面图可分为移出断面图和重合断面图。

1. 移出断面图

移出断面的轮廓线用粗实线绘制，在断面上画出剖面符号。移出断面应尽量配置在剖切线的延长线上，必要时也可配置在其他适当位置，如图 5–26a 所示。

画移出断面图时应注意以下几点：

1）当剖切平面通过由回转面形成的孔或凹坑的轴线时，这些结构应按剖视绘制，如图 5–26a、c 所示；

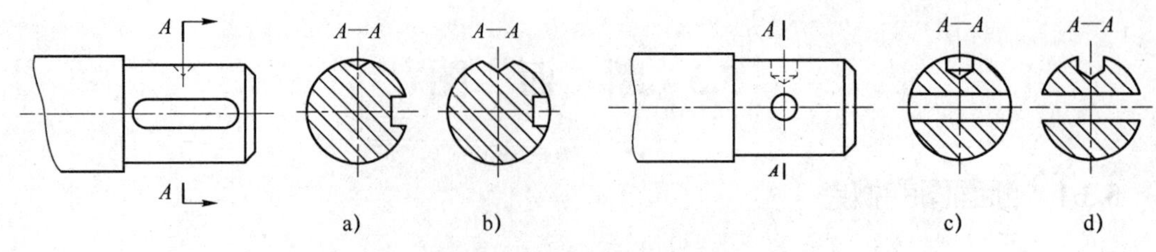

图 5–26　移出断面（一）

a）正确；b）错误；c）正确；d）错误

2）当剖切平面通过非圆孔，会导致出现分离的两个断面图时，这些结构应按剖视绘制，如图 5–27 所示；

3）由两个或多个相交的剖切平面剖切得出的移出断面图，中间一般应断开绘制，如图 5–28 所示。

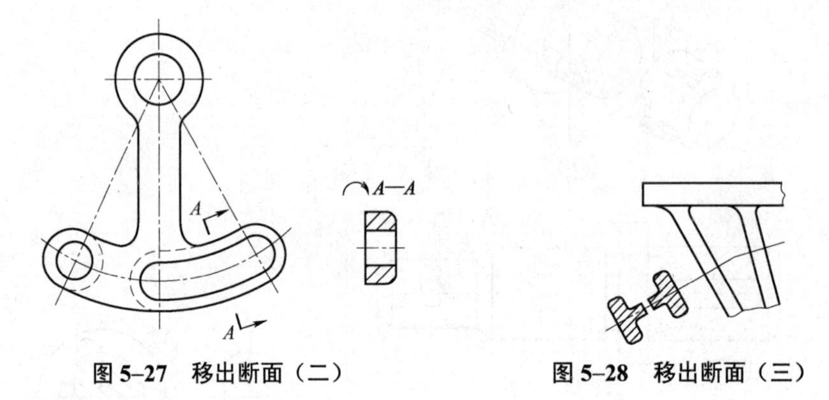

图 5–27　移出断面（二）　　**图 5–28　移出断面（三）**

2. 重合断面图

重合断面图的图形应画在视图之内，断面轮廓线用细实线绘出。当视图中轮廓线与重合断面图的图形重叠时，视图中的轮廓线仍应连续画出，不可间断，如图 5–29 和图 5–30 所示。

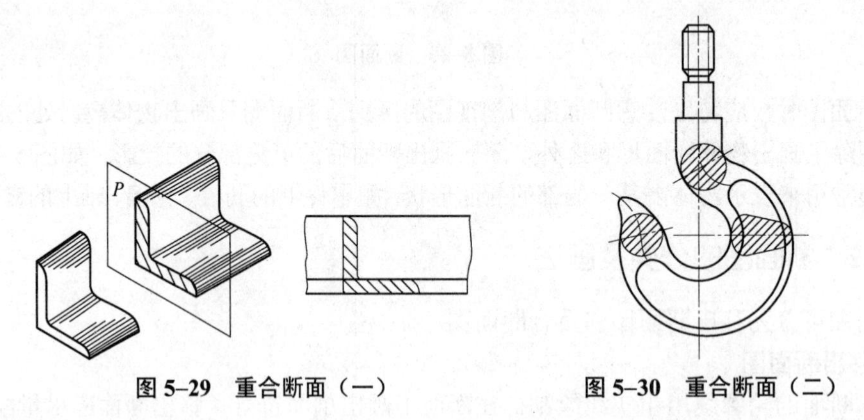

图 5–29　重合断面（一）　　**图 5–30　重合断面（二）**

3. 断面图的标注

（1）移出断面图的标注

一般应在断面图的上方标注移出断面图的名称“×—×”（×为大写拉丁母）。在相应的视图上用剖切符号表示剖切位置和投射方向（用箭头表示），并标注相同的字母。

1）配置在剖切符号延长线上的不对称移出断面，可省略名称（字母）；若对称，可不标注，如图 5–31 所示。

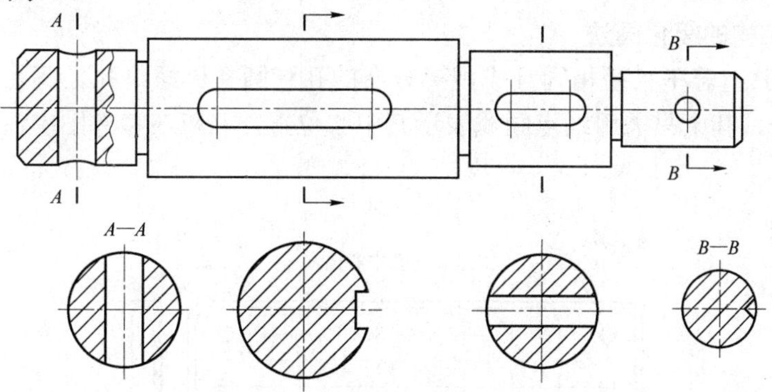

图 5–31　移出断面的标注

2）没有配置在剖切符号延长线上的对称移出断面，可省略箭头。

3）其余情况必须全部标注。

（2）重合断面图的标注

重合断面图不需标注，如图 5–29 和图 5–30 所示。

5.4　其他表达方法

5.4.1　简化画法

为提高识图和绘图效率，增加图样的清晰度，加快设计进程，简化手工绘图和计算机绘图对技术图样的要求，国家标准中规定了技术图样中的简化画法。

1. 肋、轮辐及薄壁的简化画法

1）对于机件上的肋、轮辐及薄壁等，如按纵向剖切，这些结构都不画剖切符号，而用粗实线将它们与其邻接部分分开，如图 5–32a 所示。

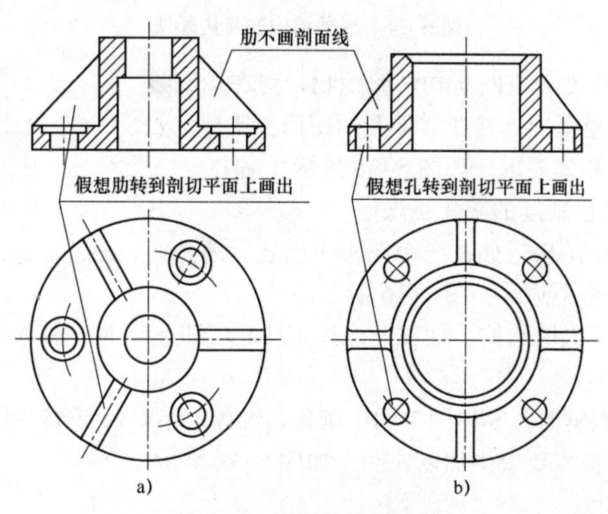

图 5–32　肋板的简化画法

2）当零件回转体上均匀分布的肋、轮辐、孔等结构不处于剖切平面上时，可将这些结构旋转到剖切平面画出，如图 5–32b 所示。

2. 对相同结构的简化画法

1）当机件具有若干直径相同且成规律分布的孔（圆孔、螺纹孔、沉孔等）时，可以只画出一个或几个，其余只需用细点画线表示其中心位置，并应在零件图中注明孔的总数，如图 5–33 所示。

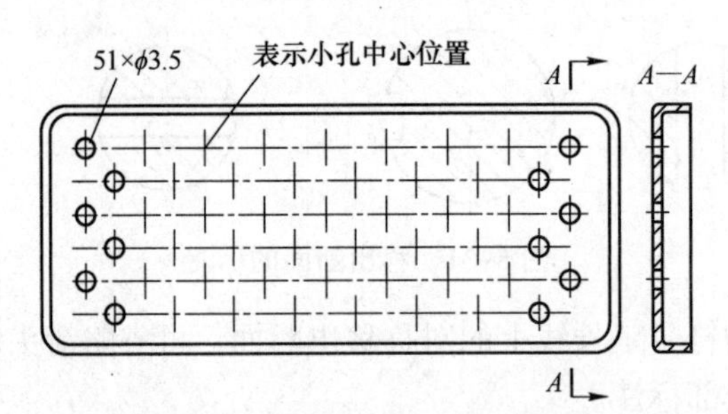

图 5–33　直径相同的孔简化画法

2）当机件具有若干相同且成规律分布的齿、槽等结构时，只需画出几个完整结构，其余用细实线连接，在零件图中注明该结构的总数，如图 5–34 所示。

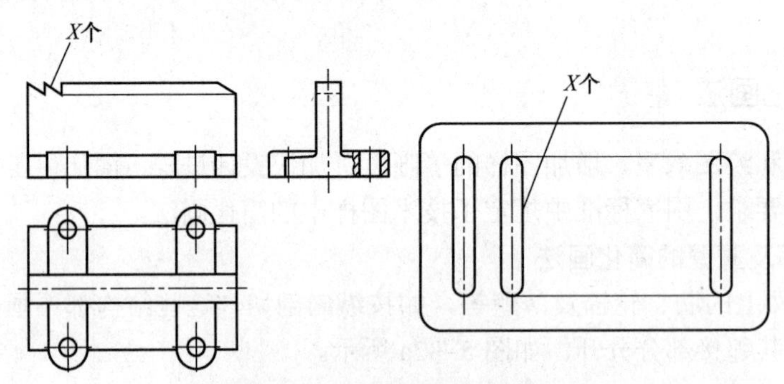

图 5–34　相同结构的简化画法

3）机件上的滚花部分或网状物、编织物，可在轮廓线附近用细实线局部示意画出，并在零件图的图形上或技术要求中注明这些结构的具体要求，如图 5–35 所示。

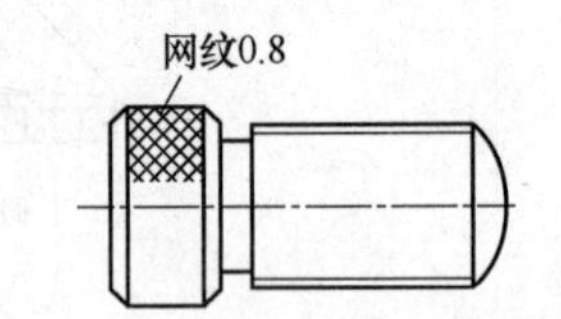

图 5–35　滚花的局部表示简化画法

3. 较小结构、较小斜度的简化画法

1）机件上的较小结构，如在一个图形中已表示清楚，其他图形可简化或省略不画，如图 5–36 所示。

2）机件上斜度不大的结构，如在一个图形中已经表示清楚，其他图形可按小端画出，如图 5–37 所示。

3）在不致引起误解时，零件图中的小圆角、锐边的小圆角或 45° 小倒角允许省略不画，但必须标注尺寸或在技术要求中加以说明，如图 5–38 所示。

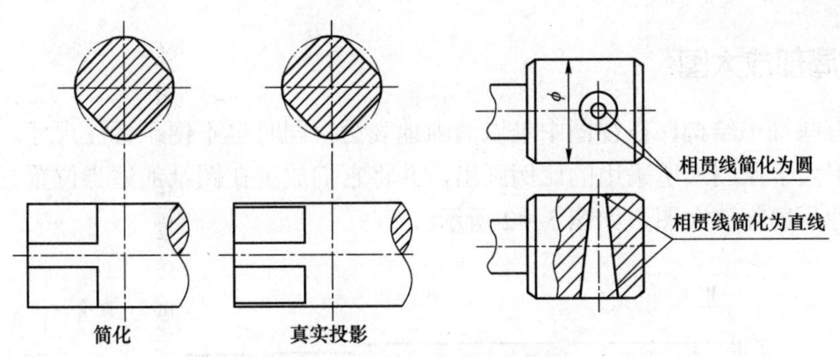

图 5–36 较小结构的简化画法

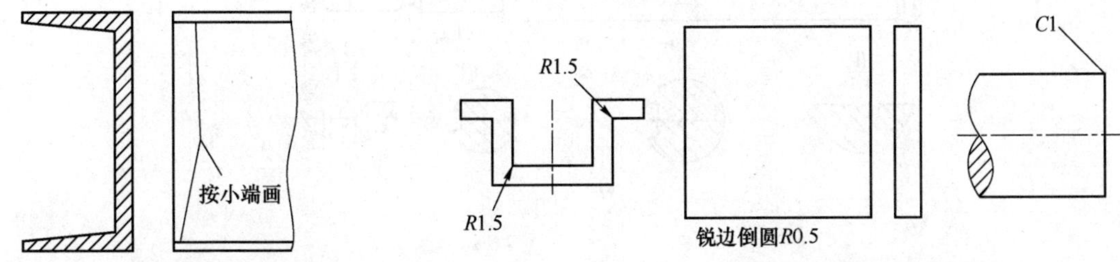

图 5–37 较小斜度的简化画法

图 5–38 小圆角、小倒角的简化画法

4. 其他简化画法

1）在不致引起误解时，零件图中的移出断面图，允许省略剖面符号，但剖切符号和断面图的标注，必须遵照移出断面图标注的规定，如图 5–39 所示。

2）当回转体零件上的平面在图形中不能充分表达时，可用平面符号（相交两细实线）表示，如图 5–40a 所示。但当结构用断面表示后，不必再画出两条相交的细实线，如图 5–40b 所示。

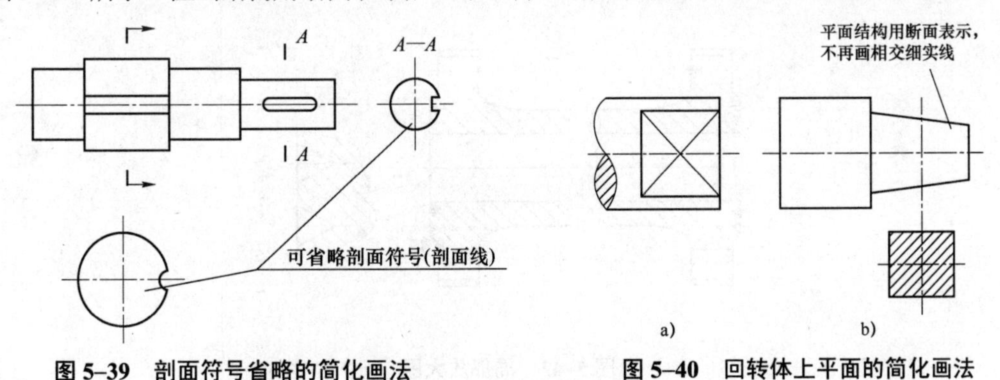

图 5–39 剖面符号省略的简化画法

图 5–40 回转体上平面的简化画法

3）在不致引起误解时，图形中的过渡线、相贯线允许简化，如图 5–41 所示。

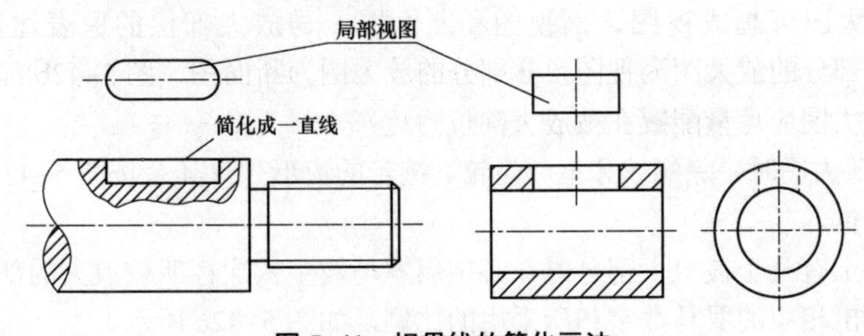

图 5–41 相贯线的简化画法

5.4.2 局部放大图

物体上有些细小结构，在视图中难以清晰地表达，同时也不便于标注尺寸。对于这种细小结构，可用大于原图形所采用的比例画出，并将它们放置在图纸的适当位置。用这种方法画出的图形称为局部放大图，如图 5–42 所示。

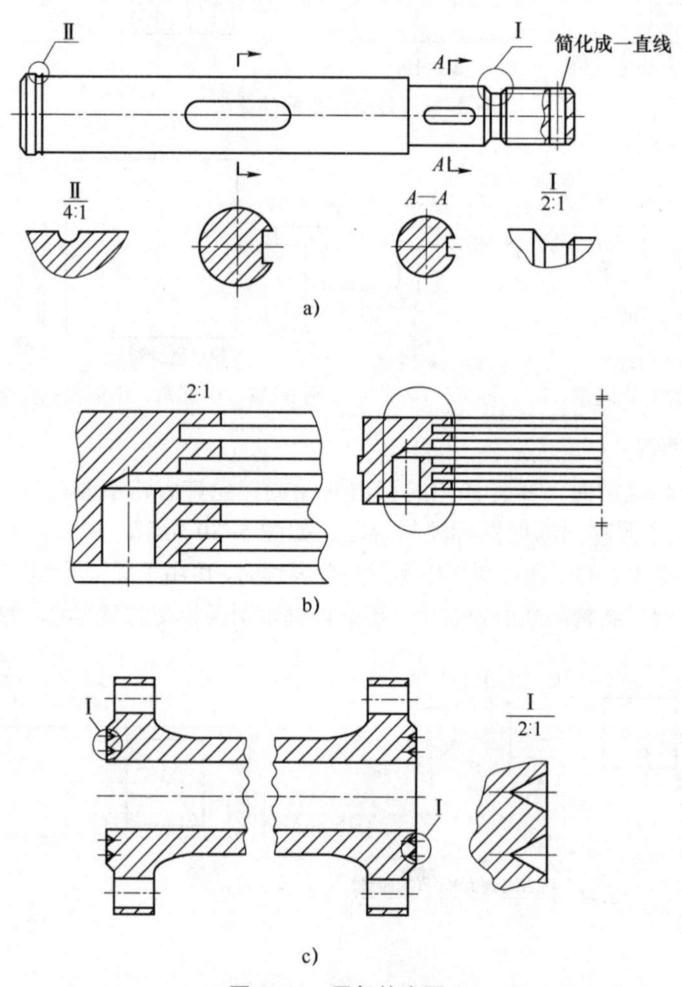

图 5–42 局部放大图

画局部放大图时应注意下面几点：

1）局部放大图可画成视图、剖视图和断面图，与放大部位的原表达方式无关。在图 5–42a 中，Ⅰ部分的放大图为视图，Ⅱ部分的放大图为断面图，图 5–42b 部分的放大图为剖视图，局部放大图应尽量配置在被放大部位附近；

2）画局部放大图时，除螺纹牙型、齿轮、链轮的齿形外，其余按图 5–42 所示用细实线圈出被放大的部位。

当同一机件上有几个被放大部分时，必须用罗马数字依次标明被放大的部位，并在局部放大图的上方标出相应的罗马数字和所采用的比例，如图 5–42a 所示。

当机件上只有一处被放大部位时，只需在局部放大图上方注明所采用的比例，如图 5-42b 所示。

3）当图形相同或对称时，同一机件上不同部位的局部放大图只需画一个，如图 5-42c 所示。

4）必要时可用同一个局部放大图表达几处图形结构。

第6章

标准件与常用件画法

机器的功能不同，其组成零件的数量、种类和形状等也不相同。图 6–1 所示为齿轮油泵的零件分解图，它是柴油机润滑系统的一个部件。从图中可以看出，齿轮油泵是由泵体、主动轴、主动齿轮、从动轴、从动齿轮、泵盖和传动齿轮等 19 种零件装配而成的。其中有一些零件在各种机器上频繁使用，如螺钉、螺母、垫圈、齿轮、轴承、弹簧等，这些零件可称为常用件。为了设计、制造和使用方便，它们的结构形状、尺寸、画法和标记有的已经完全标准化，有的部分标准化，有的虽未标准化也已形成很强的规律性。完全标准化的称为标准件，在设计、绘图和制造时必须遵守国家标准规定和已形成的规律。本章主要内容包括标准件与常用件的结构、画法和标记方法。

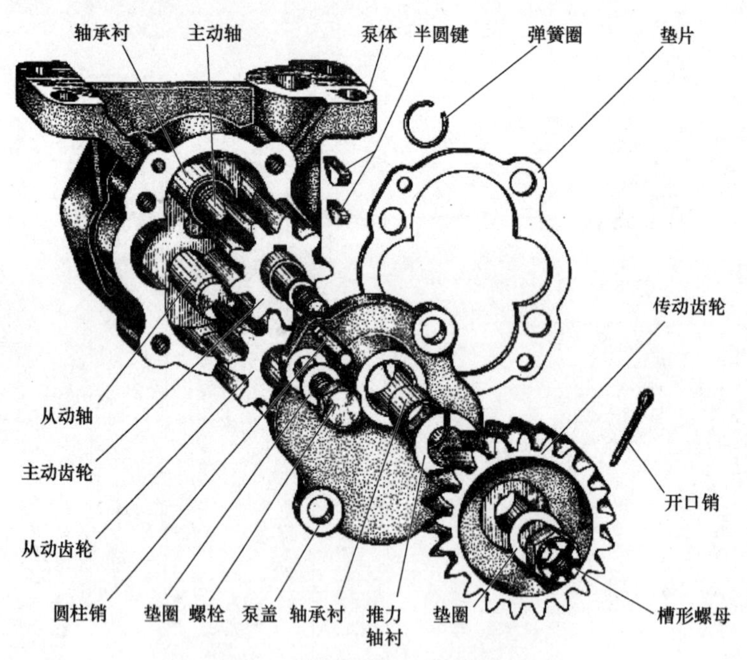

图 6–1　齿轮油泵的零件分解图

6.1　螺　　纹

螺纹是零件上常见的一种结构。螺纹是在圆柱或圆锥表面上，具有相同牙型、沿螺旋线连续凸起的牙体。

螺纹分为外螺纹和内螺纹两种，成对使用。在圆柱或圆锥外表面上所形成的螺纹，称为外螺纹；在圆柱或圆锥内表面上所形成的螺纹，称为内螺纹。

工业上有许多种螺纹加工方法，各种螺纹都是根据螺旋线原理加工而成的。图 6–2 所示为螺纹的加工方法：将工件装夹在与车床主轴相连的卡盘上，使它随主轴等速旋转，同时车刀沿轴向等速移动，当刀尖切入一定深度时，即可加工出螺纹。

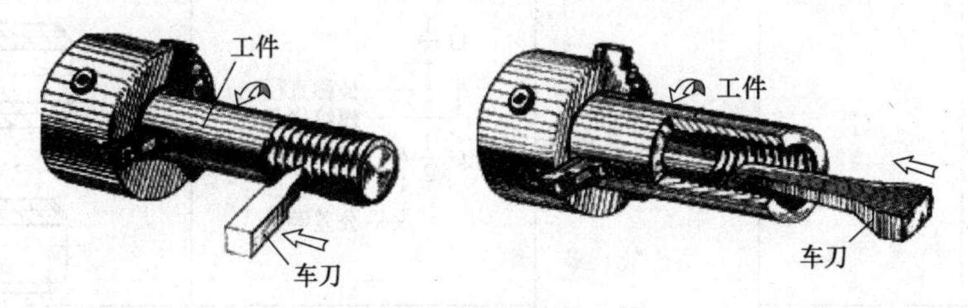

图 6–2　螺纹的加工方法

6.1.1　螺纹的种类和要素

1. 螺纹的种类

凡是螺纹牙型、直径和螺距都符合国家标准的螺纹称为标准螺纹。牙型符合标准，公称直径或螺距不符合国家标准的，称为特殊螺纹。牙型不符合国家标准的称为非标准螺纹。外螺纹和内螺纹总是成对出现，而且只有当它们的五个要素都相同时，内、外螺纹才能相互旋合，从而实现零件间的连接和传动。

螺纹按用途可分为连接螺纹和传动螺纹两大类。

常见的连接螺纹有粗牙普通螺纹、细牙普通螺纹和管螺纹三种。连接螺纹的共同特点是牙型皆为三角形。

传动螺纹是用来传递动力和运动的，常用的是梯形螺纹，有时也用锯齿形螺纹。

2. 螺纹的要素

（1）牙型

在通过螺纹轴线的剖面上，螺纹的轮廓形状称为牙型。

螺纹表面可分为凸起和沟槽两部分。其凸起部分称为螺纹的牙，凸起的顶端称为螺纹的牙顶，沟槽的底部称为螺纹的牙底。普通螺纹的牙型见表 6–1。

表 6-1　普通螺纹的牙型

螺纹种类		螺纹代号	牙型放大图	标注方法	标注示例
普通螺纹	粗牙	M	60°	M20–5g6g 公称直径 螺纹代号 （不标注螺距） 5g、6g分别表示中径、顶径的螺纹公差带	M20–5g6g
	细牙			M20×2–7H 螺距 公称直径 螺纹代号 7H表示中径、顶径的螺纹公差带	M20×2–7H

55° 管螺纹的牙型见表 6–2。

表 6–2　55° 管螺纹的牙型

螺纹种类		螺纹代号	牙型放大图	标注方法	标注示例
55° 管螺纹	55° 非密封管螺纹	G	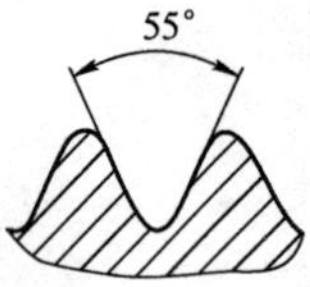 55°	G $\frac{1}{2}$ 公称直径 螺纹代号；G $\frac{1}{2}$ A 公差等级	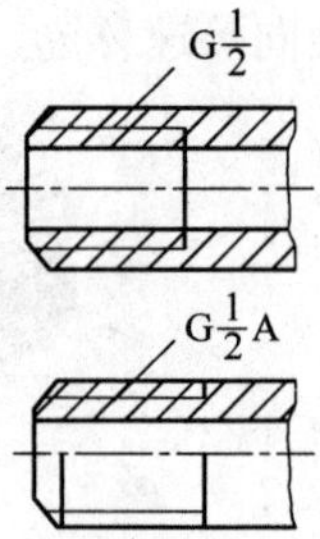 G$\frac{1}{2}$；G$\frac{1}{2}$A
	55° 密封管螺纹	圆柱（内）Rp 圆锥（内）Rc 圆锥（外）R		Rc1$\frac{1}{2}$ Rp1$\frac{1}{2}$ R1$\frac{1}{2}$	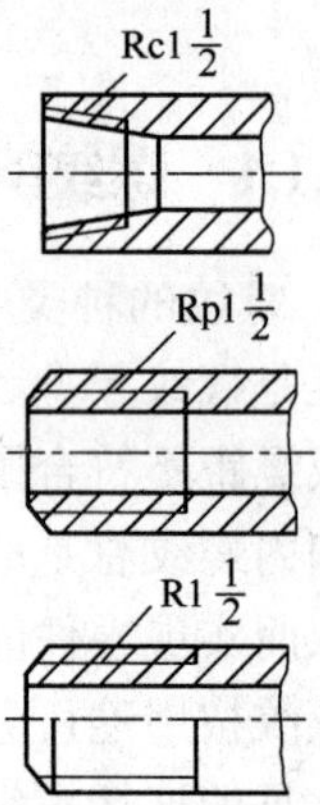 Rc1$\frac{1}{2}$；Rp1$\frac{1}{2}$；R1$\frac{1}{2}$

梯形螺纹和锯齿形螺纹的牙型见表 6–3。

表 6–3　梯形螺纹和锯齿形螺纹的牙型

螺纹种类	螺纹代号	牙型放大图	标注方法	标注示例
梯形螺纹	Tr	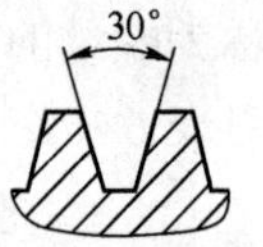 30°	Tr 40×14(P7)–7H 螺距 导程 公称直径 螺纹代号	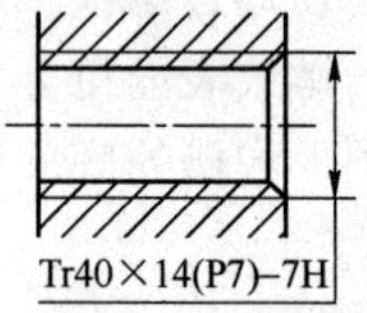 Tr40×14(P7)–7H
锯齿形螺纹	B	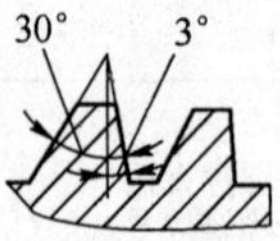 30° 3°	B 32×6 – L H 旋向 螺距 公称直径 螺纹代号	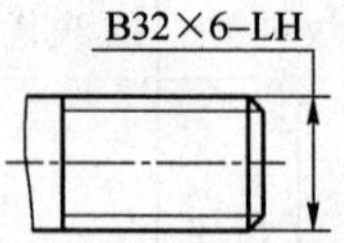 B32×6–LH

（2）螺纹直径

1）大径：和外螺纹的牙顶、内螺纹的牙底相重合的假想柱面的直径。外螺纹的大径用 d 表示，内螺纹的大径用 D 表示。

2）小径：和外螺纹的牙底、内螺纹的牙顶相重合的假想柱面的直径。外螺纹的小径用 d_1 表示，内螺纹的小径用 D_1 表示。

在大径和小径之间，设想有一柱面在其轴剖面内，该柱面素线上的牙宽和槽宽相等，则该假想柱面的直径称为中径，用 d_2（D_2）表示，如图 6–3 所示。

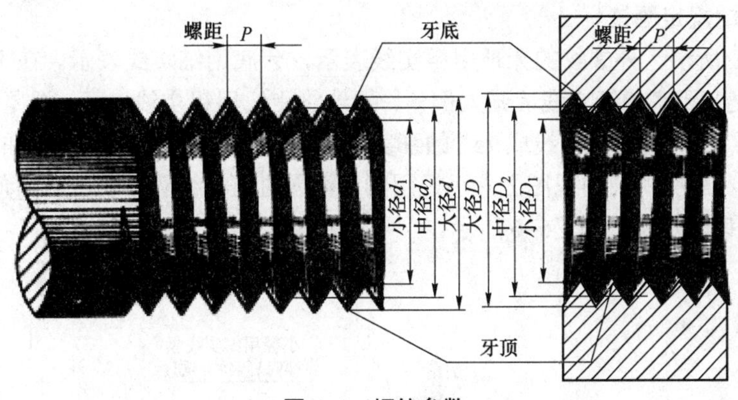

图 6–3　螺纹参数

（3）线数

形成螺纹螺旋线的条数称为线数。螺纹有单线螺纹和多线螺纹之分，多线螺纹在垂直于轴线的剖面内是均匀分布的，如图 6–4 所示。

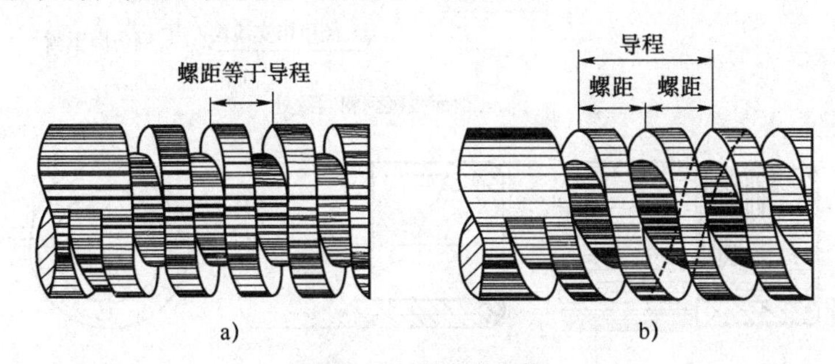

图 6–4　螺纹的线数

a）单线螺纹；b）双线螺纹

（4）螺距和导程

相邻两牙在中径线上对应两点轴向的距离称为螺距。同一条螺旋线上，相邻两牙在中径线上对应两点轴向的距离称为导程。螺纹的螺距和导程如图 6–4 所示。

线数 n、螺距 P、导程 Ph 之间的关系为

$$Ph=nP$$

（5）旋向

螺纹有右旋和左旋之分，顺时针旋入的螺纹为右旋螺纹，逆时针旋入的螺纹为左旋螺纹。螺纹的旋向可采用图 6–5 所示的方法来判断，即面对轴线竖直的外螺纹，螺纹自左向右上升的为右旋，反之为左旋。实际中的螺纹绝大部分为右旋。

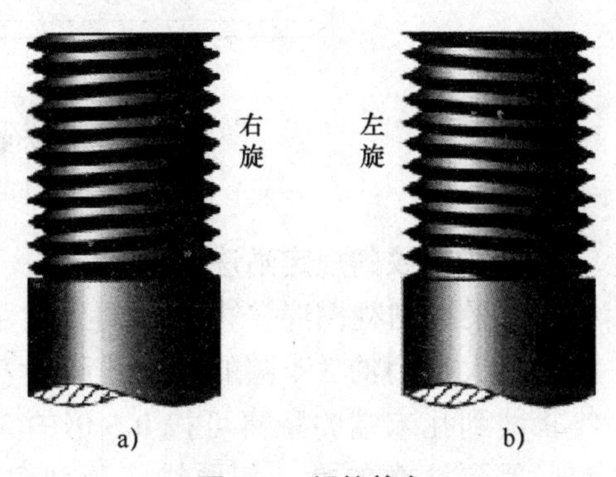

图 6–5　螺纹旋向

a）右旋螺纹；b）左旋螺纹

6.1.2 螺纹的规定画法

1. 外螺纹的规定画法

如图 6–6a 所示，外螺纹的牙顶用粗实线表示，牙底用细实线表示。在不反映圆的视图上，倒角应画出，牙底的细实线应画入倒角，螺纹终止线用粗实线表示。螺尾部分不必画出，当需要表示时，该部分用与轴线成 15° 的细实线画出。在比例画法中，螺纹的小径可按大径的 0.85 倍绘制。在反映圆的视图上，小径用约 3/4 圆的细实线圆弧表示，倒角圆不画。外螺纹的规定画法和错误画法如图 6–6 所示。

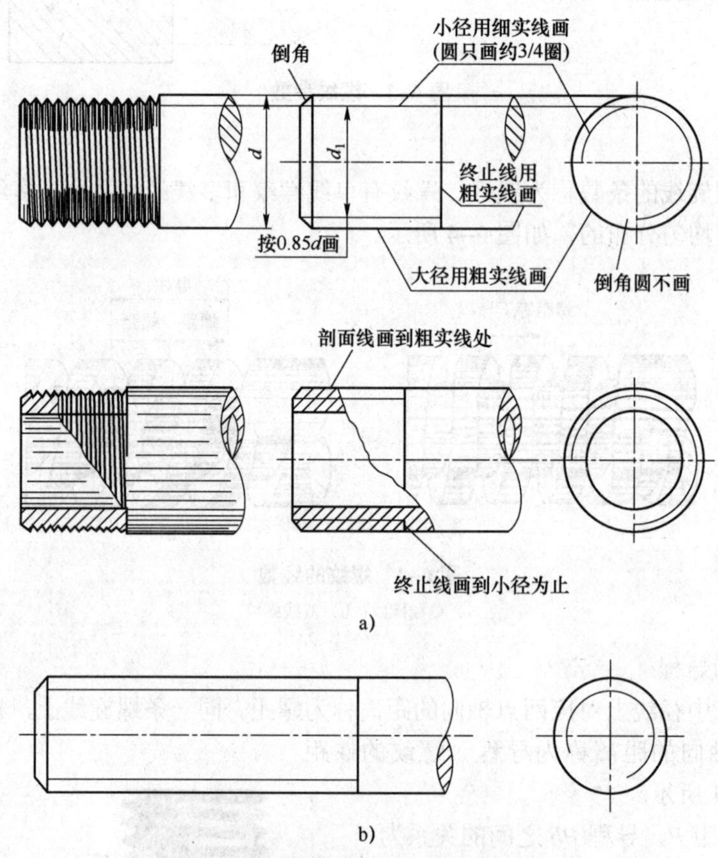

图 6–6 外螺纹的规定画法和错误画法

a）外螺纹规定画法；b）外螺纹常见错误画法

2. 内螺纹的规定画法

在采用剖视图时，内螺纹的牙顶用细实线表示，牙底用粗实线表示。在反映圆的视图上，大径用约 3/4 圆的细实线圆弧表示，倒角圆不画。若为盲孔，采用比例画法时，终止线到孔末端的距离可按 0.5 倍的大径绘制，钻孔时末端形成的锥面的锥角按 120° 绘制。需要注意的是，剖面线应画到粗实线为止。其余要求同外螺纹，内螺纹规定画法如图 6–7 所示。

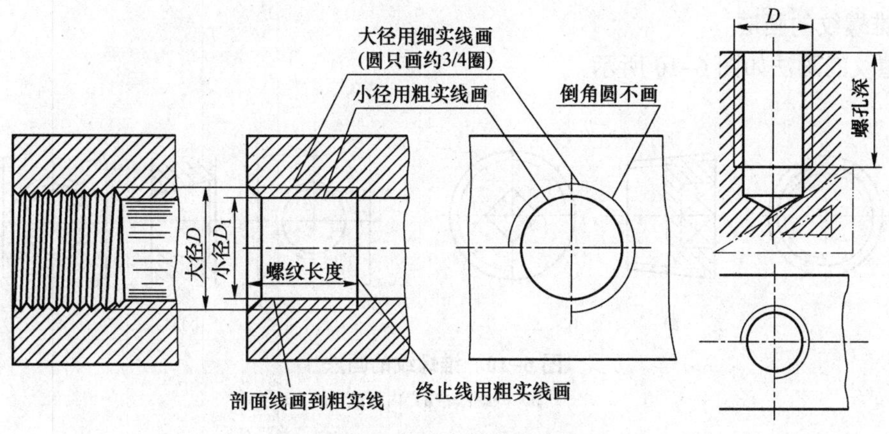

图 6–7　内螺纹的规定画法

在绘制内螺纹时，其常见错误画法如图 6–8 所示。

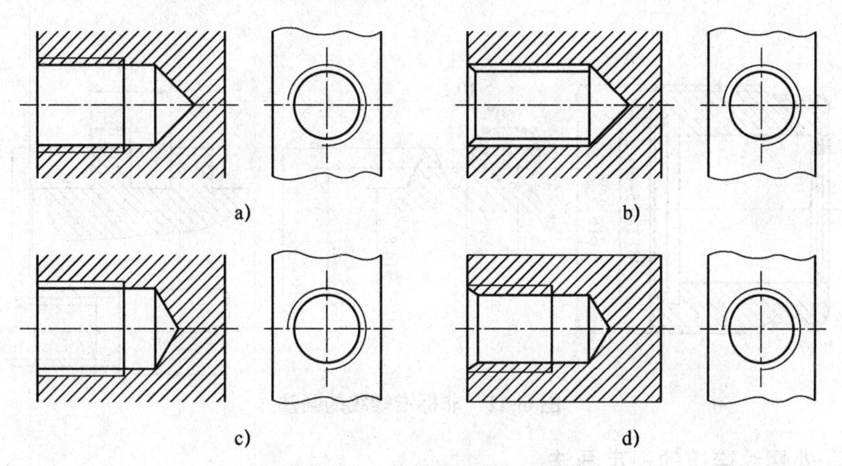

图 6–8　内螺纹常见错误画法

3. 螺纹收尾及螺纹中相贯线的画法

螺纹收尾、螺纹中相贯线的画法如图 6–9 所示。

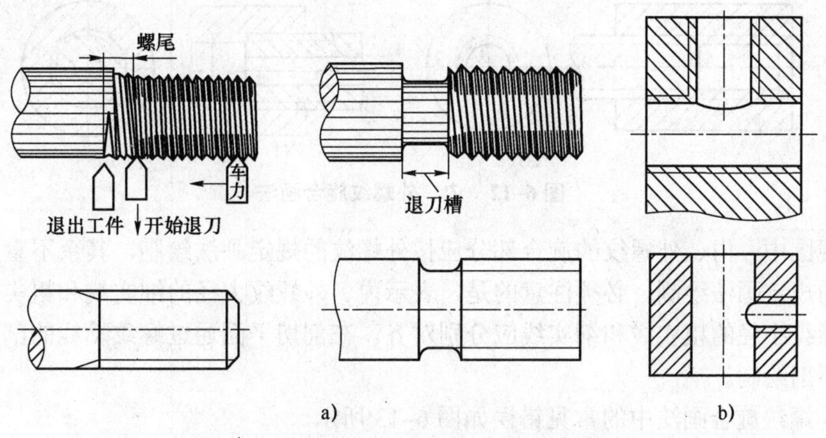

图 6–9　螺纹收尾、螺纹中相贯线的画法

a）螺纹收尾；b）螺纹中的相贯线

4. 锥螺纹的画法

锥螺纹的画法如图 6–10 所示。

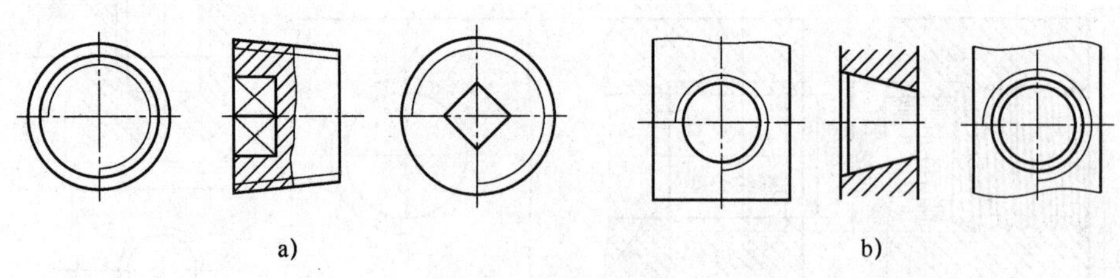

图 6–10　锥螺纹的画法

a）外螺纹；b）内螺纹

5. 非标准螺纹的画法

非标准螺纹的画法如图 6–11 所示，在图中要详细地说明螺纹的牙型尺寸。

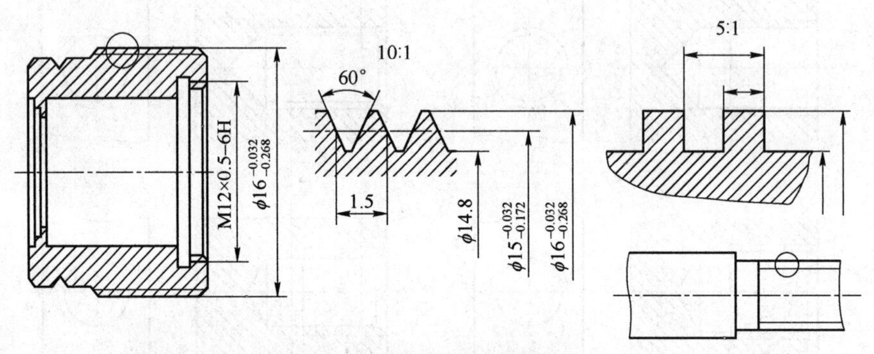

图 6–11　非标准螺纹的画法

6. 内、外螺纹连接的规定画法

螺纹要素全部相同的内、外螺纹才能形成连接，其画法如图 6–12 所示。

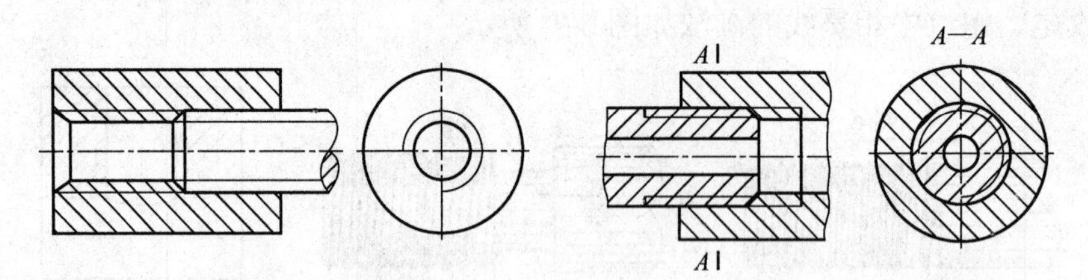

图 6–12　内、外螺纹旋合画法

在剖视图中，内、外螺纹的旋合部分应按外螺纹的规定画法绘制，其余不重合的部分按各自原有的规定画法绘制。必须注意的是，表示内、外螺纹大径的细实线和粗实线，以及表示内、外螺纹小径的粗实线和细实线应分别对齐。在剖切平面通过螺纹轴线的剖视图中，实心螺杆按不剖绘制。

内、外螺纹旋合画法中的常见错误如图 6–13 所示。

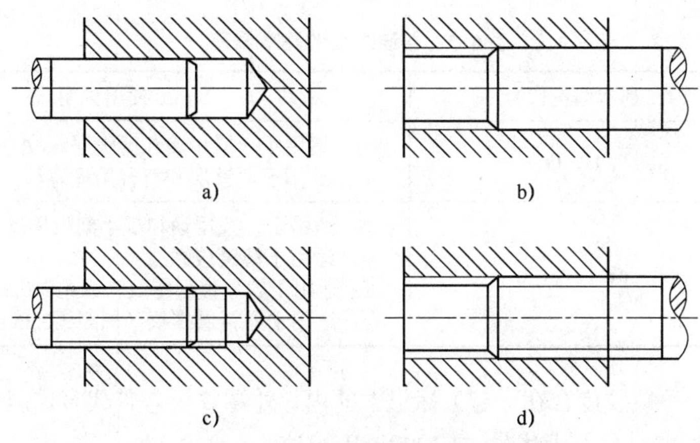

图 6–13　内、外螺纹旋合画法中的常见错误

6.1.3　常用螺纹的种类和标注

螺纹的种类很多，但规定画法却相同，在图上对标准螺纹只能用螺纹代号或标记来区别它们的不同。普通螺纹、梯形螺纹及管螺纹的标注方法如下。

1. 普通螺纹的标注

普通螺纹和传动螺纹的完整标记如下：

螺纹代号–公差带代号–旋合长度代号

其中螺纹代号的内容和格式为：

特征代号　公称直径×螺距（单线）旋向

或

特征代号　公称直径×导程（螺距）（多线）旋向

管螺纹的完整标记为：

特征代号　尺寸代号×公差带代号或公差等级　旋向

1）特征代号。粗牙普通螺纹和细牙普通螺纹的特征代号均用 M 表示。

2）公称直径。除管螺纹（代号为 G 或 Rp）为管子公称尺寸外，其余螺纹均为大径。

3）导程（螺距）。单线螺纹只标导程即可（螺距与之相同），多线螺纹导程、螺距均需标出。粗牙普通螺纹的螺距已标准化，查表即可，不标注。

4）旋向。当为右旋时，不标注；当为左旋时要标注“LH”。

5）公差带代号。由公差等级代号和基本偏差代号组成。内、外螺纹的公差等级与基本偏差见表 6–4 和表 6–5。

表 6–4　普通螺纹的公差等级

<table>
<tr><th>螺纹类别</th><th>直径</th><th>规定的公差等级</th><th>使用说明</th></tr>
<tr><td rowspan="2">外螺纹</td><td>大径</td><td>4、6、8</td><td rowspan="4">1）公差等级 6 级为基本级，适用于中等的正常结合情况
2）3、4、5 为精密级，用于精密结合或长度较短的情况
3）7、8、9 为粗糙级，用于粗糙结合或加长情况</td></tr>
<tr><td>中径</td><td>3、4、5、6、7、8、9</td></tr>
<tr><td rowspan="2">内螺纹</td><td>中径</td><td rowspan="2">4、5、6、7、8</td></tr>
<tr><td>小径</td></tr>
</table>

表 6–5　普通螺纹的基本偏差

螺纹类别	基本偏差代号	使用说明
内螺纹	H、G	H：适用于一般用途和薄镀层螺纹 G：适用于厚镀层和特种用途螺纹
外螺纹	e、f、g、h	h：适用于一般用途和极小间隙螺纹 g：适用于薄镀层螺纹 f：适用于较厚镀层螺纹（螺距≥0.35 mm） e：适用于厚镀层螺纹（螺距≥0.35 mm）

螺纹副（内、外螺纹旋合在一起）标记中的内、外螺纹公差带代号用斜线分开，斜线前、后分别表示内、外螺纹公差带代号，如 M20×2–6H/6g。

6）旋合长度代号。旋合长度是指内、外螺纹旋合在一起的有效长度，普通螺纹的旋合长度分为 3 组，分别称为短旋合长度、中旋合长度和长旋合长度，相应代号为 S、N、L。相应的长度可根据螺纹公称直径及螺距从标准中查出。当为中旋合长度时，N 不标注。

7）普通螺纹精度等级。根据螺纹的公差带和短、中、长 3 组旋合长度，螺纹的精度又分为精密级、中等级和粗糙级 3 种。在一般情况下多采用中等级。

公称直径以毫米为单位的螺纹，其标记应直接注在大径的尺寸线上，或注在其引出线上。

普通螺纹的标注示例见表 6–6。

表 6–6　普通螺纹的标注示例

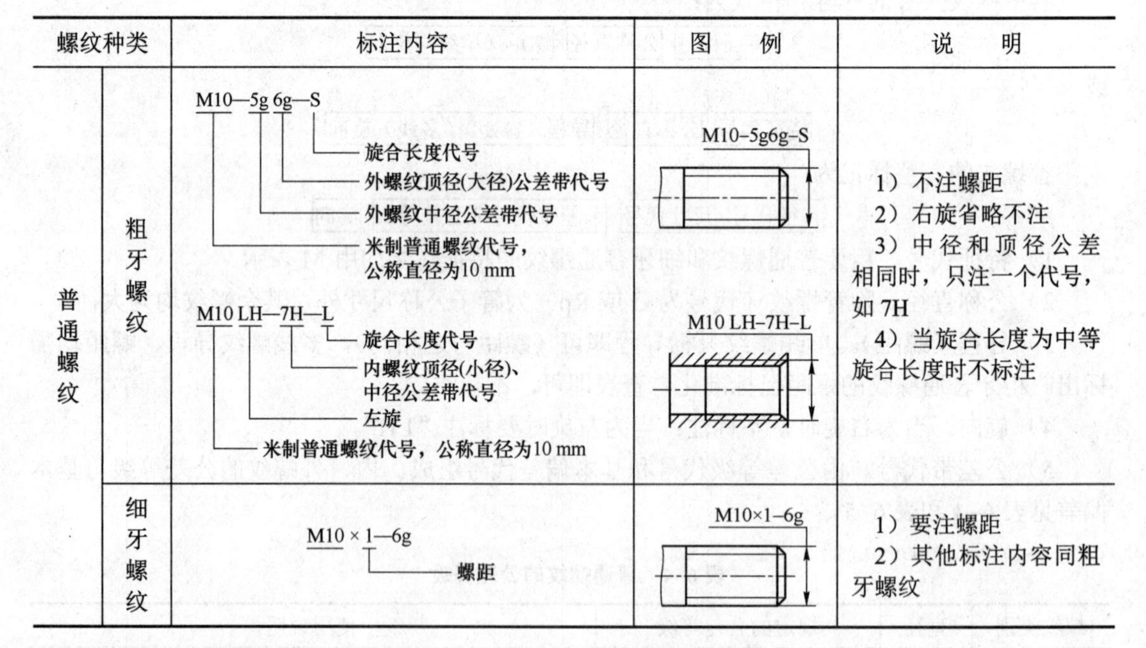

螺纹种类		标注内容	图　例	说　明
普通螺纹	粗牙螺纹	M10—5g 6g—S 旋合长度代号 外螺纹顶径(大径)公差带代号 外螺纹中径公差带代号 米制普通螺纹代号，公称直径为10 mm M10 LH—7H—L 旋合长度代号 内螺纹顶径(小径)、中径公差带代号 左旋 米制普通螺纹代号，公称直径为10 mm	M10–5g6g–S M10 LH–7H–L	1）不注螺距 2）右旋省略不注 3）中径和顶径公差相同时，只注一个代号，如 7H 4）当旋合长度为中等旋合长度时不标注
	细牙螺纹	M10 × 1—6g 螺距	M10×1–6g	1）要注螺距 2）其他标注内容同粗牙螺纹

2. 梯形螺纹的标注

梯形螺纹的完整标注内容和格式为：

螺纹代号　中径公差带代号　旋合长度代号

其中螺纹代号内容：Tr 公称直径 × 导程（螺距）旋向

梯形螺纹的标注示例见表 6–7。

表 6–7　梯形螺纹的标注示例

螺纹种类	标注内容	图　例	说　明
单线梯形螺纹	Tr40 × 7 − 8e 中径公差代号 螺距为 7 mm 梯形螺纹代号，公称直径为 40 mm	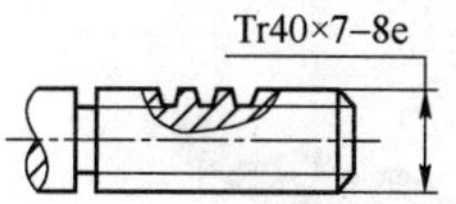 Tr40×7−8e	1）单线梯形螺纹代号 Tr 公称直径×螺距旋向 2）右旋省略不标注，左旋要注 LH
多线梯形螺纹	Tr40 × 14 (P7) LH − 8e − L 旋合长度代号 左旋螺纹 螺距为 7 mm 导程为 14 mm 梯形螺纹代号，公称直径为 40 mm	 Tr40×14(P7)LH−8e−L	1）多线梯形螺纹代号 Tr 公称直径× 导程 P（螺距）旋向 2）旋合长度分为中等和长旋合长度两组，中等旋合长度符号 N 不标注

3. 管螺纹的标注

管螺纹的标注一律注在引出线上，引出线应由大径处引出，其标注示例见表 6–8。

表 6–8　管螺纹的标注示例

螺纹种类	标注内容		图　例	说　明
55° 非密封管螺纹	内螺纹	G1	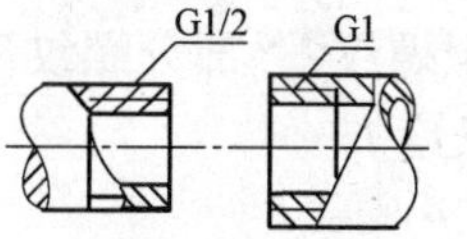 G1/2　G1	1）数字 1、1/2 为管螺纹的尺寸代号，不是螺纹大径。作图时，应根据此查螺纹大径值 2）根据中径公差的不同，分为 A 级和 B 级，具体数值可查表 3）右旋省略不注，左旋注 LH，如 Rp1/2–LH
	外螺纹	G1A G1B		
55° 密封圆柱管螺纹	Rp1		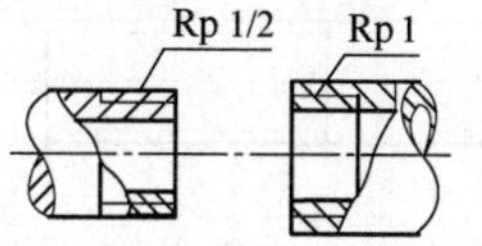 Rp 1/2　Rp 1	
55° 密封圆锥管螺纹	内螺纹	Rc1/2	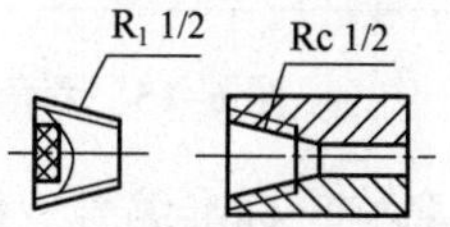 R_1 1/2　Rc 1/2	
	外螺纹	$R_1$1/2		

6.2　螺纹紧固件

在机器中，零件之间的连接方式可分为可拆卸连接和不可拆卸连接两大类。可拆卸连接包括螺纹连接、键连接和销连接，不可拆卸连接包括铆接和焊接。在机械工程中，可拆卸连接应用较多，它通常是利用连接件将其他零件连接起来的。常用的连接件有螺栓、双头螺柱、螺钉、螺母、垫圈、键、销等。这些零件应用非常广泛，它们的结构和尺寸已经标准化，即所谓标准件。标准件的结构和尺寸可按其规定标记从相关标准中查得。

6.2.1 螺纹紧固件标记

螺纹紧固件的种类很多，常见的有螺栓、双头螺柱、螺钉、螺母、垫圈等，其结构形状如图 6–14 所示。这类零件的结构型式和尺寸都已标准化，由标准件厂大量生产。在工程设计中，可以从相应的标准中查到所需的尺寸，一般无需绘制其零件图。

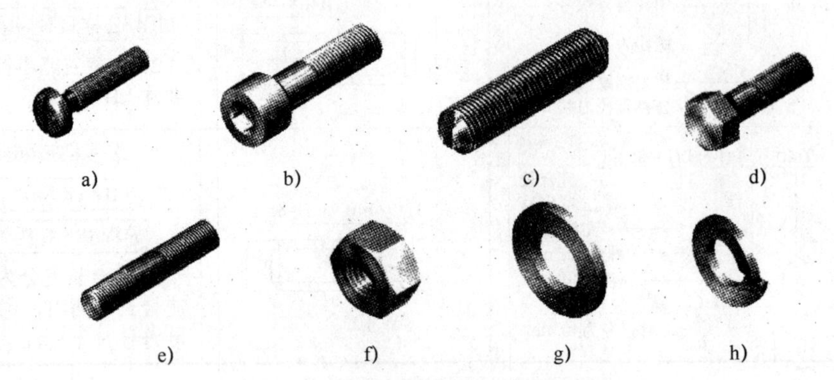

图 6–14 螺纹紧固件的结构形状

a）开槽盘头螺钉；b）内六角圆柱头螺钉；c）开槽锥端紧定螺钉；d）六角头螺栓；e）双头螺柱；f）1 型六角螺母；g）平垫圈；h）弹簧垫圈

紧固件各有规定的完整标记，通常可给出简化标记，只注出名称、标准号和规格尺寸。

1. 螺栓

螺栓由头部和杆部组成，常用为六棱柱的六角头螺栓，如图 6–15 所示。根据螺纹的作用和用途，六角头螺栓有“全螺纹”“部分螺纹”“粗牙”“细牙”等多种规格。螺栓的规格尺寸指螺纹的大径 d 和公称长度 l。

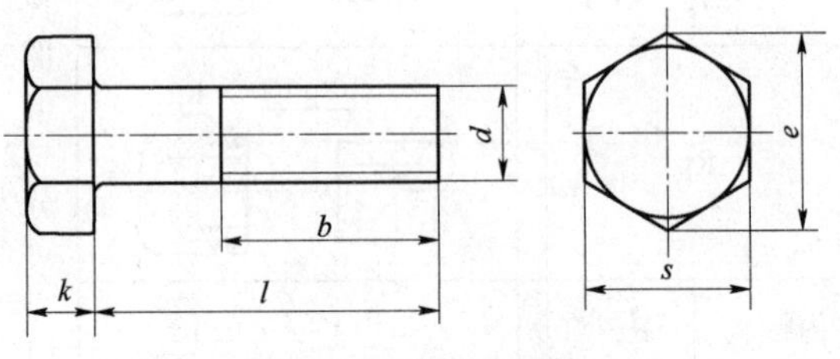

图 6–15 六角头螺栓

螺栓规定的标记形式为：名称　标准编号　螺纹代号×公称长度

例如：螺栓　GB/T 5780—2016　M10×40

根据标记可知：螺栓为粗牙普通螺纹，螺纹规格 d=10 mm，公称长度 l=40 mm，性能等级为 4.8 级，不经表面处理，杆身为半螺纹，C 级六角头螺栓。其他尺寸可从相应的标准中查得。

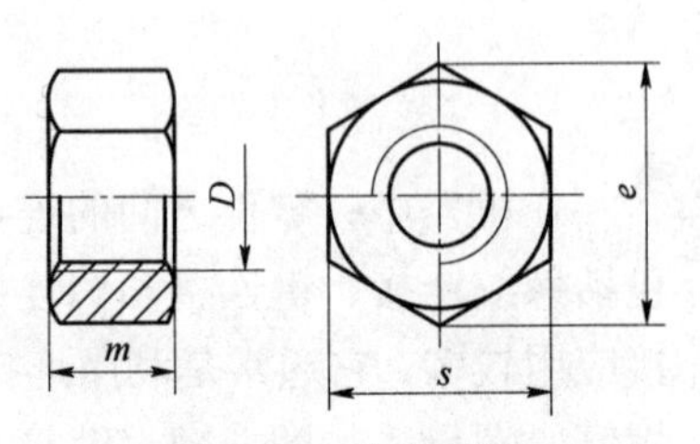

图 6–16 六角螺母

2. 螺母

螺母与螺栓等外螺纹零件配合使用，起连接作用，其中以六角螺母应用为最广泛，如图 6–16 所示。六角螺母根据高

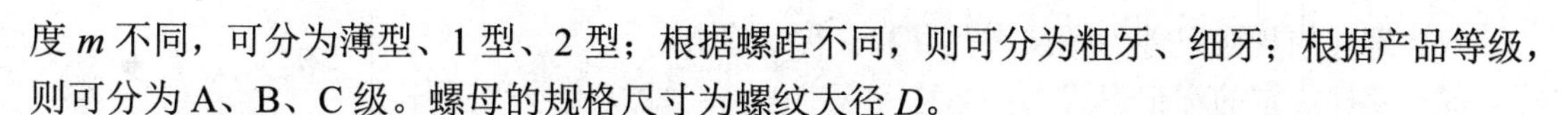

度 m 不同，可分为薄型、1 型、2 型；根据螺距不同，则可分为粗牙、细牙；根据产品等级，则可分为 A、B、C 级。螺母的规格尺寸为螺纹大径 D。

螺母规定的标记形式为：名称　标准编号　螺纹代号

例如：螺母　GB/T 40—2000　M10

根据标记可知：螺母为粗牙普通螺纹，螺纹规格 D=10 mm，性能等级为 5 级，不经表面处理，C 级六角螺母。其他尺寸可从相应的标准中查得。

3. 垫圈

垫圈有平垫圈和弹簧垫圈之分。平垫圈一般放在螺母与被连接零件之间，用于保护被连接零件的表面，以免拧紧螺母时刮伤零件表面；同时，又可增加螺母与被连接零件之间的接触面积。弹簧垫圈可以防止因振动而引起的螺纹松动现象。

平垫圈有 A 级和 C 级两个标准系列，A 级标准系列平垫圈又分为带倒角和不带倒角两种类型，如图 6–17 所示。垫圈的公称尺寸用与其配合使用的螺纹紧固件的螺纹规格 d 来表示。

垫圈规定的标记形式为：名称　标准编号　公称尺寸

例如：垫圈　GB/T 95—2002　10

根据标记可知：平垫圈为 C 级标准系列，公称尺寸（螺纹规格）d=10 mm，性能等级 100 HV 级，不经表面处理。其他尺寸可从相应的标准中查得。

4. 双头螺柱

双头螺柱的两端都有螺纹。其中用来旋入被连接零件的一端，称为旋入端；用来旋紧螺母的一端，称为紧固端。根据双头螺柱的结构分为 A 型和 B 型两种，如图 6–18 所示。

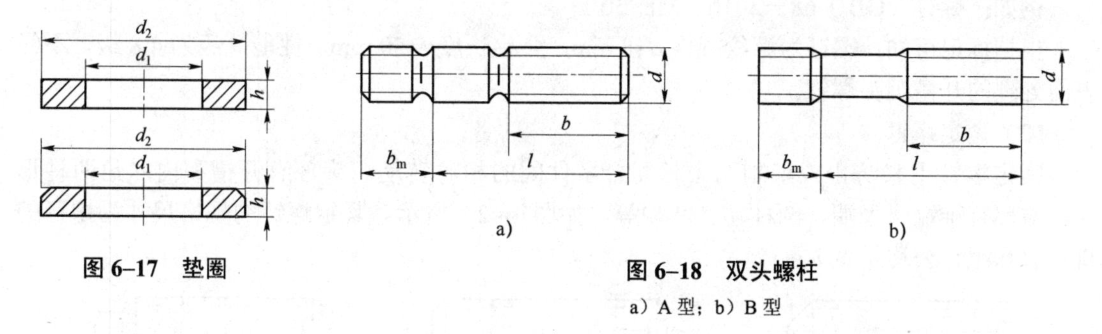

图 6–17　垫圈

图 6–18　双头螺柱

a）A 型；b）B 型

根据螺孔零件的材料不同，其旋入端的长度有四种规格，每一种规格对应一个标准号，如表 6–9 所示。

表 6–9　旋入端长度

螺孔的材料	旋入端的长度	标准编号
钢与青铜	$b_m=d$	GB/T 897—1988
铸铁	$b_m=1.25d$	GB/T 898—1988
铸铁或铝合金	$b_m=1.5d$	GB/T 899—1988
铝合金	$b_m=2d$	GB/T 900—1988

双头螺柱的规格尺寸为螺纹大径 d 和公称长度 l。

双头螺柱规定的标记形式为：名称　标准编号　螺纹代号×公称长度

例如：螺柱　GB/T 899—1988　M10×40

根据标记可知：双头螺柱的两端均为粗牙普通螺纹，d=10 mm，l=40 mm，性能等级为 4.8 级，不经表面处理，B 型（B 型可省略不标），b_m=1.5d。

5. 螺钉

螺钉按照其用途可分为连接螺钉和紧定螺钉两种。

（1）连接螺钉

连接螺钉用来连接两个零件。它的一端为螺纹，用来旋入被连接零件的螺孔中；另一端为头部，用来压紧被连接零件。螺钉按其头部形状可分为开槽圆柱头螺钉、十字槽圆柱头螺钉、开槽盘头螺钉、十字槽沉头螺钉、内六角圆柱头螺钉等，如图 6–19 所示。连接螺钉的规格尺寸为螺钉的直径 d 和螺钉的公称长度 l。

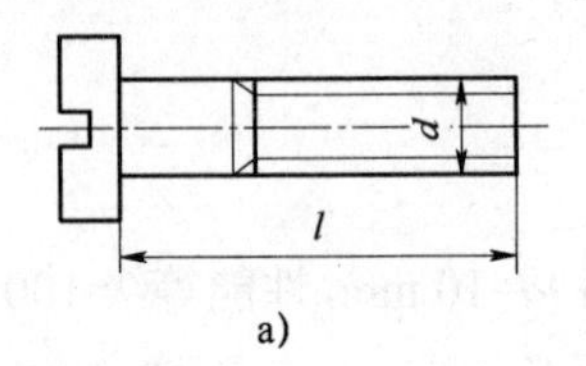

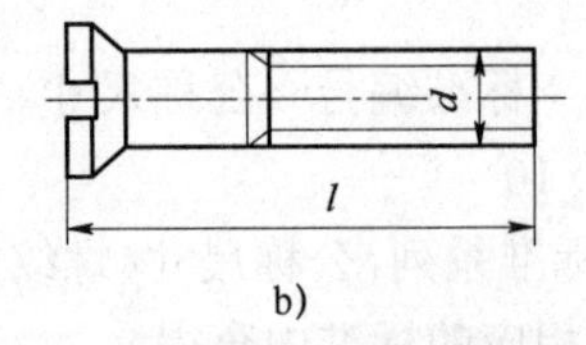

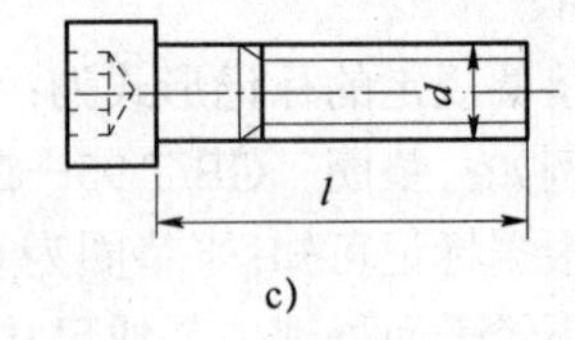

图 6–19　不同头部的连接螺钉

a）开槽盘头螺钉；b）开槽沉头螺钉；c）内六角圆柱头螺钉

螺钉规定的标记形式为：名称　标准编号　螺纹代号×公称长度

例如：螺钉　GB/T 68—2016　M8×30

根据标记可知：螺钉为螺纹规格 d=8 mm，公称长度 l=30 mm，性能等级为 4.8 级，不经表面处理的开槽沉头螺钉。

（2）紧定螺钉

紧定螺钉用来防止或限制两个相配合零件间的相对转动。头部有开槽和内六角两种形式，端部有锥端、平端、圆柱端、凹端等，如图 6–20 所示。紧定螺钉的规格尺寸为螺钉的直径 d 和螺钉公称长度 l。

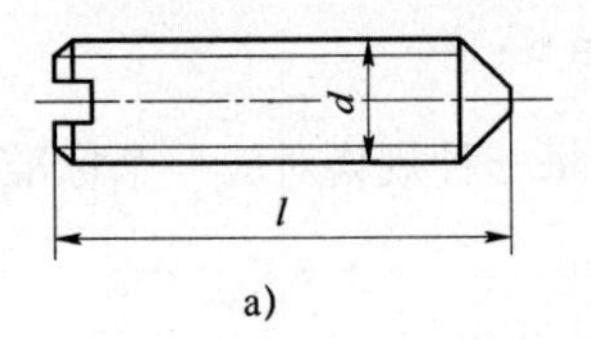

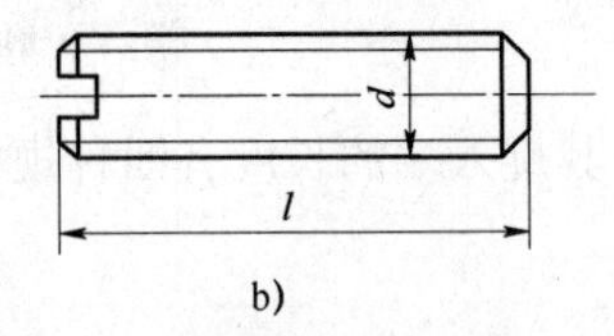

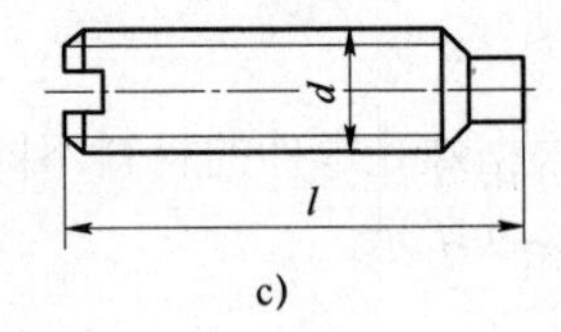

图 6–20　不同端部的紧定螺钉

a）锥端紧定螺钉；b）平端紧定螺钉；c）圆柱端紧定螺钉

螺钉规定的标记形式为：名称　标准编号　螺纹代号×公称长度

例如：螺钉　GB/T 73—2017　M6×10

根据标记可知：螺钉为螺纹规格 d=6 mm，公称长度 l=10 mm，性能等级为 14 H 级，表面氧化的开槽平端紧定螺钉。

6.2.2　螺纹紧固件画法

1. 螺栓连接画法

螺栓连接一般适用于连接不太厚的并允许钻成通孔的零件，如图 6–21 所示。连接前，先在两个被连接的零件上钻出通孔，套上垫圈，再用螺母拧紧。

为提高画图速度，对连接件的各个尺寸可不按相应的标准数值画出，而是采用近似画法。采用近似画法时，螺栓的公称长度 l 可按下式计算

$$l=t_1+t_2+h+m+a$$

式中，t_1、t_2 为被连接零件的厚度；h 为垫圈厚度，$h=0.15d$；m 为螺母厚度，$m=0.85d$；a 为螺栓伸出螺母的长度，$a\approx(0.2\sim0.3)d$。计算出 l 后，还须从螺栓的标准长度系列中选取与 l 相近的标准值。

画图时，应遵守下列基本规定（见图 6–22）。

1）两零件的接触表面只画一条线。凡不接触的表面，不论其间隙大小（如螺杆与通孔之间），必须画两条轮廓线（间隙过小时可夸大画出）。

2）当剖切平面通过螺栓、螺母、垫圈等标准件的轴线时，应按未剖切绘制，即只画出它们的外形。

3）在剖视、断面图中，相邻两零件的剖面线应画成不同方向或同方向而不同间隔来加以区别。但同一零件在同一图幅的各剖视、断面图中，剖面线的方向和间隔必须相同。

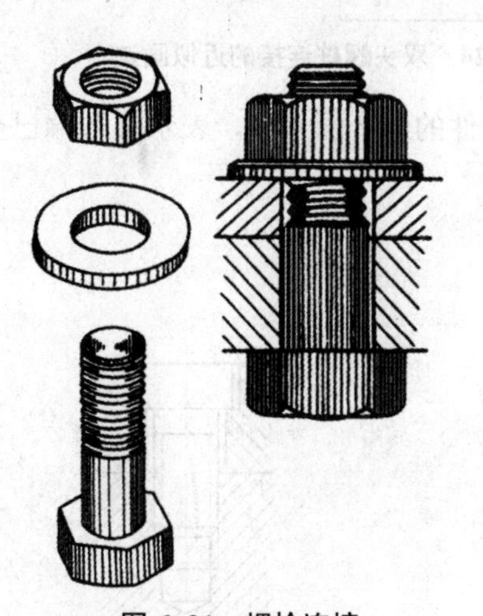

图 6–21　螺栓连接

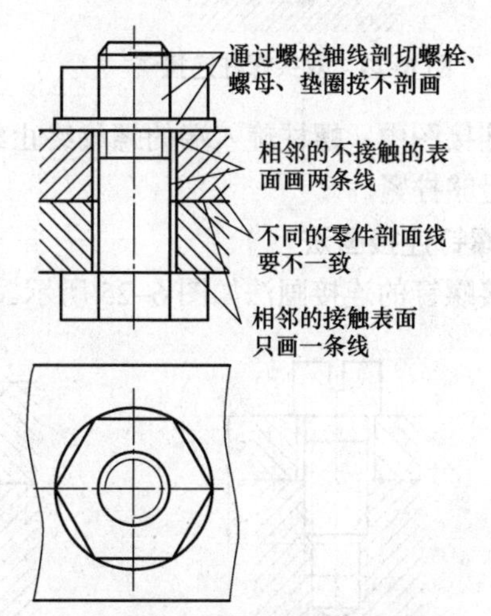

图 6–22　螺栓连接的近似画法

2. 双头螺柱连接画法

当被连接的零件之一较厚，或不允许钻成通孔而不宜采用螺栓连接；或因拆装频繁，又不宜采用螺钉连接时，可采用双头螺柱连接。通常将较薄的零件制出通孔（孔径≈1.1d），较厚零件制出不通的螺孔，双头螺柱的两端都制有螺纹，装配时，先将螺纹较短的一端（旋入端）旋入较厚零件的螺孔，再将通孔零件穿过螺纹的另一端（紧固端），套上垫圈，用螺母拧紧，将两个零件连接起来，如图 6–23 所示。

在装配图中，双头螺柱连接常采用近似画法或简化画法画出（见图 6–24）。画图时，应

按螺柱的大径和螺孔件的材料确定旋入端的长度 b_m（见表 6–9）。螺柱的公称长度 l 可按下式计算

$$l=t+h+m+a$$

式中，t 为通孔零件的厚度；h 为垫圈厚度，h=0.15d（采用弹簧垫圈时，h=0.2d）；m 为螺母厚度，m=0.85d；a 为螺栓伸出螺母的长度，a≈(0.2～0.3)d。计算出 l 后，还须从螺栓的标准长度系列中选取与 l 相近的标准值。较厚零件上不通的螺孔深度应大于旋入端螺纹长度 b_m，一般取螺孔深度为 b_m+0.5d，钻孔深度为 b_m+d。

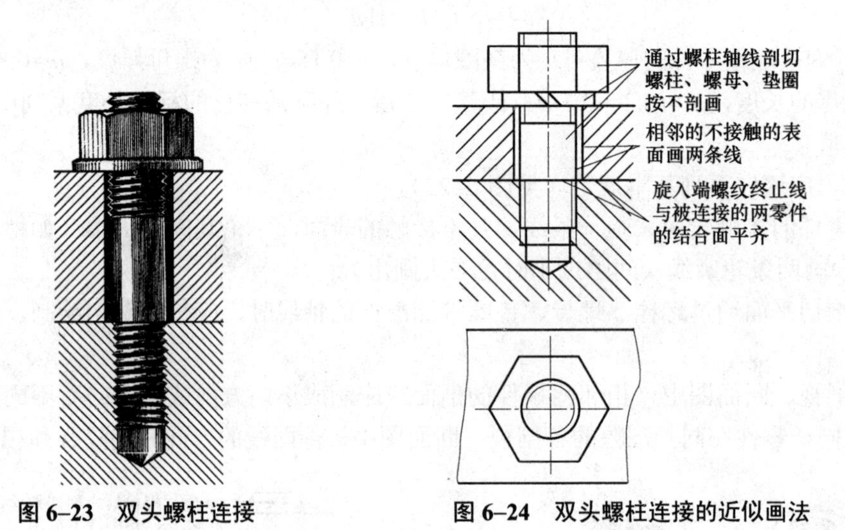

图 6–23　双头螺柱连接　　　图 6–24　双头螺柱连接的近似画法

在连接图中，螺柱旋入端的螺纹终止线应与两零件的结合面平齐，表示旋入端已全部拧入，且足够拧紧。

3. 螺钉连接画法

连接螺钉的连接画法如图 6–25 所示。

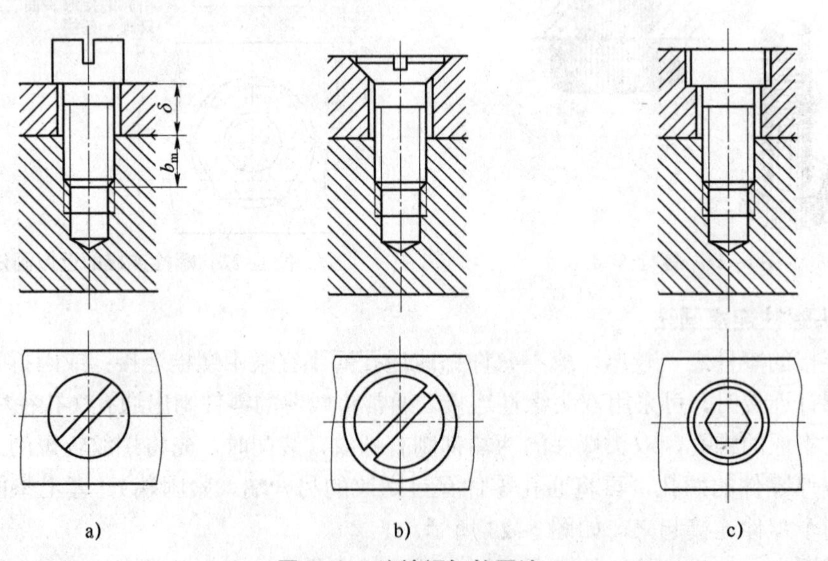

图 6–25　连接螺钉的画法

a）开槽盘头螺钉连接；b）开槽沉头螺钉连接；c）内六角圆柱头螺钉连接

1）连接螺钉。当被连接的零件之一较厚，而装配后连接件受轴向力又不大时，通常采用螺钉连接，即螺钉穿过薄零件的通孔而旋入厚零件的螺孔，螺钉头部压紧被连接件，如图 6–25 所示。

螺钉的旋入深度 b_m 参照表 6–9 确定；螺钉长度 l 可按下式计算：$l=\delta+b_m$，δ 为光孔零件的厚度。计算出 l 后，还需从螺钉的标准长度系列中选取与 l 相近的标准值。

2）紧定螺钉。紧定螺钉用来固定两零件的相对位置，使它们不产生相对转动，如图 6–26 所示。欲将轴、轮固定在一起，可先在轮毂的适当部位加工出螺孔，然后将轮、轴装配在一起，以螺孔导向，在轴上钻出锥坑，最后拧入螺钉，即可限定轮、轴的相对位置，使其不产生轴向相对移动和周向相对转动。

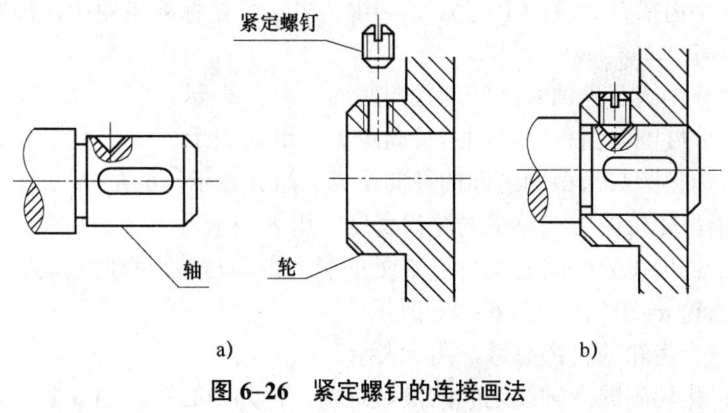

图 6–26　紧定螺钉的连接画法

a）连接前；b）连接后

6.3　直齿圆柱齿轮

齿轮是用于机器中传递动力、改变旋向和改变转速的传动件。根据两啮合齿轮轴线在空间的相对位置不同，常见的齿轮传动可分为三种形式，如图 6–27 所示。其中，图 6–27a 所示的圆柱齿轮用于两平行轴之间的传动；图 6–27b 所示的锥齿轮用于垂直相交两轴之间的传动；图 6–27c 所示的蜗杆蜗轮则用于交叉两轴之间的传动。本节主要介绍具有渐开线齿形的标准直齿圆柱齿轮的有关知识和规定画法。

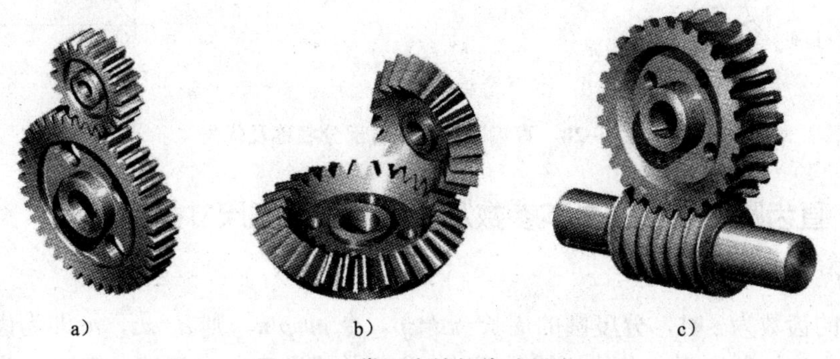

图 6–27　常见齿轮的传动形式

a）圆柱齿轮；b）锥齿轮；c）蜗杆蜗轮

6.3.1 直齿圆柱齿轮各部分的名称、代号

直齿圆柱齿轮各部分的名称和代号如图 6–28a 所示。

1）齿顶圆：轮齿顶部的圆，直径用 d_a 表示。

2）齿根圆：轮齿根部的圆，直径用 d_f 表示。

3）分度圆：齿轮加工时用以轮齿分度的圆，直径用 d 表示。在一对标准齿轮互相啮合时，两齿轮的分度圆应相切。

4）齿距：在分度圆上，相邻两齿同侧齿廓间的弧长，用 p 表示。

5）齿厚：一个轮齿在分度圆上的弧长，用 s 表示。

6）槽宽：一个齿槽在分度圆上的弧长，用 e 表示。在标准齿轮中，齿厚与槽宽各为齿距的一半，即 $s=e=p/2$，$p=s+e$。

7）齿顶高：分度圆至齿顶圆之间的径向距离，用 h_a 表示。

8）齿根高：分度圆至齿根圆之间的径向距离，用 h_f 表示。

9）全齿高：齿顶圆与齿根圆之间的径向距离，用 h 表示，$h=h_a+h_f$。

10）齿宽：沿齿轮轴线方向测量的轮齿宽度，用 b 表示。

11）压力角：轮齿在分度圆的啮合点 C 处的受力方向与该点瞬时运动方向之间的夹角，用 α 表示。标准齿轮 $\alpha=20°$，如图 6–28b 所示。

12）齿数：一个齿轮的轮齿总数，用 z 表示。

13）中心距：齿轮副的两轴线之间的最短距离，称为中心距，用 a 表示。

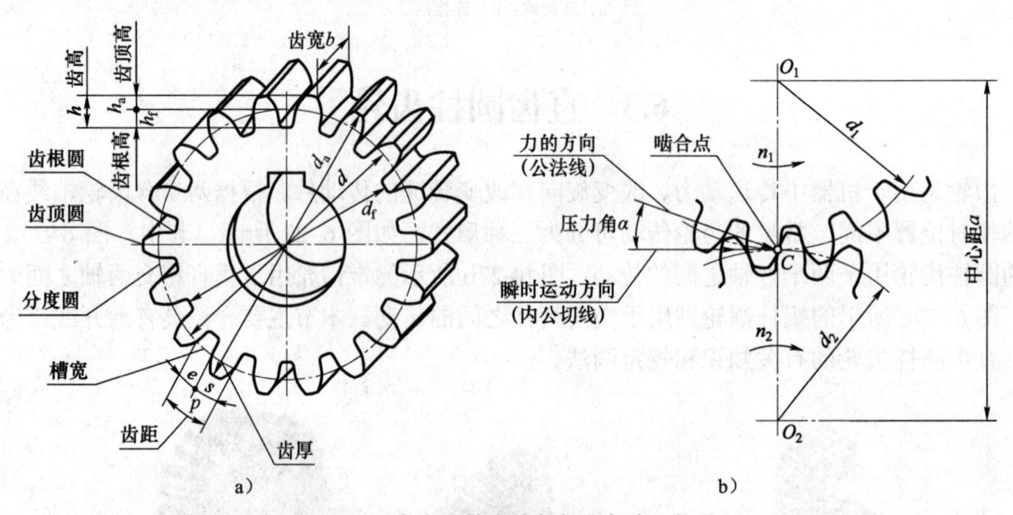

图 6–28 直齿圆柱齿轮各部分名称及代号

6.3.2 直齿圆柱齿轮的基本参数及齿轮各部分的尺寸关系

1. 模数

当齿轮的齿数为 z 时，分度圆的周长$=\pi d=zp$。令 $m=p/\pi$，则 $d=mz$，m 即为齿轮的模数。因为一对啮合齿轮的齿距 p 必须相等，所以，它们的模数也必须相等。模数是设计、制造齿轮的重要参数。模数增大，则齿距 p 也增大，随之齿厚 s 也增大，齿轮的承载能力也增大。

不同模数的齿轮要用不同模数的刀具来制造。为了便于设计和加工，模数已经标准化，我国规定的标准模数数值见表 6–10。

表 6–10　圆柱齿轮标准模数（摘自 GB/T 1357—2008）

第一系列	1，1.25，1.5，2，2.5，3，4，5，6，8，10，12，16，20，25，32，40，50
第二系列	1.75，2.25，2.75，(3.25)，3.5，(3.75)，4.5，5.5，(6.5)，7，9，(11)，14，18，22，28，(30)，36，45

注：选用时，优先采用第一系列，括号内的模数尽可能不用。

2. 齿轮各部分的尺寸关系

当齿轮的模数 m 确定后，按照与 m 的比例关系，可计算出齿轮其他部分的公称尺寸，见表 6–11。

表 6–11　标准直齿圆柱齿轮各部分尺寸关系　（单位：mm）

名称及代号	公　式	名称及代号	公　式
模数 m	$m=p/\pi=d/z$	齿根圆直径 d_f	$d_f=m(z-2.5)$
齿顶高 h_a	$h_a=m$	齿形角 α	$\alpha=20°$
齿根高 h_f	$h_f=1.25m$	齿距 p	$p=\pi m$
全齿高 h	$h=h_a+h_f$	齿厚 s	$s=p/2=\pi m/2$
分度圆直径 d	$d=mz$	槽宽 e	$e=p/2=\pi m/2$
齿顶圆直径 d_a	$d_a=m(z+2)$	中心距 a	$a=(d_1+d_2)/2=m(z_1+z_2)/2$

6.3.3　直齿圆柱齿轮的规定画法

1. 单个圆柱齿轮的画法

如图 6–29a 所示，在端面视图中，齿顶圆用粗实线画出，齿根圆用细实线画出或省略不画，分度圆用细点画线画出。另一视图一般画成全剖视图，而轮齿规定按不剖处理，用粗实线表示齿顶线和齿根线，细点画线表示分度线，如图 6–29b 所示；若不画成剖视图，则齿根线可省略不画。当需要表示轮齿为斜齿（人字齿）时，在外形视图上画出三条与齿线方向一致的细实线表示，如图 6–29c 所示。

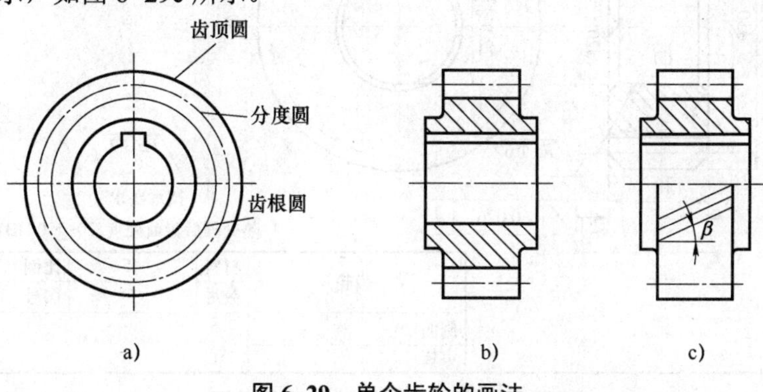

图 6–29　单个齿轮的画法

2. 圆柱齿轮的啮合画法

如图 6–30a 所示，在表示齿轮端面的视图中，齿根圆可省略不画，啮合区的齿顶圆均用粗实线绘制。啮合区的齿顶圆也可省略不画，但相切的分度圆必须用细点画线画出，如图 6–30b 所示。若不作剖视，则啮合区内的齿顶线不画，此时相切的分度线用粗实线绘制，如图 6–30c 所示。

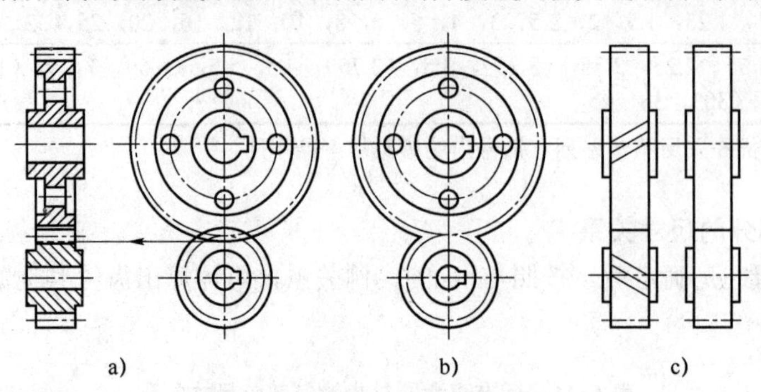

图 6–30　圆柱齿轮的啮合画法

在剖视图中，啮合区的投影如图 6–31 所示，一个齿轮的齿顶线与另一个齿轮的齿根线之间有 0.25 mm 的间隙，被遮挡的齿顶线用细虚线画出，也可省略不画。

直齿圆柱齿轮的零件图如图 6–32 所示。

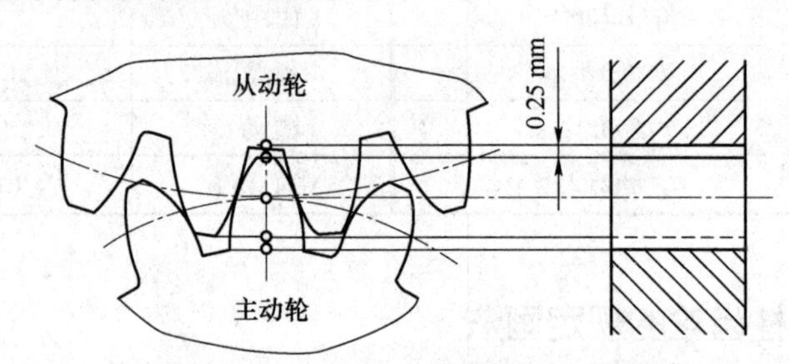

图 6–31　轮齿啮合区在剖视图上的画法

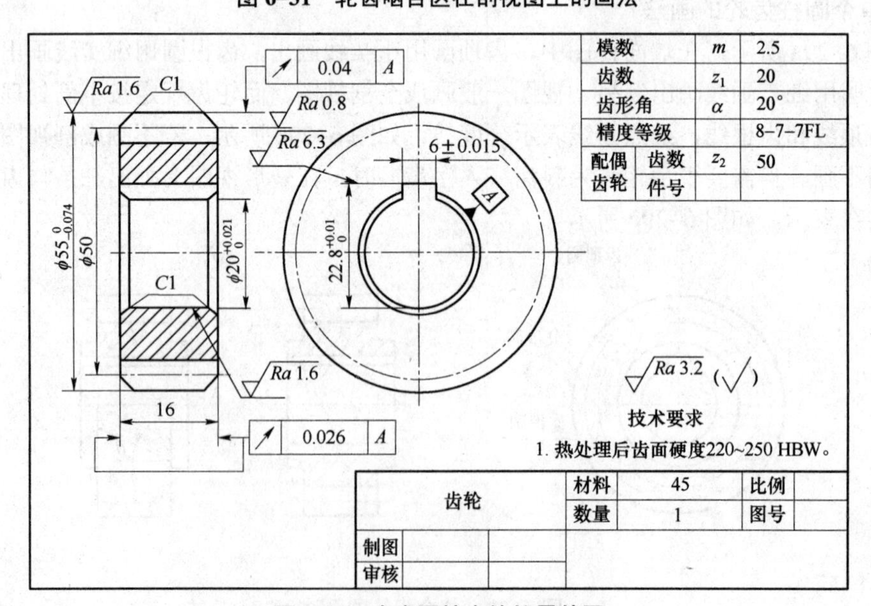

模数		m	2.5
齿数		z_1	20
齿形角		α	20°
精度等级			8–7–7FL
配偶齿轮	齿数	z_2	50
	件号		

齿轮		材料	45	比例	
		数量	1	图号	
制图					
审核					

图 6–32　直齿圆柱齿轮的零件图

6.4　键连接和销连接

键通常用于连接轴和装在轴上的齿轮、带轮等传动零件，起传递转矩的作用，如图 6–33 所示。

键是标准件，常用的键有普通平键、半圆键和钩头楔键等，如图 6–34 所示。

本节主要介绍应用最多的 A 型普通平键及其画法。

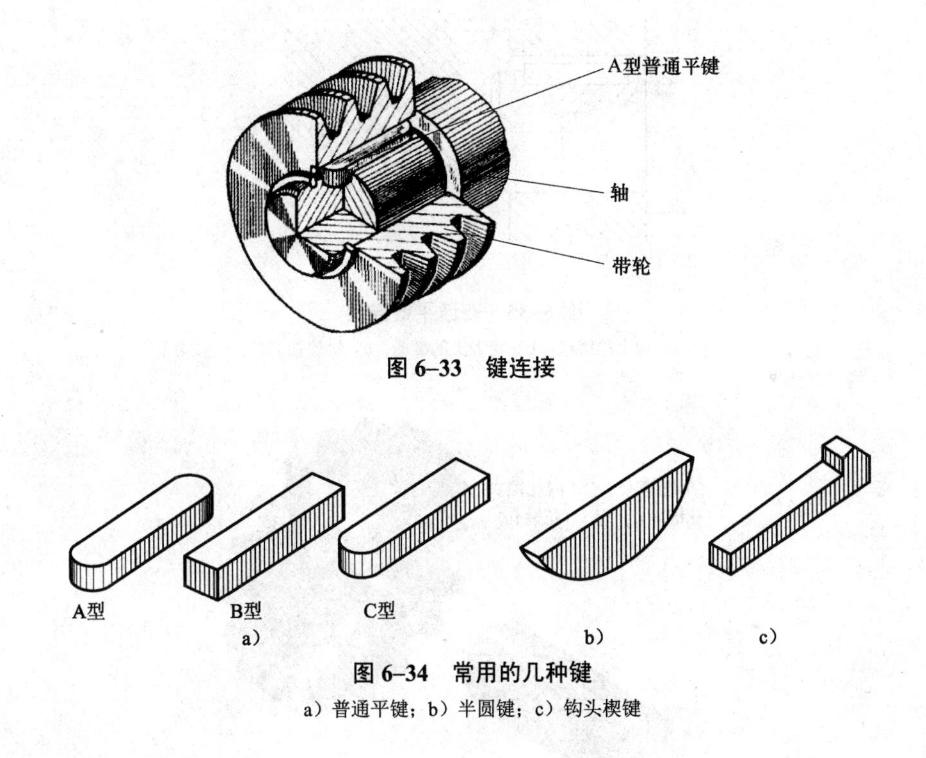

图 6–33　键连接

图 6–34　常用的几种键

a）普通平键；b）半圆键；c）钩头楔键

6.4.1　普通平键连接

普通平键的公称尺寸为 $b \times h$（键宽×键高），可根据轴的直径在相应的标准中查得。

普通平键的规定标记为键宽 b×键高 h×键长 L。例如，b=18 mm，h=11 mm，L=100 mm 的圆头普通平键（A 型），应标记为：键 18×11×100 GB/T 1096—2003（A 型可不标出“A”）。

图 6–35a 和图 6–35b 所示为轴和轮毂上键槽的表示法和尺寸注法(未注尺寸数字)。图 6–35c 所示为普通平键连接的装配图画法。

6.4.2　花键连接

花键连接的特点是键和键槽制成一体，如图 6–36 所示，适用于载荷较大和定心精度较高的连接。花键分为矩形花键和渐开线花键等，其中矩形花键应用得较为广泛。矩形花键的优点是：定心精度高、定心稳定性好、便于加工制造。GB/T 1144—2001《矩形花键尺寸、公差和检验》规定，矩形花键的定心方式为小径定心。

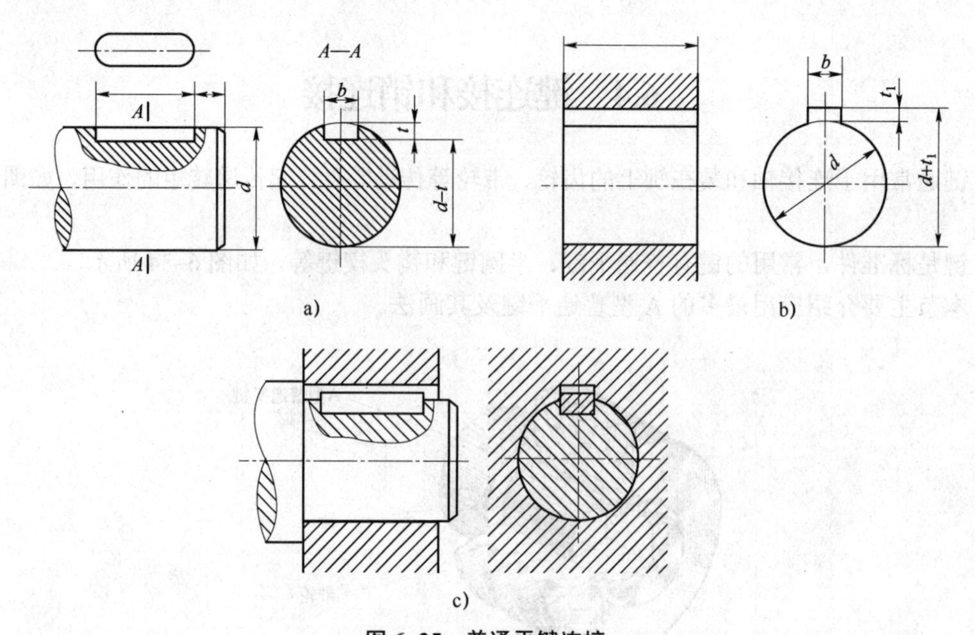

图 6–35　普通平键连接

a）轴上的键槽；b）轮毂上的键槽；c）键连接画法

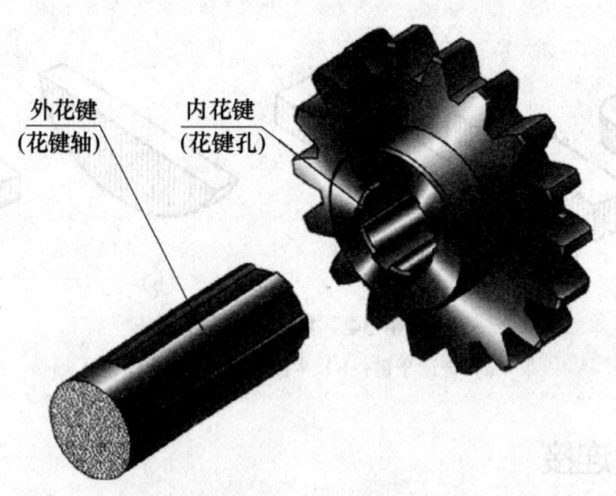

图 6–36　花键连接

花键是一种常用的标准结构，其结构和尺寸都已经标准化。矩形花键的基本参数包括键数 *N*、小径 *d*、大径 *D* 和键宽 *B*，矩形花键公称尺寸系列可查阅 GB/T 1144—2001《矩形花键尺寸、公差和检验》。

1. 花键的规定画法

（1）外花键

在平行于花键轴线的投影面的视图中，花键大径用粗实线绘制，小径用细实线绘制。花键工作长度的终止端和尾部长度的末端均用细实线绘制，并与轴线垂直，尾部则画成斜线，其倾斜角一般与轴线成 30°（必要时，可按实际情况画出），并在图形中标注出花键的工作长度 *L*，如图 6–37a 所示；用断面图画出全部齿形或一部分齿形，并在图中分别注出小径 *d*、大径 *D*、键宽 *B* 和键数 *N*，如图 6–37b 和图 6–37c 所示。

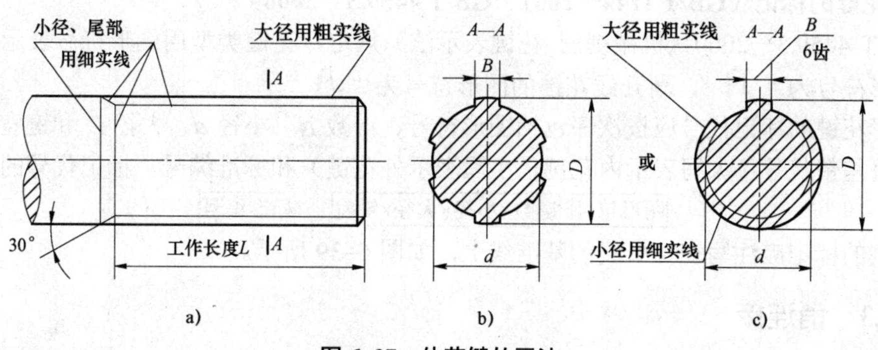

图 6–37　外花键的画法

（2）内花键

在平行于花键轴线的投影面的剖视图中，花键大径及小径均用粗实线绘制，键齿按不剖处理，如图 6–38a 所示；用局部视图画出全部齿形或一部分齿形，并在图形中分别标出小径 *d*、大径 *D*、键宽 *B* 和键数 *N*，如图 6–38b 和图 6–38c 所示。

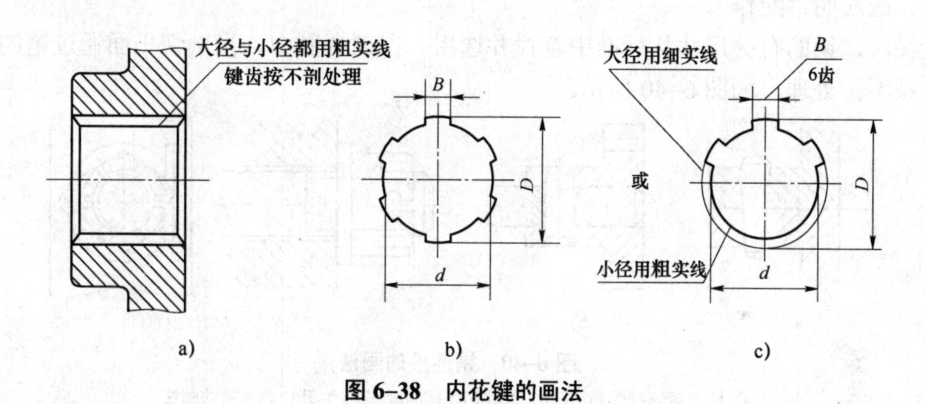

图 6–38　内花键的画法

（3）花键连接

在装配图中，花键连接用剖视图表示，其连接部分按外花键的画法绘制，如图 6–39 所示。

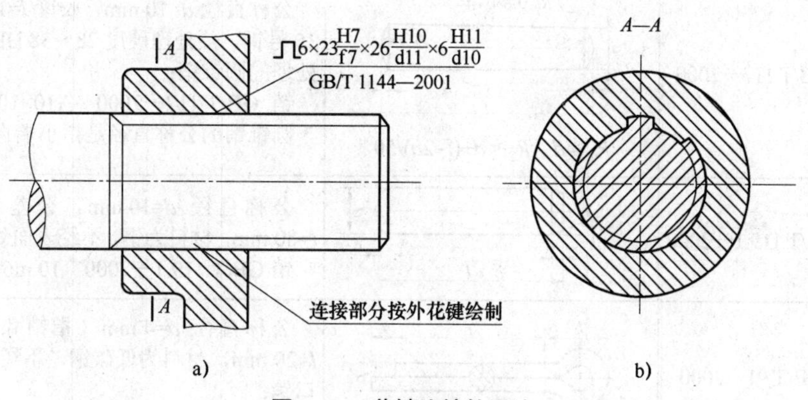

图 6–39　花键连接的画法

2. 花键的标记（GB/T 1144—2001、GB/T 4459.3—2000）

GB/T 4459.3—2000《机械制图 花键表示法》规定，花键类型用图形符号表示，矩形花键的图形符号为“⎍”，渐开线花键的图形符号为“⋀”。

矩形花键的标记代号应按次序包括图形符号、键数 N、小径 d、大径 D 和键宽 B，公称尺寸及公差带代号（大写表示内花键、小写表示外花键）和标准编号，标记代号的格式为：

图形符号 键数×小径×大径×键宽 标准编号

花键的标记应注写在指引线的基准线上，如图 6–39 所示。

6.4.3 销连接

销通常用于零件之间的连接、定位和防松，常见的有圆柱销、圆锥销和开口销等，它们都是标准件。圆柱销和圆锥销可以连接零件，也可以起定位作用（限定两零件间的相对位置），如图 6–40a 和图 6–40b 所示。开口销常用在螺纹连接的装置中，以防止螺母的松动，如图 6–40c 所示。表 6–12 所示为销的形式、标记示例及画法。

在销连接中，两零件上的孔是在零件装配时一起配钻的。因此，在零件图上标注销孔的尺寸时，应注明“配作”。

绘图时，销的有关尺寸从标准中查找并选用。在剖视图中，当剖切平面通过销的回转轴线时，按不剖处理，如图 6–40 所示。

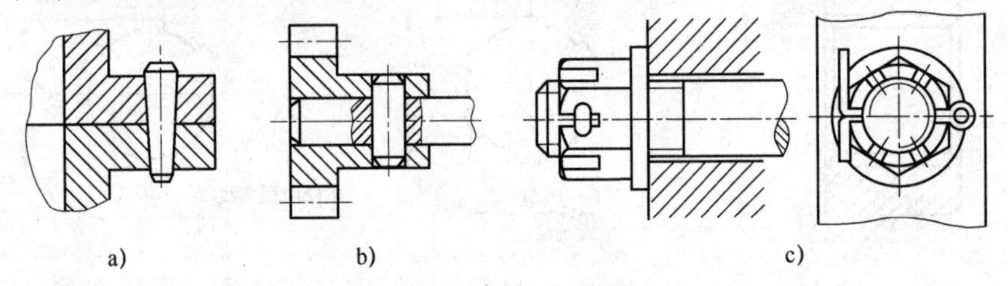

图 6–40 销连接的画法

a）圆锥销连接的画法；b）圆柱销连接的画法；c）开口销连接的画法

表 6–12 销的形式、标记示例及画法

名称	标准号	图 例	标记示例
圆锥销	GB/T 117—2000	Ra 0.8　1:50　R_1　R_2　d　a　a　l $R_1 \approx d$　$R_2 \approx d+(l-2a)/50$	公称直径 d=10 mm，长度 l=100 mm，材料 35 号钢，热处理硬度 28～38 HRC，表面氧化处理的圆锥销： 销 GB/T 117—2000　A10×100 圆锥销的公称直径是指小端直径
圆柱销	GB/T 119.1—2000	≈15°　d　c　c　l	公称直径 d=10 mm，公差为 m6，长度 l=80 mm，材料为钢，不经表面处理的圆柱销： 销 GB/T 119.1—2000　10 m6×80
开口销	GB/T 91—2000	b　l　a　c　d	公称直径 d=4 mm（指销孔直径），长度 l=20 mm，材料为低碳钢，不经表面处理的开口销： 销 GB/T 91—2000　4×20

6.5 滚动轴承

滚动轴承是用来支承轴的组件，它由于具有摩擦阻力小、结构紧凑等优点，因而在机器中被广泛应用。滚动轴承的结构形式、尺寸均已标准化，由专门的工厂生产，使用时可根据设计要求进行选择。

6.5.1 滚动轴承的构造与种类

滚动轴承一般由外圈、内圈、滚动体和保持架组成，如图6–41所示。

按承受载荷的方向，滚动轴承可分为三类：

1）主要承受径向载荷，如图6–41a所示的深沟球轴承。

2）主要承受轴向载荷，如图6–41b所示的推力球轴承。

3）同时承受径向载荷和轴向载荷，如图6–41c所示的圆锥滚子轴承。

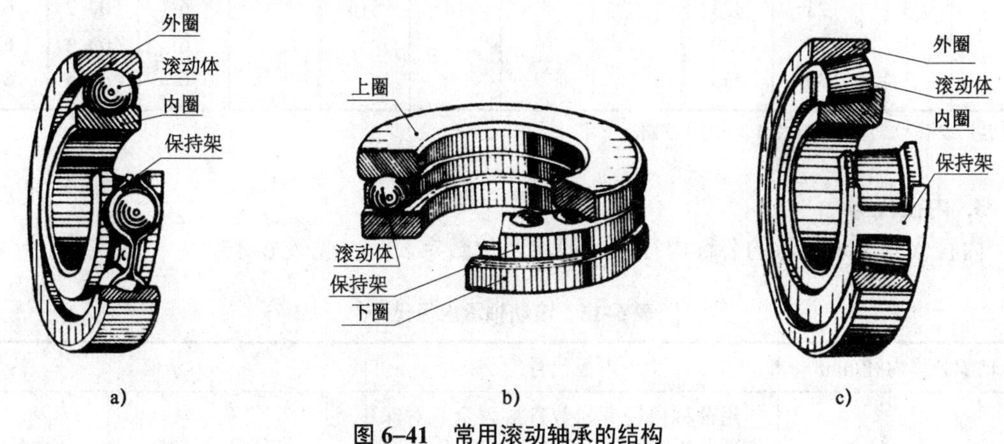

图6–41　常用滚动轴承的结构

a）深沟球轴承；b）推力球轴承；c）圆锥滚子轴承

6.5.2 滚动轴承的代号

滚动轴承基本代号表示轴承的基本类型、结构和尺寸，是滚动轴承代号的基础。基本代号由以下三部分内容组成，即

类型代号　尺寸系列代号　内径代号

1. 轴承类型代号

滚动轴承类型代号用数字或字母表示，见表6–13。

表6–13　轴承类型代号

代号	0	1	2		3	4	5	6	7	8	N	U	QJ
轴承类型	双列角接触球轴承	调心球轴承	调心滚子轴承	推力调心滚子轴承	圆锥滚子轴承	双列深沟球轴承	推力球轴承	深沟球轴承	角接触球轴承	推力圆柱滚子轴承	圆柱滚子轴承	外球面球轴承	四点接触球轴承

2. 尺寸系列代号

尺寸系列代号由轴承宽（高）度系列代号和直径系列代号组合而成，一般用两位数字（有时省略其中一位）表示。它的主要作用是区别内径相同，而宽度和外径不同的轴承。常用的滚动轴承类型、尺寸系列代号及由轴承类型代号、尺寸系列代号组成的组合代号见表 6–14。

表 6–14　常用的滚动轴承类型代号、尺寸系列代号组成的组合代号

轴承类型	类型代号	尺寸系列代号	组合代号	轴承类型	类型代号	尺寸系列代号	组合代号	轴承类型	类型代号	尺寸系列代号	组合代号
圆锥滚子轴承	3	02	302	推力球轴承				深沟球轴承	6	17	617
	3	03	303						6	18	618
	3	13	313		5	11	511		6	37	637
	3	20	320		5	12	512		6	19	619
	3	22	322		5	13	513		6	（1）0	60
	3	23	323		5	14	514		6	（0）2	62
	3	29	329						6	（0）3	63
	3	30	330						6	（0）4	64

注：表中“（ ）”内数字在组合代号中省略。

3. 内径代号

内径代号表示轴承的公称内径，一般用两位数字表示，见表 6–15。

表 6–15　滚动轴承内径代号

轴承公称内径/mm		内径代号	示例	
1～9（整数）		用公称内径毫米数直接表示，对深沟球及角接触球轴承的 7、8、9 直径系列，内径与尺寸系列代号之间用“/”分开	深沟球轴承 625 深沟球轴承 618/5	$d=5$ $d=5$
10～17	10	00	深沟球轴承 6200 深沟球轴承 6201 深沟球轴承 6202 深沟球轴承 6203	$d=10$ $d=12$ $d=15$ $d=17$
	12	01		
	15	02		
	17	03		
20～480（22、28、32 除外）		公称内径除以 5 的商数；商数为个位数的，须在商数左边加“0”，如 08	圆锥滚子轴承 30308 深沟球轴承 6215	$d=40$ $d=75$

轴承基本代号举例：

【例 1】 6209 中，09 为内径代号，$d=45$ mm；2 为尺寸系列代号（0）2，宽度系列代号 0 省略，直径系列代号为 2；6 为轴承类型代号，表示深沟球轴承。

【例 2】 62/22 中，22 为内径代号，$d=22$ mm（用公称内径毫米数值直接表示）；2 和 6 与例 1 的含义相同。

【例 3】 30314 中，14 为内径代号，$d=70$ mm；03 为尺寸系列代号（0）3，其中宽度系列代号为 0，直径系列代号为 3；3 为轴承类型代号，表示圆锥滚子轴承。

6.5.3　滚动轴承的画法

在装配图中滚动轴承的轮廓按外径 D、内径 d、宽度 B 等实际尺寸绘制，其余部分用简化画法或用示意画法绘制。在同一图样中，一般只采用其中的一种画法。常用滚动轴承的画法见表 6–16。

表 6–16　常用滚动轴承的画法（摘自 GB/T 4459.7—2017）

名称、标准号和代号	主要尺寸数据	规定画法	特征画法	装配示意图
深沟球轴承 60000	D d B	B, $B/2$, $A/2$, $A/2$, A, D, d, 60°	A, $B/6$, $2/3B$, d, D, B	
圆锥滚子轴承 30000	D d B T C	T, C, $\frac{A}{2}$, A, $A/2$, $T/2$, $\frac{A}{4}$, 15°, D, d, B	$2B/3$, A, d, D, 30°, B	
推力球轴承 50000	D d T	T, $\frac{T}{2}$, 60°, A, $T/2$, $A/2$, D, d	$2/3A$, A, $1/6A$, d, D, T	

6.6 弹　簧

弹簧是利用材料的弹性和结构特点，通过变形和储存能量工作的一种机械零部件。它的特点是在弹性限度内，受外力作用变形，去掉外力后，弹簧能立即恢复原状。弹簧的种类很多，用途较广。

呈圆柱形的螺旋弹簧称为圆柱螺旋弹簧，是由金属丝绕制而成的。承受压力的圆柱螺旋弹簧称为圆柱螺旋压缩弹簧，如图 6–42a 所示。承受拉伸力的圆柱螺旋弹簧称为圆柱螺旋拉力弹簧，如图 6–42b 所示。承受扭力矩的圆柱螺旋弹簧称为圆柱螺旋扭力弹簧，如图 6–42c 所示。

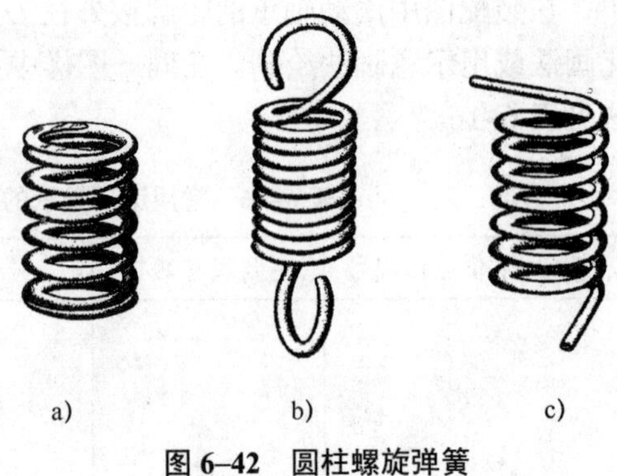

图 6–42　圆柱螺旋弹簧

a）压缩弹簧；b）拉力弹簧；c）扭力弹簧

6.6.1　圆柱螺旋压缩弹簧各部分名称及代号（GB/T 1805—2001）

圆柱螺旋压缩弹簧（图 6–43）的各部分名称及代号如下。

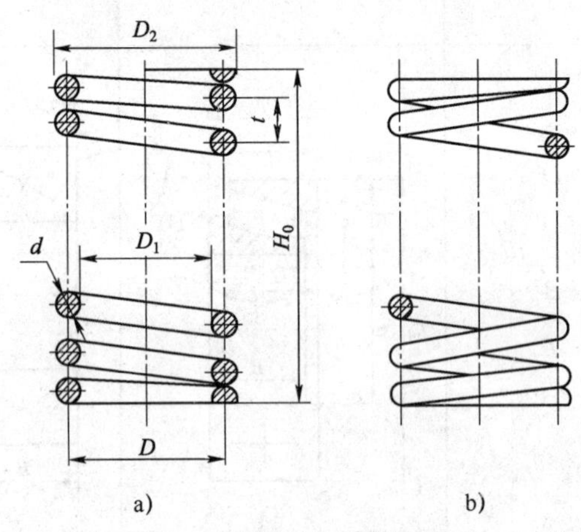

图 6–43　圆柱螺旋压缩弹簧

a）剖视图；b）视图

1）簧丝直径 d：制造弹簧所用金属丝的直径。

2）弹簧中径 D：弹簧的平均直径。

3）弹簧内径 D_1：弹簧的最小直径，$D_1=D-d$。

4）弹簧外径 D_2：弹簧的最大直径，$D_2=D+d$。

5）有效圈数 n：保持相等节距且参与工作的圈数。

6）支承圈数 n_0：表示两端支承圈数的总和，一般为 1.5、2、2.5 圈。

7）总圈数 n_1：有效圈数和支承圈数的总和。

8）节距 t：相邻两有效圈上对应点间的轴向距离。

9）自由高度 H_0：未受载荷作用时的弹簧高度（或长度），$H_0=nt+(n_0-0.5)d$。

10）旋向：与螺旋线的旋向意义相同，分为左旋和右旋两种。

6.6.2　圆柱螺旋压缩弹簧的画法（GB/T 4459.3—2000）

1. 规定画法

1）圆柱螺旋压缩弹簧在平行于轴线的投影面上投影，其各圈的外形轮廓应画成直线。

2）有效圈在四圈以上的圆柱螺旋压缩弹簧，允许每端只画两圈（不画支承圈），中间各圈可省略不画，只画通过弹簧丝断面中心的两条细点画线。当中间部分省略后，也可适当地缩短图形的长（高）度，如图 6–44 所示。

2. 弹簧在装配图中的画法

1）弹簧后面被遮挡住的零件轮廓不必画出，如图 6–45a 所示。

2）弹簧的簧丝直径小于或等于 2 mm 时，端面可以涂黑表示，如图 6–45b 所示。也可采用示意画法画出，如图 6–45c 所示。

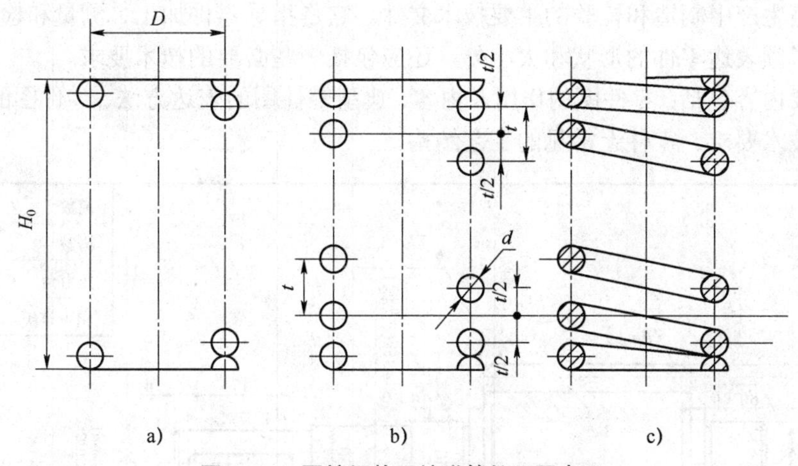

图 6–44　圆柱螺旋压缩弹簧的画图步骤

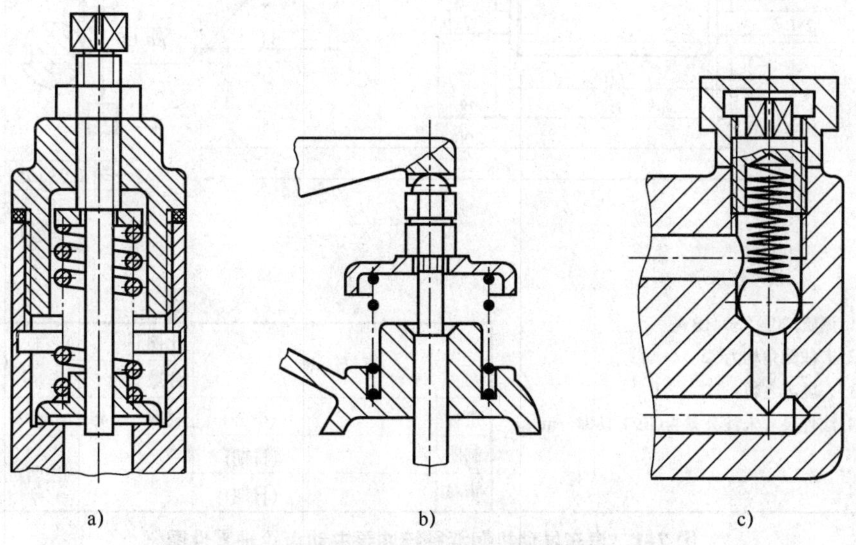

图 6–45　圆柱螺旋压缩弹簧在装配图中的画法

第7章

零 件 图

汽车是由若干形态各异、尺寸不同的零件按照一定的装配关系和技术要求装配而成的。图 7–1 所示为汽车发动机润滑系统油泵主动齿轮轴零件图,汽车设计师设计出该零件图之后,工人按图加工出实物，检验人员按图检验实物质量，后续汽车装配线将实物装在汽车上。因此，零件图是生产中制造和检验的主要技术文件。它是指导零件加工、测量和检验时的技术依据，它除了须表达零件的形状和大小外，还应包括一些必要的技术要求。

本章主要内容包括：零件图的作用及内容、典型零件图的表达方法、零件图的尺寸标注、零件图上的技术要求、零件上常见的工艺结构。

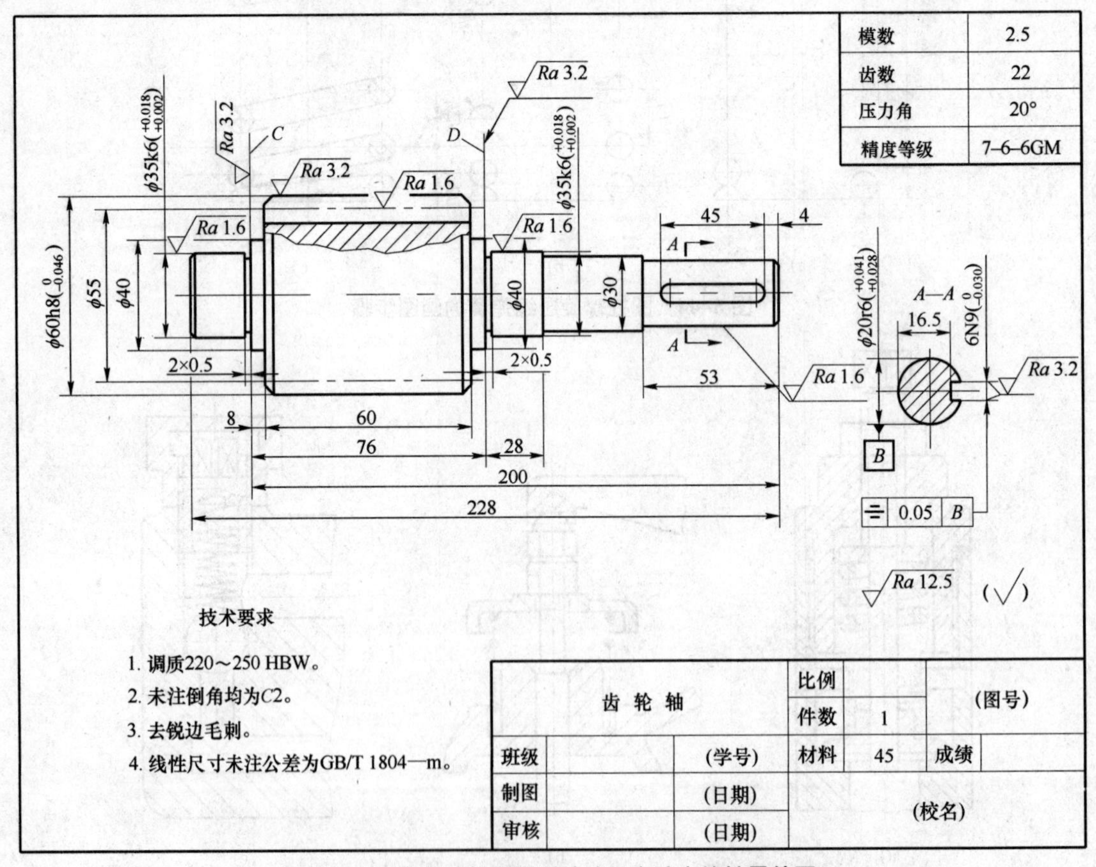

图 7–1　汽车发动机润滑系统油泵主动齿轮轴零件图

7.1 零件图基础

7.1.1 零件图的作用

任何一台机器或部件都是由若干个零件按照一定的关系装配而成的，零件是构成机器或部件的最小单元体。表示零件结构、大小及技术要求的图样称为零件图。零件图设计部门提交给生产部门的重要技术文件，它反映出设计者的意图，表达出机器或部件对零件的要求，同时要考虑到结构与制造的可能性与合理性，是制造和检验零件的依据。因此，要有一定的设计和工艺知识，才能学好零件图。

7.1.2 零件图的内容

图 7–1 所示齿轮轴图样就是一张完整的零件图。零件图一般应包括一组视图、全部尺寸、技术要求和标题栏。

1. 一组视图

用一组恰当的视图、剖视图、断面图和局部放大图等表达方法，完整、清晰地表达出零件的结构和形状。

2. 全部尺寸

正确、完整、清晰、合理地标注出组成零件各形体的大小及其相对位置的尺寸，即提供制造和检验零件所需的全部尺寸。

3. 技术要求

用规定的代号、数字和文字简明地表示出在制造和检验时技术上应达到的要求，如表面粗糙度、尺寸公差和热处理等。

4. 标题栏

在零件图右下角，用标题栏写明零件的名称、数量、材料、比例、图号及设计、制图、校核人员签名和绘图日期等。每张图样都应有标题栏，标题栏的方向一般为看图的方向。

7.2 典型零件图的表达方法

选择表达方案的基本原则为：首先考虑生产中读图方便，在能正确、全面、清楚地表达零件结构形状的前提下，力求视图数量少、作图简便。

一般步骤为：先分析零件结构形状，选择主视图，再根据情况配置其他视图。

7.2.1 零件图的视图选择

零件图要求将零件的结构形状完整、清晰地表达出来，并力求简便。因此，合理地选择主视图和其他视图非常重要。

1. 主视图的选择

主视图是一组视图的核心，选择主视图时，应首先确定零件的投射方向和安放位置。

（1）主视图的投射方向

一般应将最能反映零件结构形状和相互位置关系的方向作为主视图的投射方向。图 7–2 所示的轴和图 7–3 所示的车床尾架体，*A* 所指的方向作为主视图的投射方向，能较好地反映该零件的结构形状和各部分的相对位置。

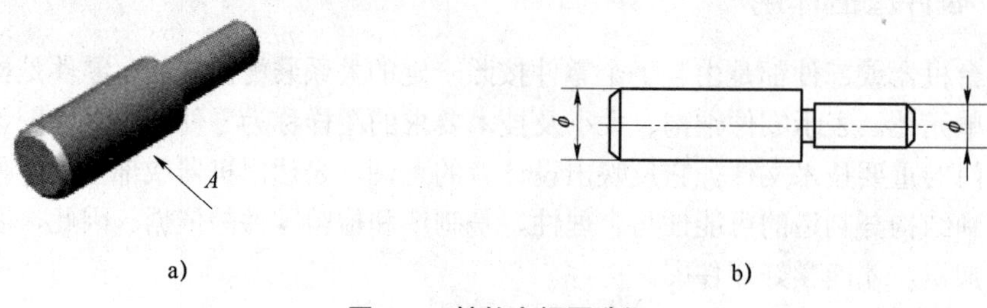

图 7–2　轴的主视图选择

a）轴；b）按轴的加工位置选择主视图

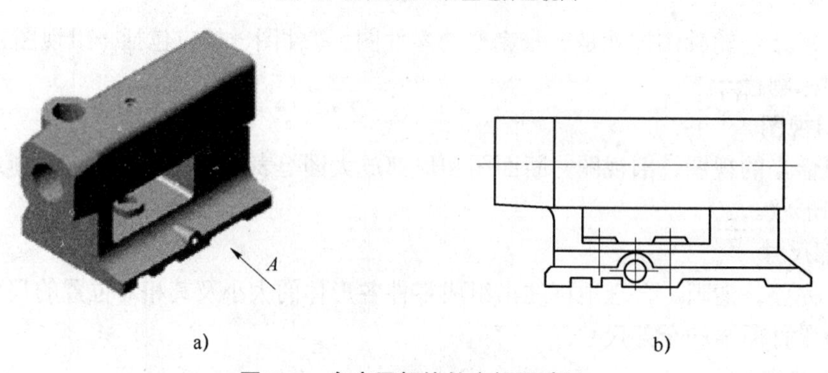

图 7–3　车床尾架体的主视图选择

a）车床尾架体；b）按车床尾架体的工作位置选择主视图

（2）确定零件的安放位置

应使主视图尽可能反映零件的主要加工位置或在机器中的工作位置。

1）零件的加工位置，指零件在主要加工工序中的装夹位置。主视图与加工位置一致主要是为了使制造者在加工零件时看图方便。如轴、套、轮盘等零件的主要加工工序是在车床或磨床上进行的，因此，这类零件的主视图应将其轴线水平放置。如图 7–2 所示的轴，*A* 向作为主视图投射方向时，能较好地反映零件的加工位置。

2）零件的工作位置，指零件在机器或部件中工作时的位置。如支座、箱壳等零件，它们的结构形状比较复杂，加工工序较多，加工时的装夹位置经常变化，因此在画图时使这类零件的主视图与工作位置一致，可方便零件图与装配图直接对照。如图 7–3 所示的车床尾架体，*A* 向作为主视图投射方向时，能较好地反映零件的工作位置。

2. 视图表达方案的选择

主视图确定以后，要分析该零件在主视图上还有哪些尚未表达清楚的结构，对这些结构的表达，应以主视图为基础，选用其他视图并采用各种表达方法表达出来，使每个视图都有表达的重点，几个视图互为补充，共同完成零件结构形状的表达。在选择视图时，应优先选用基本视图和在基本视图上作适当的剖视，在充分表达清楚零件结构形状的前提下，尽量减少视图数量，力求画图和读图简便。

7.2.2 典型零件图的表达方法

零件的种类很多，结构形状千差万别。根据结构和用途相似的特点及加工制造方面的特点，将一般典型零件分为轴套、轮盘、叉架、箱体等四类典型零件。

1. 轴套类零件

轴套类零件主要是由大小不同的同轴回转体（如圆柱、圆锥）组成。通常以加工位置，即将轴线水平放置画出主视图，来表达零件的主体结构，必要时再用局部剖视或其他辅助视图表达局部结构形状。如图 7–4 所示，主视图连同标注的尺寸能表达轴的总体结构形状；轴上的局部结构，如退刀槽、半圆槽等采用局部放大图表达；键槽断面用移出断面图表达；直径ϕ4 的销孔用局部剖视表达等。

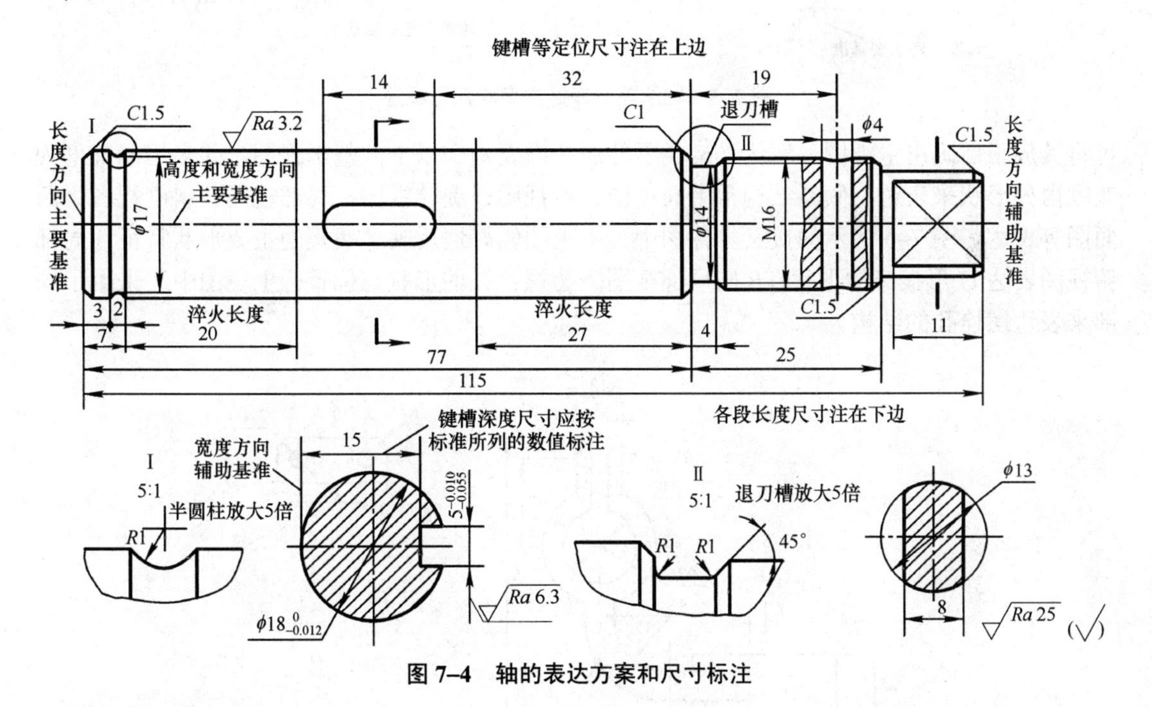

图 7–4 轴的表达方案和尺寸标注

2. 轮盘类零件

轮盘类零件主要是由回转体或其他平板结构组成。零件主视图采取轴线水平放置或按工作位置放置。常采用两个基本视图表达，主视图采用全剖视图，另一视图则表达外形轮廓和各组成部分。该类零件的基本形状是扁平的盘状，主体部分是回转体。例如，各种齿轮、带轮、手轮及端盖等都属该类零件。

图 7–5 所示为轴承盖的表达方案和尺寸标注，在端盖零件图中，采用轴线水平放置、主视图采用基本视图，能较好地反映端盖的形状特征。全剖的右视图主要表达端盖的内部结构及轴向尺寸。

3. 叉架类零件

叉架类零件的外形比较复杂，形状不规则，常带有弯曲和倾斜结构，也常有肋板、轴孔、耳板、底板等结构。局部结构常有油槽、油孔、螺孔和沉孔等。在选择主视图时，一般是在反映主要特征的前提下，按工作（安装）位置放置主视图。当工作位置是倾斜的或不固定时，

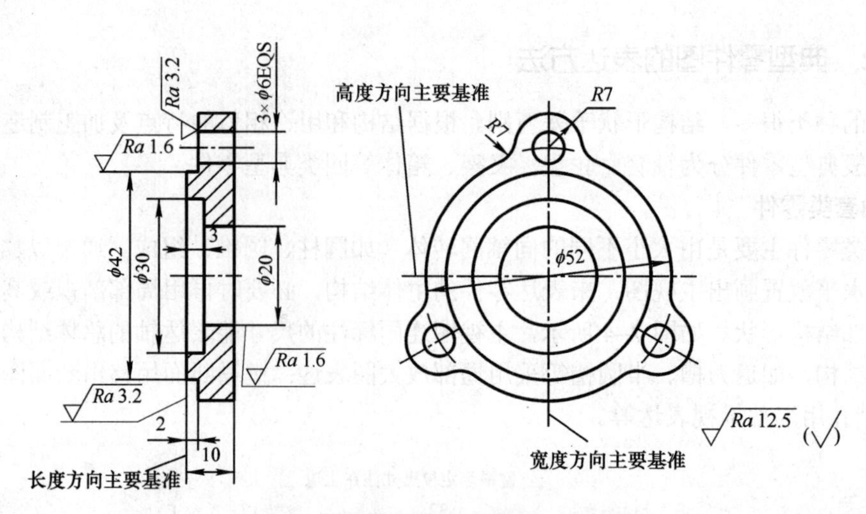

图 7–5　轴承盖的表达方案和尺寸标注

可将其放正后画出主视图。表达叉架类零件通常需要两个以上的基本视图，并多用局部剖视兼顾内外形状来表达。倾斜结构常用向视图、斜视图、旋转视图、局部视图、斜剖视图、断面图等表达。图 7–6 所示的拨叉零件图中，主视图较好地反映了拨叉的主要形状特征；局部俯视图表达 U 形拨口的形状；*B* 向局部视图表达螺栓孔的形状与位置。主视图中还采用了局部来表达螺栓孔的结构。

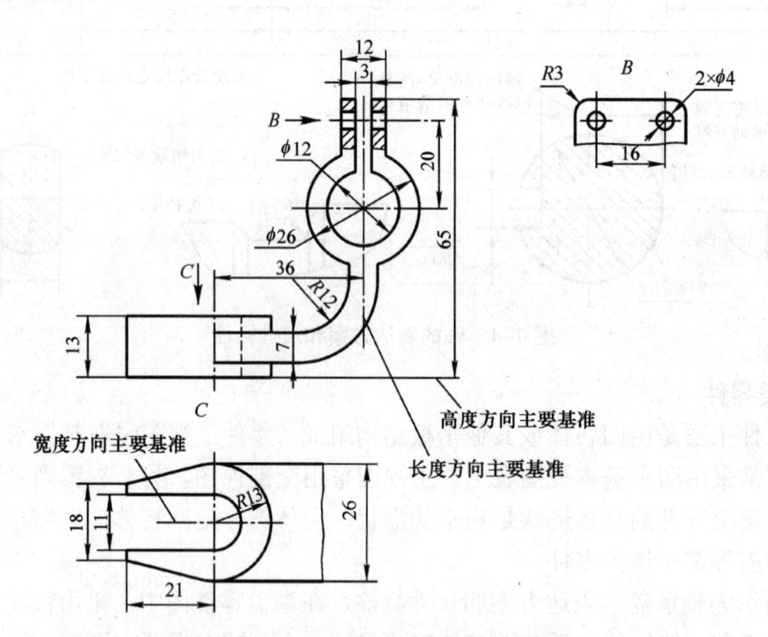

图 7–6　拨叉的表达方案和尺寸标注

4. 箱体类零件

箱体类零件主要用来支承、包容其他零件，其内外结构都比较复杂。由于箱体在机器中的位置是固定的，因而，箱体的主视图经常按工作位置和形状特征来选择。为了清晰地表达内外形状结构，需要三个或三个以上的基本视图，并以适当的剖视表达内部结构。图 7–7 所示的接线盒是一种简单的箱体类零件。

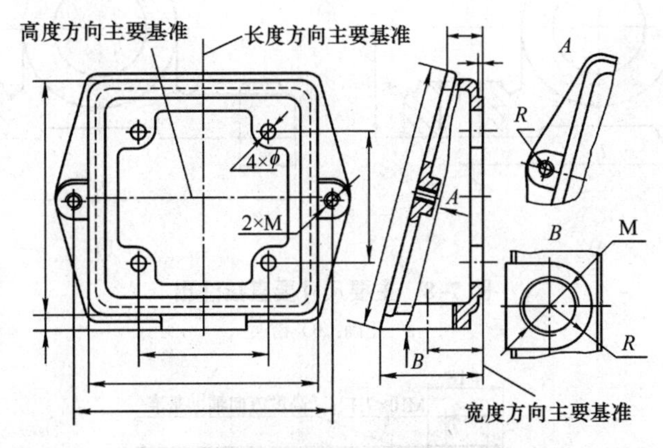

图 7–7 接线盒的表达方案和尺寸标注

接线盒零件图中，主视图（倾斜部分采用了简化画法）、左视图把接线盒的内、外结构形状基本表达清楚，*B* 向局部视图表达出线口的形状，作为主视图的补充。

7.3 零件图的尺寸标注

零件图的尺寸是零件加工制造和检验的重要依据。在前述章节中已详细地介绍了标注尺寸时必须满足正确、完整、清晰的要求。在零件图中标注尺寸时，还应使标注尺寸合理。

标注尺寸合理是指所标注的尺寸既要满足设计要求，又要满足加工、测量、检验等制造工艺要求。但要满足标注尺寸的合理性要求，必须具有相关的专业知识和丰富的生产实践经验。本节简要介绍合理标注尺寸应考虑的几个问题。

7.3.1 主要尺寸必须直接注出

主要尺寸是指直接影响零件在机器或部件中的工作性能和准确位置的尺寸，如零件间的配合尺寸、重要的安装尺寸和定位尺寸等。如图 7–8a 所示的轴承座，轴承孔的中心高 h_1 和安装孔的间距尺寸 l_1 必须直接注出，而不应采取图 7–8b 所示的主要尺寸 h_1 和 l_1 没有直接注出，要通过其他尺寸 h_2、h_3 和 l_2、l_3 间接计算得到，从而造成尺寸误差的积累。

7.3.2 合理地选择基准

尺寸基准一般选择零件上的一些面和线。面基准常选择零件上较大的加工面、与其他零件的结合面、零件的对称平面、重要端面和轴肩等。如图 7–9 所示的轴承座，高度方向的尺寸基准是安装面，也是最大的面；长度方向的尺寸以左右对称面为基准；宽度方向的尺寸以前后对称面为基准。线一般选择轴和孔的轴线、对称中心线等。如图 7–10 所示的轴，长度方向的尺寸以右端面为基准，并以轴线作为直径方向的尺寸基准，同时也是高度方向和宽度方向的尺寸基准。

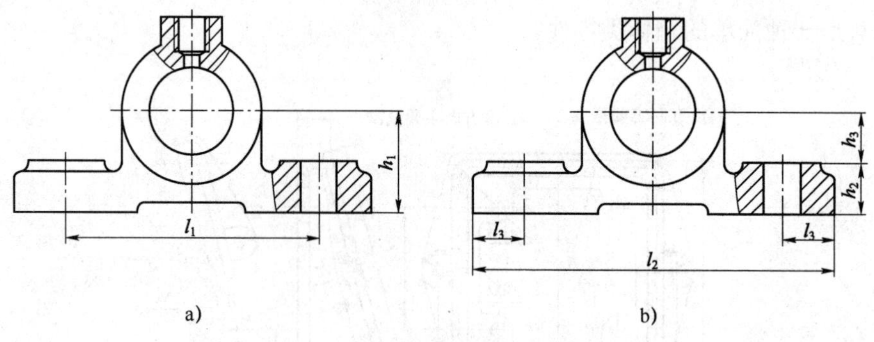

图 7–8 主要尺寸要直接注出

a）正确；b）错误

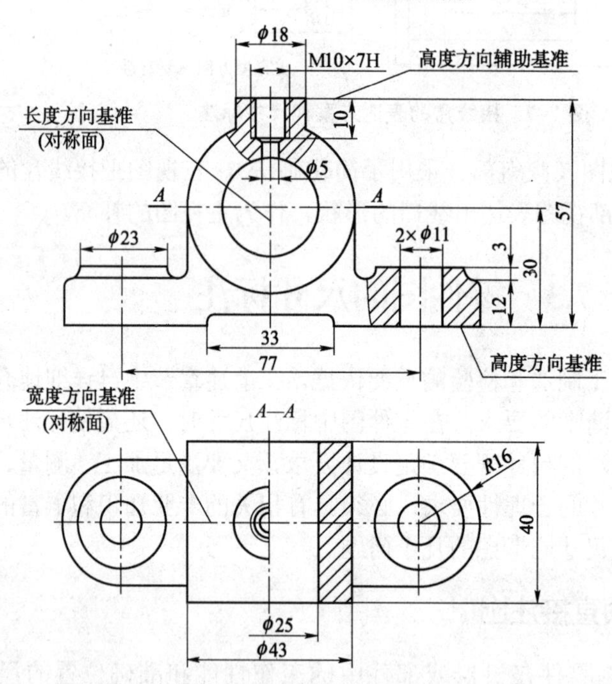

图 7–9 基准的选择（一）

由于每个零件都有长、宽、高三个方向尺寸，因此每个方向都有一个主要尺寸基准。在同一方向上还可以有一个或几个与主要尺寸基准有尺寸联系的辅助基准。基准按用途可分为设计基准和工艺基准。设计基准是以面或线来确定零件在部件中准确位置的基准；工艺基准是为便于加工和测量而选定的基准。如图 7–9 所示，轴承座的底面为高度方向的尺寸基准，也是设计基准，由此标注中心孔的高度 30 和总高 57，再以顶面作为高度方向的辅助基准（也是工艺基准），标注顶面上螺孔的深度尺寸 10。图 7–10 所示的轴，以轴线作为径向（高度和宽度）尺寸的设计基准，由此标注出所有直径尺寸（Φ）。轴的右端为长度方向的设计基准（主要基准），由此可以标注出 55、160、185、5、45，再以轴肩作为辅助基准（工艺基准），标注出 2、30、38、7 等尺寸。

7.3.3 避免出现封闭尺寸链

一组首尾相连的链状尺寸称为尺寸链，如图 7–11a 所示阶梯轴上标注的长度尺寸 D、B、

C。组成尺寸链的各个尺寸称为组成环，未注尺寸一环称为开口环。在标注尺寸时，应尽量避免出现图 7–11b 所示封闭尺寸链的情况。因为长度方向尺寸 A、B、C 首尾相连，每个组成环的尺寸在加工后都会产生误差，则尺寸 D 的误差为三个尺寸误差的总和，不能满足设计要求。所以，应选一个次要尺寸空出不注，以便所有尺寸误差积累到这一段，保证主要尺寸的精度。图 7–11a 中没有标注出尺寸 A，就可避免出现标注封闭尺寸链的情况。

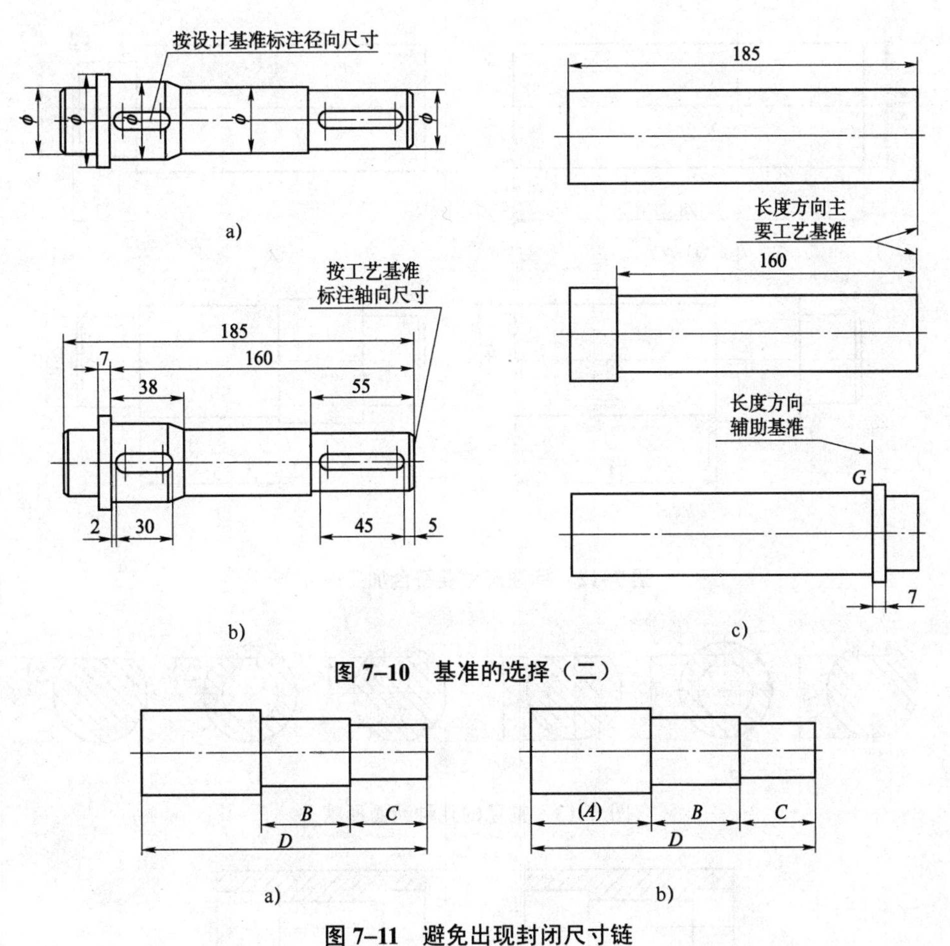

图 7–10　基准的选择（二）

图 7–11　避免出现封闭尺寸链

7.3.4　标注尺寸要便于加工和测量

1. 考虑符合加工顺序的要求

如图 7–12a 所示，小轴长度方向尺寸的标注符合加工顺序。从图 7–12b 所示的小轴在车床上的加工顺序①～④看出，从下料到每一加工工序，都在图中直接标注出所需尺寸（图中尺寸 51 为设计要求的主要尺寸）。

2. 考虑测量、检验方便的要求

图 7–13 所示为常见的几种断面形状，图 7–13a 中标注的尺寸便于测量和检验，而图 7–13b 中的尺寸不便于测量。同样，图 7–14a 所示的套筒中标注的长度尺寸便于测量，图 7–14b 所示的尺寸则不便于测量。

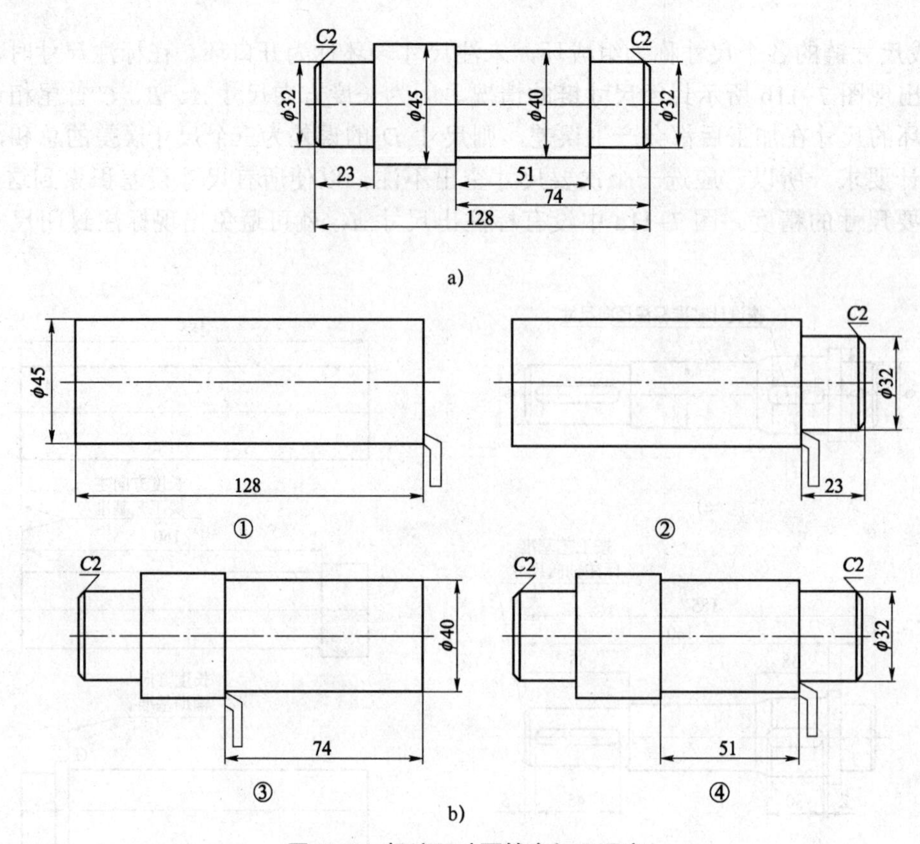

图 7–12 标注尺寸要符合加工顺序

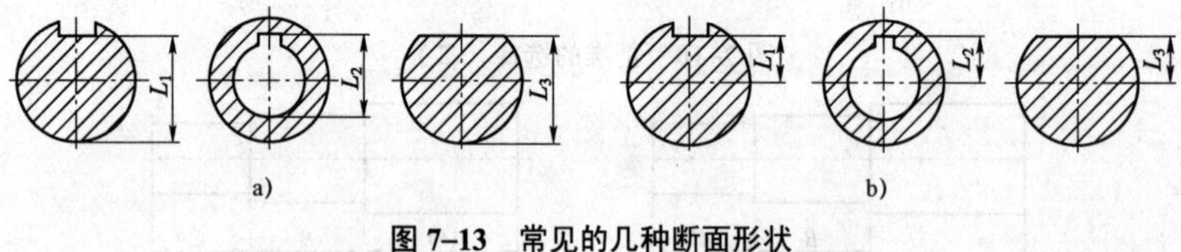

图 7–13 常见的几种断面形状

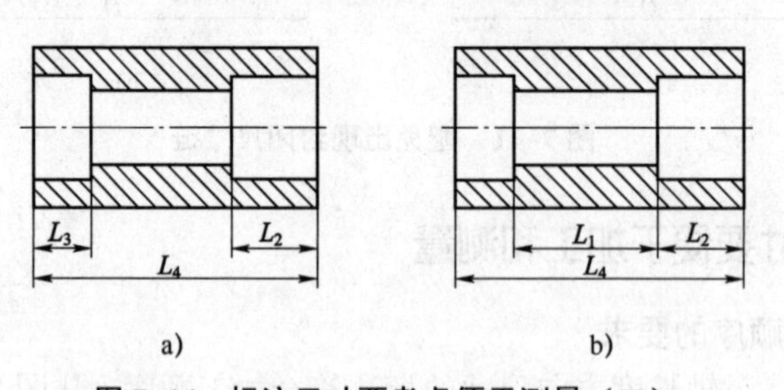

图 7–14 标注尺寸要考虑便于测量（二）

7.3.5 典型零件图的尺寸标注示例

踏脚座的尺寸标注如图 7–15 所示。

选取安装板的左端面作为长度方向的尺寸基准；选取安装板的水平对称面作为高度方向的尺寸基准；选取踏脚座前后方向的对称面作为宽度方向的尺寸基准。

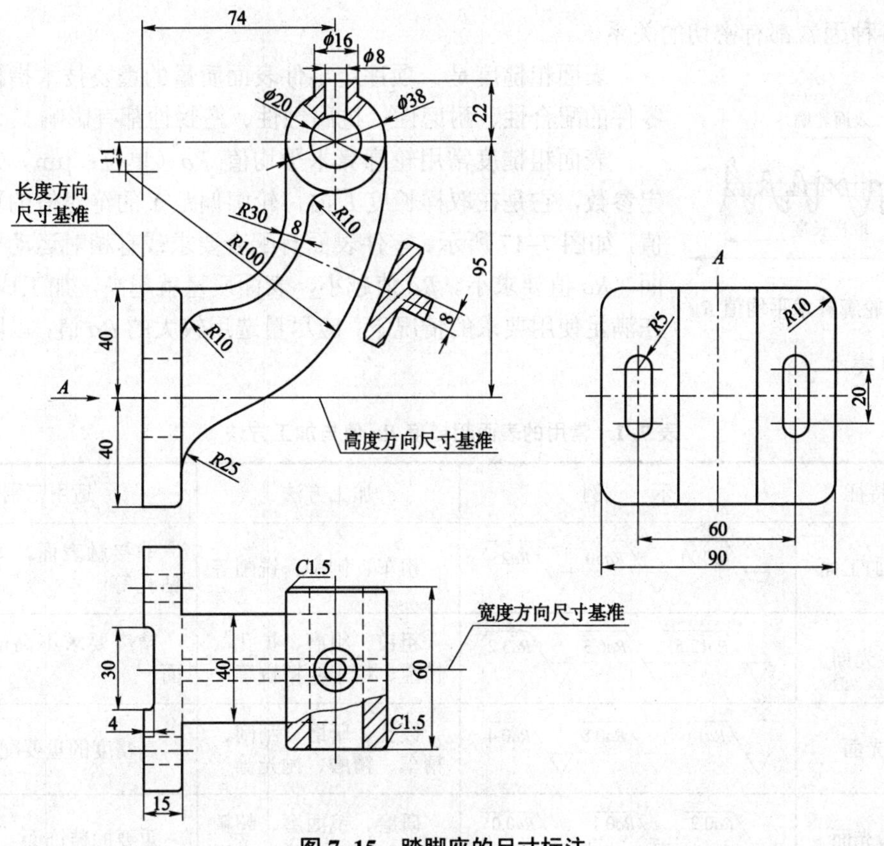

图 7–15 踏脚座的尺寸标注

1）由长度方向的尺寸基准（左端面）标注出尺寸 74，由高度方向的尺寸基准（安装板的水平对称面）标注出尺寸 95，从而确定上部轴承的轴线位置。

2）由长度方向的定位尺寸 74 和高度方向的定位尺寸 95 确定轴承的轴线作为径向辅助基准，标注出$\phi 20$ 和$\phi 38$。由轴承的轴线出发，按高度方向分别标注出 22 和 11，确定轴承顶面和踏脚座连接板 $R100$ 的圆心位置。

3）由宽度方向的尺寸基准（踏脚座的前后对称面），在俯视图中标注出尺寸 30、40、60，以及在 A 向局部视图中标注出尺寸 60、90。

其他的尺寸请读者自行分析。

7.4 零件图上的技术要求

7.4.1 表面粗糙度

1. 表面粗糙度的基本概念

零件表面无论加工得多么光滑，将其放在放大镜或显微镜下观察，总可以看到不同程度的峰、谷凸凹不平的情况，如图 7–16 所示。零件表面具有的这种较小间距的峰、谷所组成的微观几何形状特征，称为表面粗糙度。表面粗糙度与加工方法、使用刀具、零件

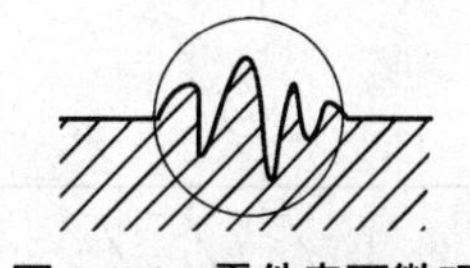

图 7–16 零件表面微观不平的情况

材料等各种因素都有密切的关系。

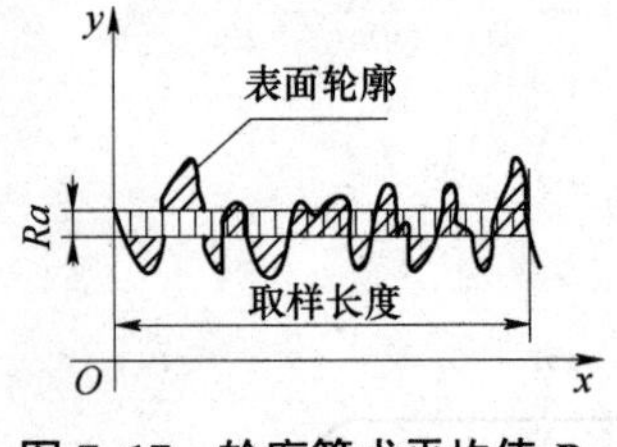

图 7–17　轮廓算术平均值 ***Ra***

表面粗糙度是一项评定零件表面质量的重要技术指标，对于零件的配合性、耐磨性、抗腐蚀性、密封性都有影响。

表面粗糙度常用轮廓算术平均值 *Ra*（单位：μm）来作为评定参数，它是在取样长度 *L* 内，轮廓偏距 *Y* 的绝对值的算术平均值，如图 7–17 所示。零件表面有配合要求或有相对运动要求的表面，*Ra* 值要求小。*Ra* 值越小，表面质量就越高，加工成本也高。在满足使用要求的情况下，应尽量选用较大的 *Ra* 值，以降低加工成本（见表 7–1）。

表 7–1　常用的表面粗糙度 *Ra* 值与加工方法

表面特征		示　例	加工方法	适用范围
加工面	粗加工面	*Ra*100　*Ra*50　*Ra*25	粗车、刨削、铣削等	非接触表面，如倒角、钻孔等
	半光面	*Ra*12.5　*Ra*6.3　*Ra*3.2	粗铰、粗磨、扩孔、精镗、精车、精铣等	精度要求不高的接触表面
	光面	*Ra*1.6　*Ra*0.8　*Ra*0.4	铰孔、研磨、刮削、精车、精磨、抛光等	高精度的重要配合表面
	最光面	*Ra*0.2　*Ra*0.1　*Ra*0.05	研磨、镜面磨、超精磨等	重要的装饰面
毛坯面			经表面清理过的铸、锻件表面，轧制件表面	不需要加工的表面

2. 表面粗糙度符号和代号

1）表面粗糙度符号。GB/T 131—2006 规定了五种表面粗糙度符号（见表 7–2）。

表 7–2　表面粗糙度符号及意义

符　号	意义及说明
H_1 60°　60° H_2	基本符号，表示表面可用任何方法获得。当不加注粗糙度参数值或有关说明时，仅适用于简化代号标注（H_1=1.4h，H_2=2.1h，符号线宽为 1/10h，h 为字高）。
	基本符号加一短画，表示表面是用去除材料的方法获得。如车、铣、钻、磨、剪切、气割、抛光、腐蚀、电火花加工等
	基本符号加一小圆，表示表面是用不去除材料的方法获得。如铸、锻、冲压、热轧、冷轧、粉末冶金等
	在上述三种符号的长边上均可加一横线，用于标注有关参数和说明

续表

符　号	意义及说明
	在上述三种符号上均可加一小圆，表示所有表面具有相同的表面粗糙度要求

2）表面粗糙度代号。在表面粗糙度符号上注写所要求的表面特征参数后，即构成表面粗糙度代号。表面粗糙度代号的意义见表 7–3。

表 7–3　表面粗糙度代号（*Ra*）的意义

符　号	意义及说明
*Ra*3.2	用任何方法获得的表面粗糙度，*Ra* 的上限值为 3.2 μm
*Ra*3.2	用去除材料的方法获得的表面粗糙度，*Ra* 的上限值为 3.2 μm
*Ra*3.2	用不去除材料的方法获得的表面粗糙度，*Ra* 的上限值为 3.2 μm
*Ra*max3.2	用去除材料的方法获得的表面粗糙度，*Ra* 的最大值为 3.2 μm
*Ra*12.5	表示所有表面具有相同的表面粗糙度，*Ra* 的上限值为 12.5 μm

3. 表面粗糙度参数的注写

有关表面粗糙度的参数和说明，应注写在符号所规定的位置上，如图 7–18 所示。

1）*a* 表示粗糙度高度参数代号及其数值。注写 *Ra* 时，只注数字，不注数值。

2）*b* 表示加工要求、镀覆、涂覆、表面处理或其他说明。

3）*c* 表示取样长度或波纹度（单位为 mm）。

4）*d* 表示加工纹理方向符号。

5）*e* 表示加工余量（单位为 mm）。

6）*f* 表示粗糙度间距参数值（单位为 mm）或轮廓支承长度率。

b
c/*f* *a*
e *d*

图 7–18　表面粗糙度的注写

4. 表面粗糙度的标注方法

1）表面粗糙度代（符）号应标注在可见轮廓线、尺寸界线、引出线或其延长线上。符号的尖端必须从材料外指向被注表面，代号中数字的方向必须与尺寸数字方向一致。对其中使用最多的代（符）号可统一标注在图样的标题栏附近，且高度是图形中其他代号的 1.4 倍，如图 7–19 和图 7–20 所示。

2）在同一图样上，每一表面一般只标注一次代（符）号，并尽可能靠近有关尺寸线，当位置不够时，可引出标注，如图 7–21 和图 7–22 所示。

3）各倾斜表面的代（符）号必须使其中心线的尖端垂直指向材料的表面并使符号的长画保持在顺（逆）时针方向旋转时一致，如图 7–21 所示。

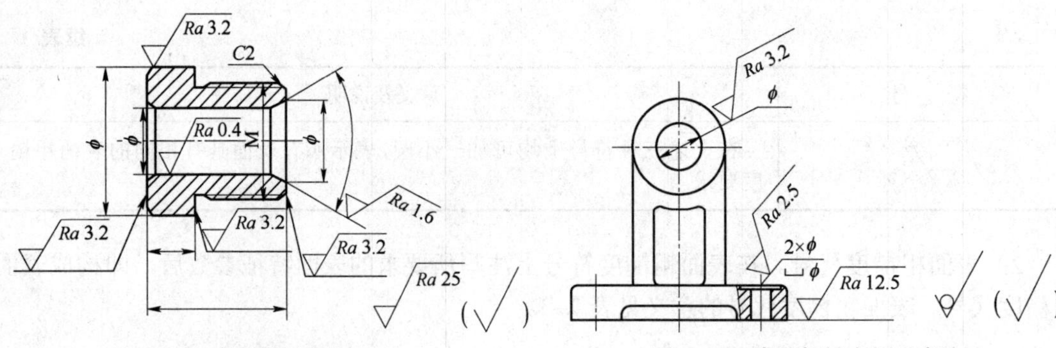

图 7–19　表面粗糙度的注法　　　　图 7–20　表面粗糙度的引出注法

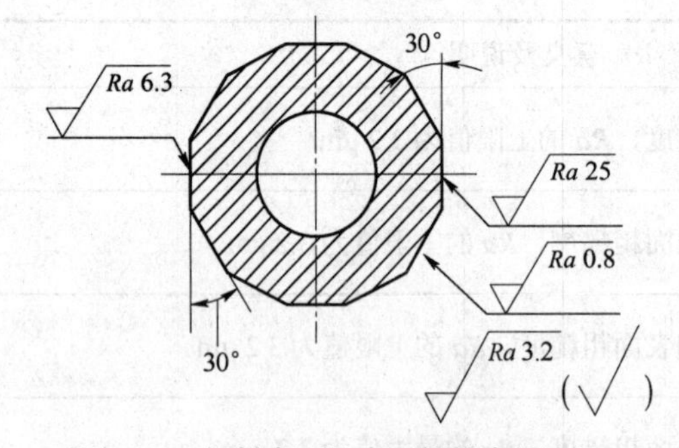

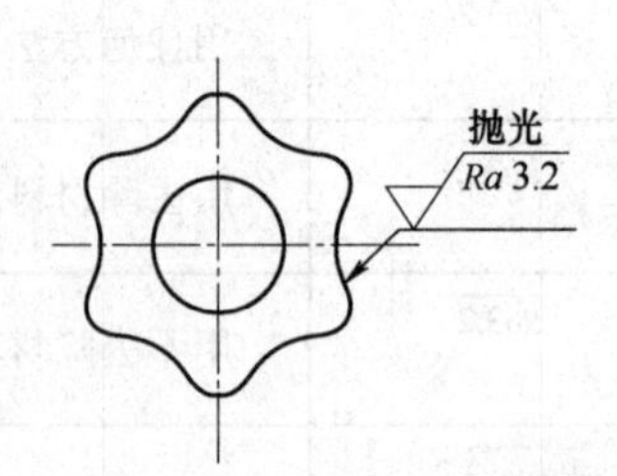

图 7–21　倾斜表面的表面粗糙度的注法　　　　图 7–22　连续表面的表面粗糙度的注法

4）零件上的连续表面及重复要素（孔、齿、槽等），只标注一次，如图 7–22 所示。

5）当零件的所有表面具有相同的表面粗糙度时，其代（符）号可在图样的右上角统一标注，其符号的高度是图中其他代号的 1.4 倍，如图 7–23 所示。

6）同一表面上有不同的表面粗糙度要求时，用细实线画出其分界线，注出尺寸和相应的表面粗糙度代（符）号，如图 7–24 所示。

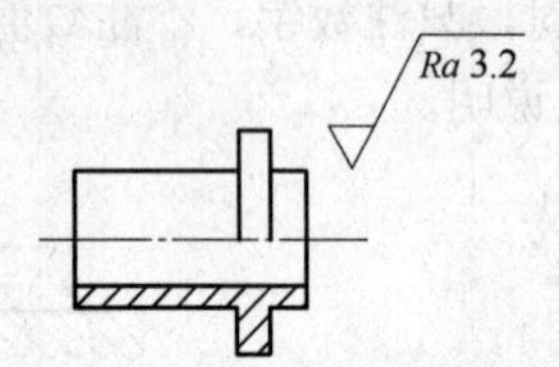

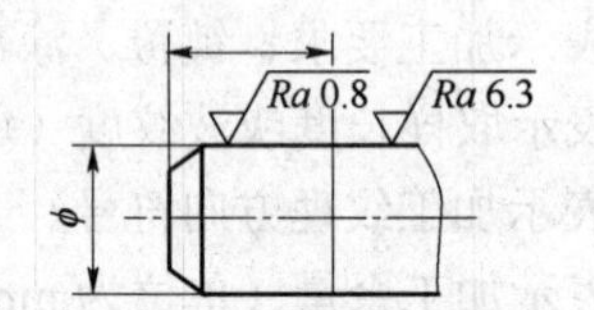

图 7–23　零件上所有表面粗糙度要求相同时的注法　　　　图 7–24　同一表面上粗糙度要求不同时的注法

7）螺纹、齿轮等工作表面没有画出牙（齿）形时的表面粗糙度注法如图 7–25 所示。

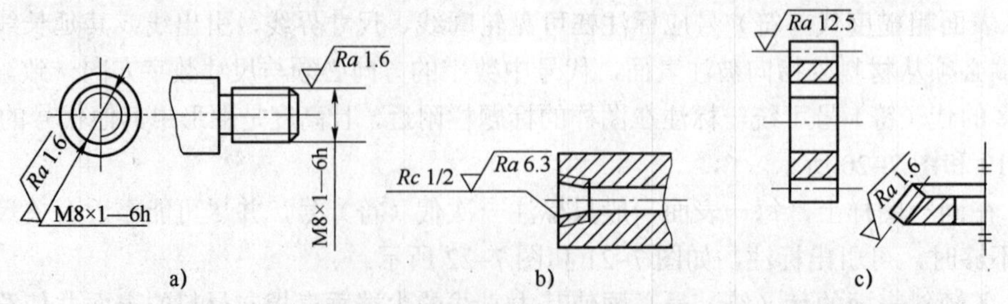

图 7–25　螺纹、齿轮等工作表面没有画出牙（齿）形时的表面粗糙度注法

a）螺纹的表面粗糙度注法（一）；b）螺纹的表面粗糙度注法（二）；c）齿轮的表面粗糙度注法

8）中心孔、键槽的工作表面和倒角、圆角的表面粗糙度代（符）号，可以简化标注，如图 7–26 所示。

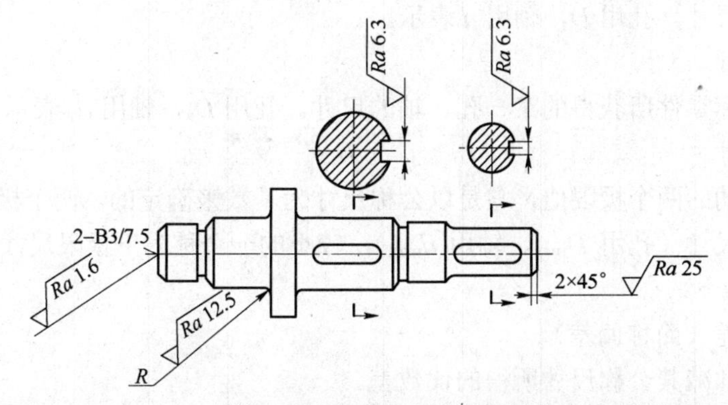

图 7–26 中心孔、键槽、圆角、倒角的表面粗糙度代号的简化注法

7.4.2 极限与配合（GB/T 1800.1—2009）

1. 互换性概念

从一批规格大小相同的零件中任取一件，不经任何挑选或修配就能顺利地装配到机器上，并能满足机器的工作性能要求，零件的这种性质称为互换性。

零件具有互换性不仅给机器的装配和维修带来方便，也为大批量和专门生产创造了条件，从而缩短生产周期，提高劳动效率和经济效益。

2. 尺寸公差

零件在制造过程中，由于加工或测量等因素的影响，完工后的实际尺寸总存在一定的误差。为保证零件的互换性，允许零件的实际尺寸在一个合理的范围内变动，这个尺寸的变动范围称为尺寸公差，简称公差。下面以图 7–27 所示的圆柱孔和轴为例解释尺寸公差的有关名词。

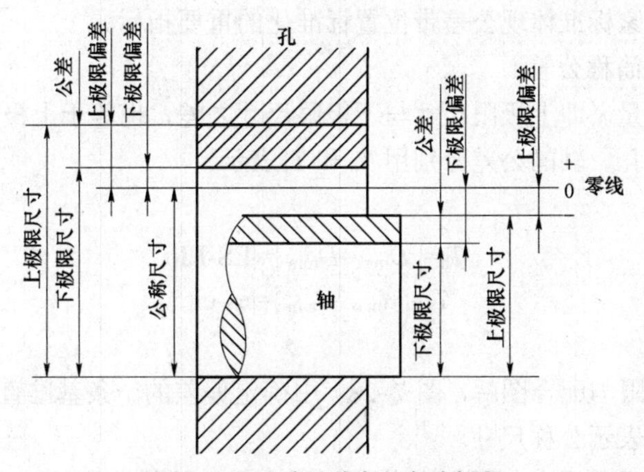

图 7–27 尺寸公差有关名称解释

（1）尺寸

以特定单位表示线性尺寸值的数值。从尺寸的定义可知，尺寸由数字和特定单位组成；在机械零件上，线性尺寸通常指两点之间的距离，如直径、半径、宽度、高度、深度和中心

距等。

（2）公称尺寸

设计给定的尺寸。孔用 D，轴用 d 表示。

（3）实际尺寸

通过测量实际零件所获得的某一孔、轴的尺寸。孔用 D_a，轴用 d_a 表示。

（4）极限尺寸

允许尺寸变动的两个极限值，它是以公称尺寸为基数来确定的。两个极端尺寸中较大的一个称为上极限尺寸（孔用 D_{max}、轴用 d_{max}），较小的一个称为下极限尺寸（孔用 D_{min}、轴用 d_{min}）。

（5）实际偏差（简称偏差）

某一实际尺寸减其公称尺寸所得的代数差。

（6）极限偏差

上极限偏差和下极限偏差。上极限尺寸减其公称尺寸所得的代数差就是上极限偏差；下极限尺寸减其公称尺寸所得的代数差即为下极限偏差。

国标规定偏差代号：孔的上、下极限偏差分别用 ES 和 EI 表示；轴的上、下极限偏差分别用 es 和 ei 表示。

对孔：上极限偏差 $ES=D_{max}-D$　　　　下极限偏差 $EI=D_{min}-D$

对轴：上极限偏差 $es=d_{max}-d$　　　　下极限偏差 $ei=d_{min}-d$

偏差值可以是正、负或零值，它分别表示该尺寸大于、小于或等于公称尺寸；不等于零的偏差值前必须表上相应的“+”或“−”。

（7）基本偏差

基本偏差是指用来确定公差带相对于零线位置的上极限偏差或下极限偏差，一般是指靠近零线的那个偏差。基本偏差用拉丁字母表示，大写字母代表孔，小写字母代表轴。当公差带位于零线上方时，基本偏差为下极限偏差。当公差带位于零线下方时，基本偏差为上极限偏差。基本偏差是国家标准体现公差带位置标准化的重要指标。

（8）尺寸公差（简称公差）

允许尺寸的变动量。即上极限尺寸与下极限尺寸之差，也等于上极限偏差与下极限偏差之代数差的绝对值。孔、轴的公差分别用 T_h 和 T_s 表示。

用公式表示为

$$T_h=|D_{max}-D_{min}|=|ES-EI|$$
$$T_s=|d_{max}-d_{min}|=|es-ei|$$

（9）零线

在公差带图（极限与配合图解，图 7–28）中确定偏差的一条基准直线，即零偏差线，简称零线。通常以零线表示公称尺寸。

从基本偏差系列示意图中（图 7–29）可以看出，孔的基本偏差从 A～H 为下极限偏差，从 J～ZC 为上极限偏差；轴的基本偏差从 a～h 为上极限偏差，从 j～zc 为下极限偏差；JS 和 js 没有基本偏差，其上、下极限偏差对零线对称，分别是+IT/2、−IT/2。基本偏差系列示意图只表示公差带的位置，不表示公差带的大小，公差带开口的一端由标准公差确定。

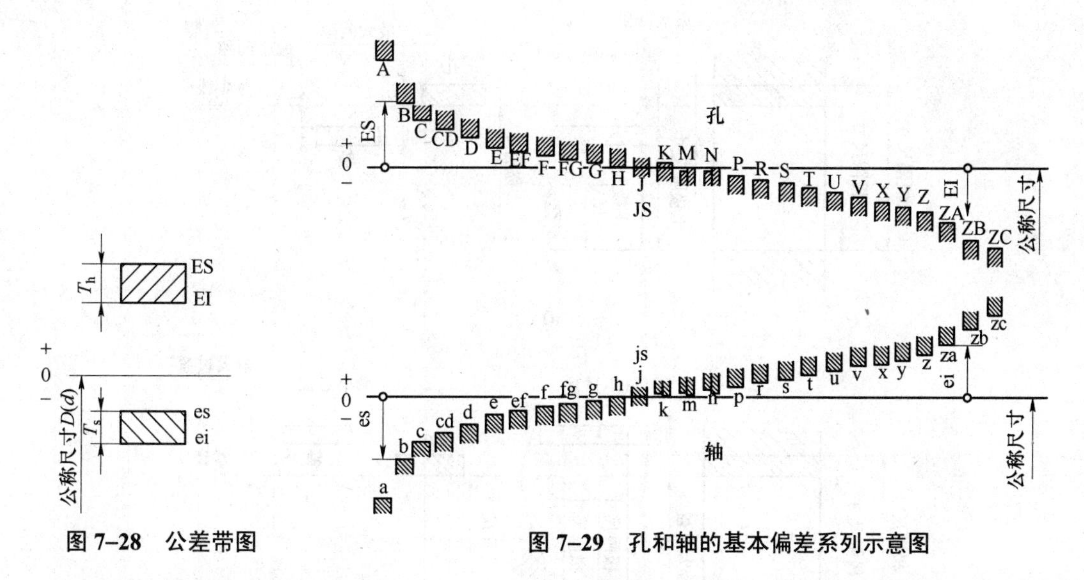

图 7–28 公差带图　　图 7–29 孔和轴的基本偏差系列示意图

当基本偏差和标准公差等级确定，孔和轴的公差带大小和位置及配合类别也随之确定。基本偏差和标准公差的计算式如下

$$ES=EI+IT \text{ 或 } EI=ES-IT$$

$$ei=es-IT \text{ 或 } es=ei+IT$$

（10）公差带代号

孔和轴的公差带代号由表示基本偏差代号和表示公差等级的数字组成。如ϕ50H8，H8为孔的公差带代号，由孔的基本偏差代号 H 和公差等级代号 8 组成；ϕ50f7，f7 为轴的公差带代号，由轴的基本偏差代号 f 和公差等级代号 7 组成。

3. 配合

在机器装配中，公称尺寸相同的、相互配合在一起的孔和轴公差带之间的关系称为配合。由于孔和轴的实际尺寸不同，装配后可能产生间隙或过盈。在孔与轴的配合中，孔的尺寸减去轴的尺寸所得的代数差为正值时为间隙，为负值时为过盈。

1）配合种类。配合按其出现的间隙或过盈不同，分为间隙配合、过盈配合和过渡配合三类。

① 间隙配合：孔的公差带在轴的公差带之上，任取一对孔和轴相配合都产生间隙（包括最小间隙为零）的配合，称为间隙配合，如图 7–30a 所示。

② 过盈配合：孔的公差带在轴的公差带之下，任取一对孔和轴相配合都产生过盈（包括最小过盈为零）的配合，称为过盈配合，如图 7–30b 所示。

③ 过渡配合：孔的公差带与轴的公差带相互重叠，任取一对孔和轴相配合，可能产生间隙，也可能产生过盈的配合，称为过渡配合，如图 7–30c 所示。

2）配合制度。国家标准规定了基孔制和基轴制两种配合制度。

① 基孔制：基本偏差为一定的孔的公差带与不同基本偏差的轴的公差带形成的各种配合的一种制度。基孔制配合的孔称为基准孔，其基本偏差代号为 H，下极限偏差为零，即它的下极限尺寸等于公称尺寸。图 7–31 所示为采用基孔制配合所得到的各种配合。

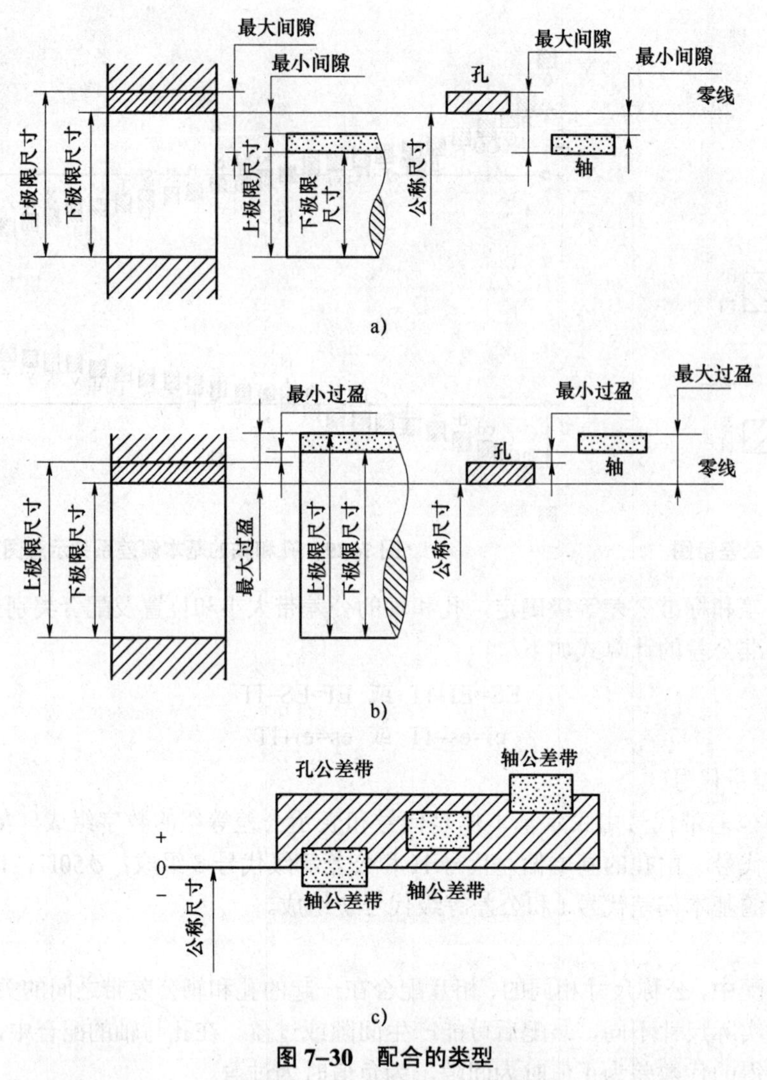

图 7–30　配合的类型

a）间隙配合；b）过盈配合；c）过渡配合

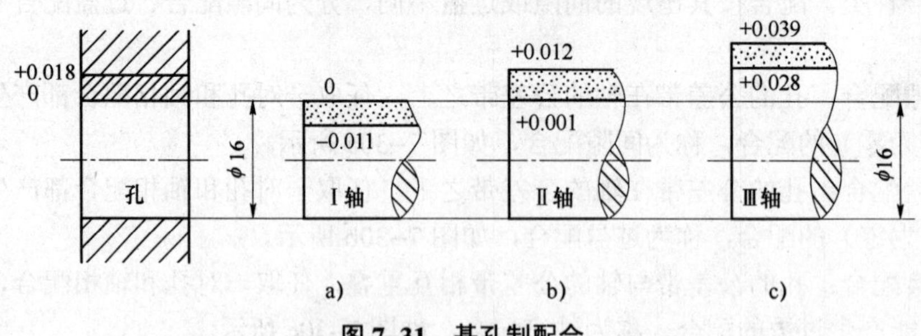

图 7–31　基孔制配合

a）间隙配合；b）过渡配合；c）过盈配合

在基孔制中，基准孔与轴配合，a～h（共 11 种）用于间隙配合；j～n（共 5 种）主要用于过渡配合；n、p、r 可能为过渡配合或过盈配合；p～zc（共 12 种）主要用于过盈配合。

② 基轴制：基本偏差为一定的轴的公差带与不同基本偏差的孔的公差带形成的各种配合的一种制度。基轴制配合的轴称为基准轴，其基本偏差代号为 h，上极限偏差为零，即它

的上极限尺寸等于公称尺寸。图 7–32 所示为采用基轴制配合所得到的各种配合。

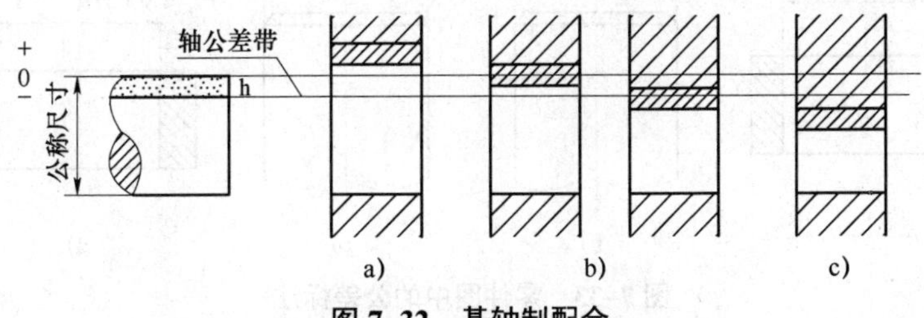

图 7–32 基轴制配合

a）间隙配合；b）过渡配合；c）过盈配合

在基轴制中，基准轴与孔配合，A～H（共 11 种）用于间隙配合；J～N（共 5 种）主要用于过渡配合；N、P、R 可能为过渡配合或过盈配合；P～ZC（共 12 种）主要用于过盈配合。

4. 极限与配合的选用

极限与配合的选用包括基准制、配合类别和公差等级三种内容。

1）基准制的选用。优先选用基孔制可以减少定值刀具、量具的规格数量。只有在具有明显经济效益和不适宜采用基孔制的场合，才采用基轴制。

在零件与标准件配合时，应按标准件所用的基准制来确定。如滚动轴承内圈与轴的配合采用基孔制；滚动轴承外圈与轴承座的配合采用基轴制。

2）配合的选用。国家标准中规定了优先选用、常用和一般用途的孔、公差带，应根据配合特性和使用功能，尽量选用优先和常用配合。当零件之间具有相对转动或移动时。必须选择间隙配合；当零件之间无键、销等紧固件，只依靠结合面之间的过盈实现传动时，必须选择过盈配合；当零件之间不要求有相对运动，同轴度要求较高，且不是依靠该配合传递动力时，通常选用过渡配合。

① 基孔制优先配合如下：

- 间隙配合：H7/g6、H7/h6、H8/f7、H8/h7、H9/d9、H9/h9、H11/c11、H11/h11。
- 过渡配合：H7/k6。
- 过盈配合：H7/n6、H7/p6、H7/s6、H7/u6。

② 基轴制优先配合如下：

- 间隙配合：G7/h6、H7/h6、F8/h7、H8/h7、D9/h9、H9/h9、C11/h11、H11/h11。
- 过渡配合：K7/h6。
- 过盈配合：N7/h6、P7/h6、S7/h6、U7/h6。

3）公差等级的选用。在保证零件使用要求的前提下，应尽量选用比较低的公差等级，以减少零件的制造成本。由于加工孔比加工轴困难，当公差等级高于 IT8 时，在公称尺寸至 500 mm 的配合中，应选择孔的标准公差等级比轴低一级（如孔为 8 级，轴为 7 级）来加工孔。因为公差等级愈高，加工愈困难。标准公差等级低时，轴和孔可选择相同的公差等级。

5. 极限与配合的标注与查表

（1）在零件图中的标注

在零件图中标注公差带代号有四种形式，如图 7–33 所示。

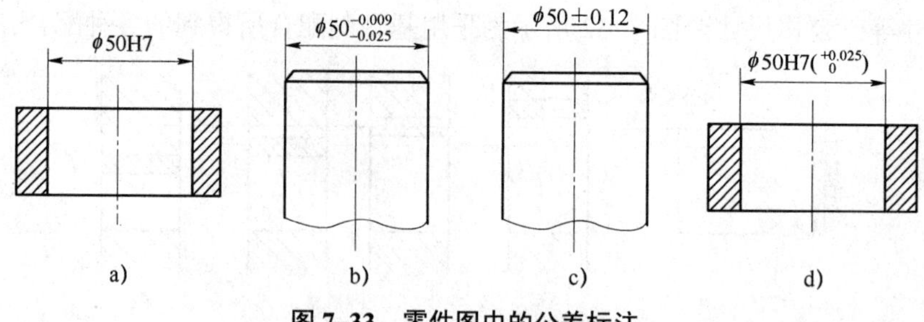

图 7-33 零件图中的公差标注

① 标注公差带代号，如图 7-33a 所示。这种注法适用于大量生产的零件，采用专用量具检验零件。

② 标注极限偏差数值，如图 7-33b 所示。这种注法适用于单件、小批量生产的零件。

③ 上极限偏差注在公称尺寸的右上方，下极限偏差注在公称尺寸的右下方。极限偏差数字比公称尺寸数字小一号，小数点前的整数对齐，后面的小数位数应相同。若上、下极限偏差的数值相同，符号相反时，按图 7-33c 所示的方法标注。

④ 公差带代号与极限偏差一起标注，如图 7-33d 所示。这种注法适用于产品转换频繁的生产中。

（2）在装配图中的标注

在装配图中标注配合代号，配合代号用分数形式表示，分子为轴的公差带代号，分母为孔的公差带代号。装配图中标注配合代号有三种形式，如图 7-34 所示。

① 标注孔和轴的配合代号，如图 7-34a 所示。这种注法应用最多。

② 当需要标注孔和轴的极限偏差时，孔的公称尺寸和极限偏差注在尺寸线上方，轴的公称尺寸和极限偏差注在尺寸线下方，如图 7-34b 和图 7-34c 所示。

③ 零件与标准件或外购件配合时，在装配图中可以只标注该零件的公差带代号，如图 7-34d 所示。

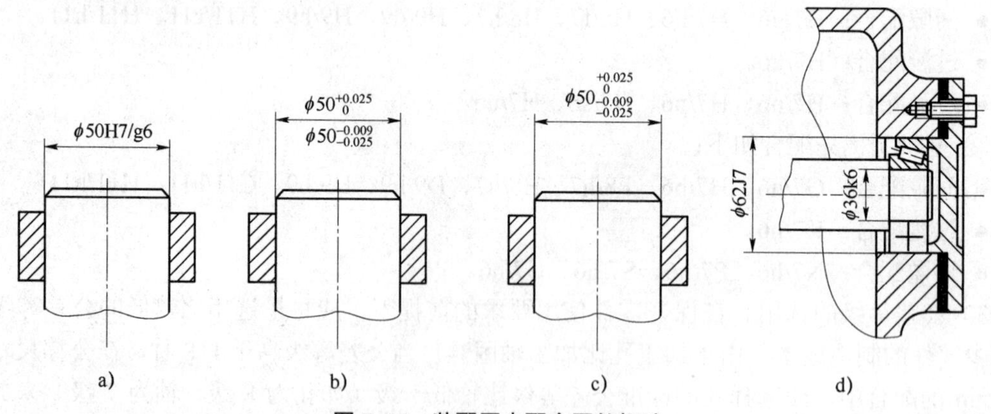

图 7-34 装配图中配合图的标注

（3）查表方法示例

例：查表确定配合代号ϕ60H8/f 7 中孔和轴的极限偏差值。

根据配合代号可知，孔和轴采用基孔制的优先配合，其中 H8 孔为基准孔的公差带代号；f7 为配合轴的公差带代号。

1）ϕ60H8 基准孔的极限偏差。

ϕ60H8 基准孔的基本偏差由孔的基本偏差数值表查出。在公称尺寸＞50～65 的行与 H 的列的交会处找到 0，即孔的基本偏差下极限偏差 EI=0。

ϕ60H8 基准孔的公差由标准公差数值表查出。在公称尺寸＞50～80 的行与 IT8 的列的交会处找到 46，即孔的标准公差 T_h=0.046mm。

那么ϕ60H8 基准孔的上极限偏差 ES=T_h+EI=0.046+0=+0.046mm。

所以，ϕ60H8 可写为$\phi60^{+0.046}_{0}$。

2）ϕ60f 7 配合轴的极限偏差。

ϕ60f 7 配合轴的基本偏差由轴的基本偏差数值表查出。在公称尺寸＞50～65 的行与 f 的列的交会处找到−30，即轴的基本偏差上极限偏差 es=−0.030mm。

ϕ60f 7 配合轴的公差由标准公差数值表查出。在公称尺寸＞50～80 的行与 IT7 的列的交会处找到 30，即轴的标准公差 T_s=0.030mm。

那么ϕ60f 7 配合轴的下极限偏差 ei=es−T_s=−0.030−0.030=−0.060mm。

所以，ϕ60f 7 可写为$\phi60^{-0.030}_{-0.060}$。

7.4.3 形状和位置公差及其标注

1. 形状和位置公差的概念

加工后的零件不仅存在尺寸误差，而且几何形状和相对位置也存在误差。为了满足零件的使用要求和保证互换性，零件的几何形状和相对位置由形状公差和位置公差来保证。

1）形状误差和公差。形状误差是指单一实际要素的形状对其理想要素形状的变动量。单一实际要素的形状所允许的变动全量称为形状公差。

2）位置误差和公差。位置误差是指关联实际要素的位置对其理想要素位置的变动量。理想位置由基准确定。关联实际要素的位置对其基准所允许的变动全量称为位置公差。

形状公差和位置公差简称形位公差。

3）形位公差项目及符号。国家标准规定了 14 个形位公差项目（见表 7–4）。

4）公差带及其形状。公差带是由公差值确定的限制实际要素（形状和位置）变动的区域。公差带的形状有两平行直线、两平行平面、两等距曲面、圆、两同心圆、球、圆柱、四棱柱及两同轴圆柱。

表 7–4 形位公差项目及符号

分类	项目	符号	分类		项目	符号
形状公差	直线度	—	位置公差	定向	平行度	//
	平面度	▱			垂直度	⊥
	圆度	○			倾斜度	∠
	圆柱度	⌭		定位	同轴度	◎
	线轮廓度	⌒			对称度	⌯
					位置度	⌖
	面轮廓度	⌓		跳动	圆跳动	↗
					全跳动	⌰

2. 形状和位置公差的注法

（1）形位公差框格及其内容

国标 GB/T 1182—2008《产品几何技术规范（GPS）几何公差形状、方向、位置和跳动公差标注》规定，形位公差在图样中应采用代号标注。代号由公差项目符号、框格、指引线、公差数值和其他有关符号组成。

形位公差框格用细实线绘制，可画两格或多格，可水平或垂直放置，框格的高度是图样中尺寸数字高度的二倍，框格的长度根据需要而定。框格中的数字、字母和符号与图样中的数字同高，框格内从左到右（或从上到下）填写的内容为：第一格为形位公差项目符号，第二格为形位公差数值及其有关符号，后边的各格为基准代号的字母及有关符号，如图 7–35 所示。

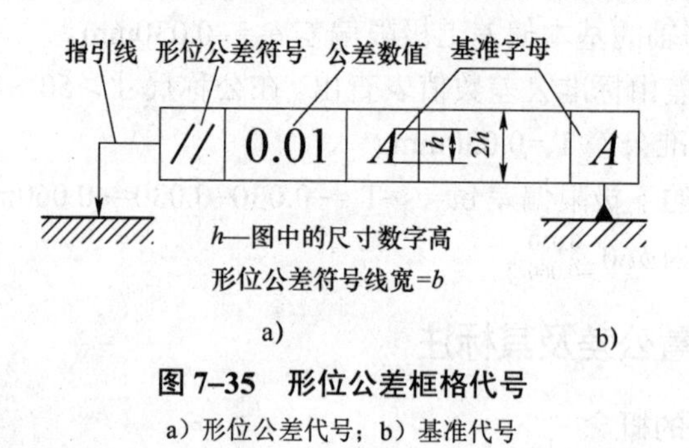

图 7–35　形位公差框格代号

a）形位公差代号；b）基准代号

（2）被测要素的注法

用带箭头的指引线将被测要素与公差框格的一端相连。指引线箭头应指向公差带的宽度方向或直径方向。指引线用细实线绘制，可以不转折或转折一次（通常为垂直转折）。

指引线箭头按下列方法与被测要素相连：

1）当被测要素为线或表面时，指引线箭头应指在该要素的轮廓线或其延长线上，并应明显地与该要素的尺寸线错开，如图 7–36a 所示。

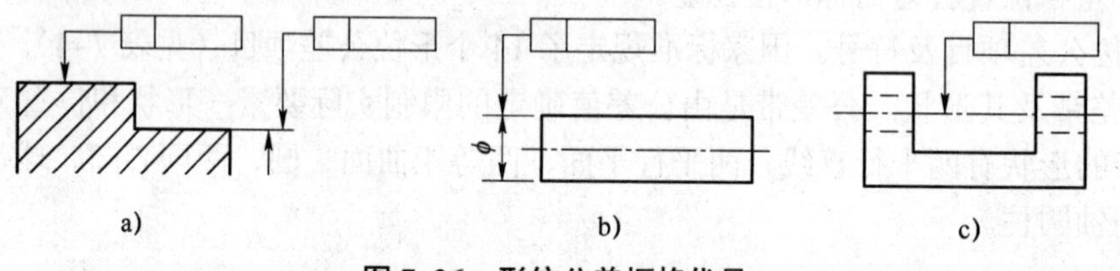

图 7–36　形位公差框格代号

2）当被测要素为轴线、球心或中心平面时，指引线箭头应与该要素的尺寸线对齐，如图 7–36b 所示。

3）当被测要素为整体轴线或公共对称平面时，指引线箭头可直接指在轴线或对称线上，如图 7–36c 所示。

（3）基准要素的注法

标注位置公差的基准要用基准代号。基准代号是指用细实线将含有大写字母的方格与三角形、粗短画横线（宽度为粗实线的 2 倍，长度为 5～10 mm）相连的一种符号。方格与公差框格（见图 7–38）高度相同，方格内表示基准字母的高度为字体的高度。无论基准代号在图样上方向如何，方格内的字母均应水平填写，如图 7–37 所示。表示基准的字母也应注在公差框格内，如图 7–38 所示。

1）当基准要素为素线或表面时，基准代号应靠近该要素的轮廓线或其引出线标注，并应明显地与尺寸线错开，如图 7–37a 所示。基准符号还可置于用圆点指向实际表面的参考线上，如图 7–37b 所示。

2）当基准是轴线或中心平面或由带尺寸的要素确定的点时，基准符号、箭头应与相应要素尺寸线对齐，如图 7–39a 所示。

3）图 7–40a 所示为单一要素为基准时的标注，图 7–40b 所示为两个要素组成的公共基准时的标注，图 7–40c 所示为两个或三个要素组成的基准时的标注。表示基准要素的字母要用大写的拉丁字母，为不致引起误解，字母 E、I、J、M、O、P、R、F 不采用。

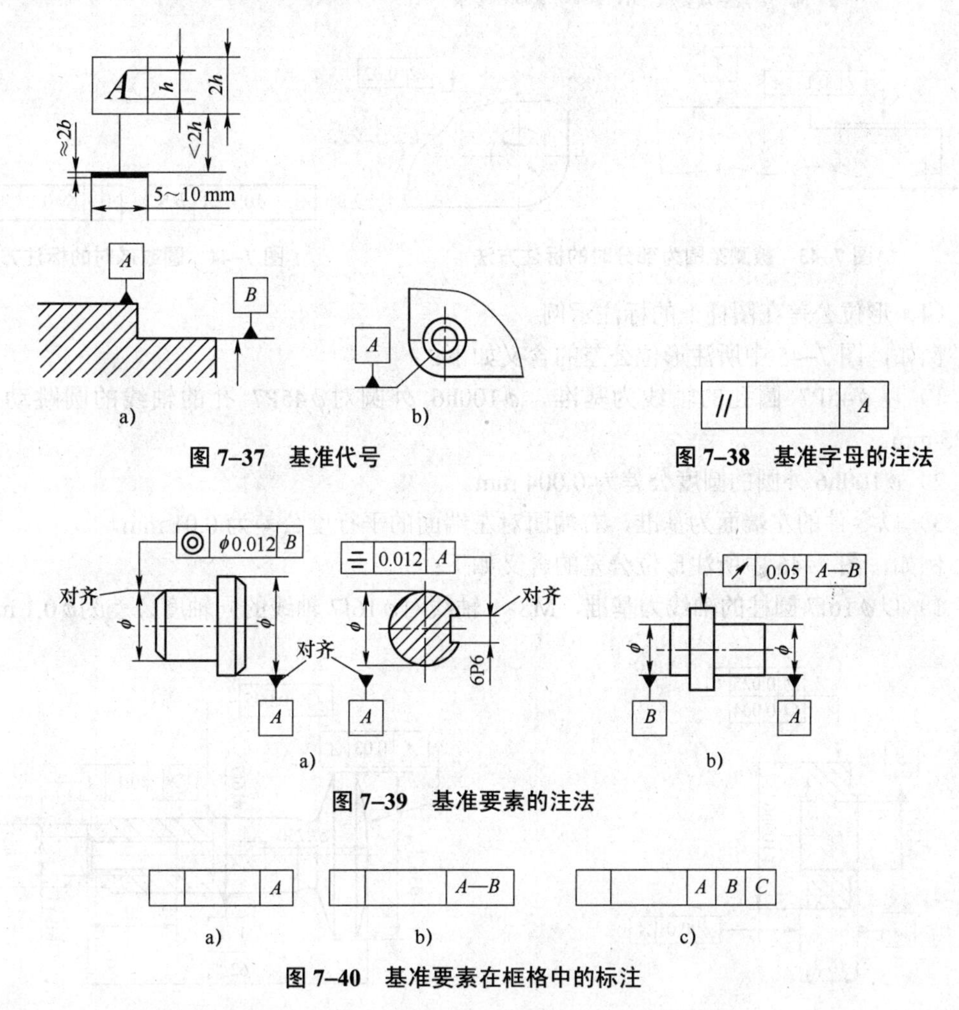

图 7–37 基准代号

图 7–38 基准字母的注法

图 7–39 基准要素的注法

图 7–40 基准要素在框格中的标注

4）同一要素有多项形位公差要求时，可采用框格并列标注，如图 7–41a 所示。多处要素有相同的形位公差要求时，可在框格指引线上绘制多个箭头，如图 7–41b 所示。

5）任选基准时的标注方法如图 7–42 所示。

6）当被测范围仅为被测要素的一部分时，应按图 7–43 所示标注。

7）当给定的公差带为圆、圆柱或球时，应在公差数值前加注ϕ或$S\phi$，如图 7–44 所示。

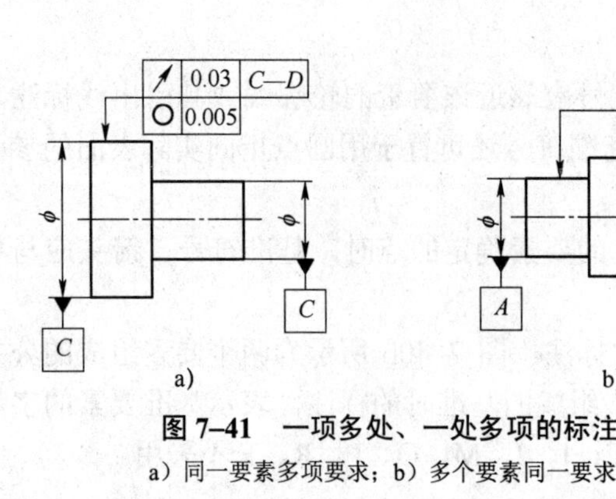

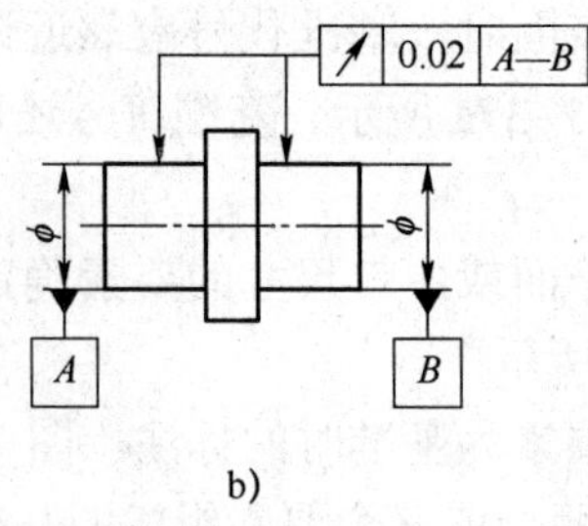

图 7–41　一项多处、一处多项的标注

a）同一要素多项要求；b）多个要素同一要求

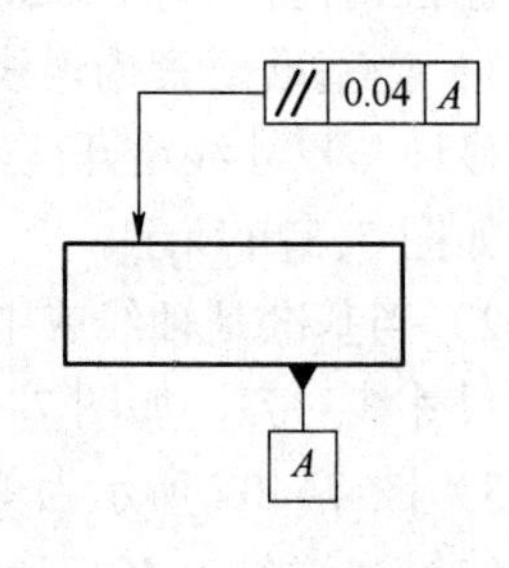

图 7–42　任选基准的标注方法

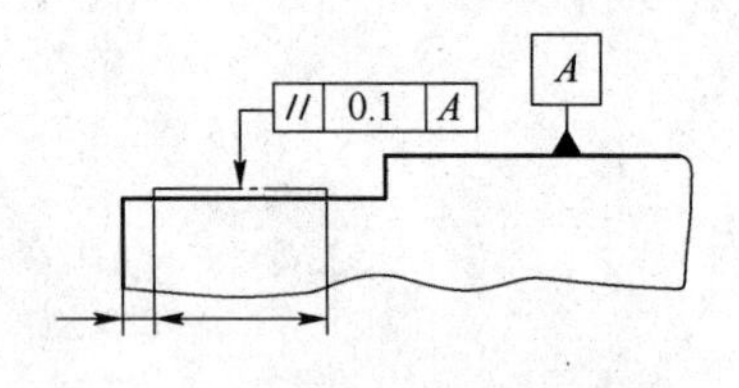

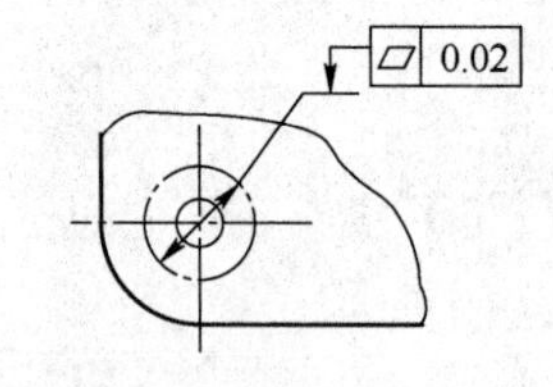

图 7–43　被测范围为部分时的标注方法

⌖	ϕ0.1	A	B	C

⌖	Sϕ0.1	A	B	C

图 7–44　圆或球时的标注方法

（4）形位公差在图样上的标注示例

例如，图 7–45 中所注形位公差的含义如下：

1）以ϕ45P7 圆孔的轴线为基准，ϕ100h6 外圆对ϕ45P7 孔的轴线的圆跳动公差为 0.025 mm。

2）ϕ100h6 外圆的圆度公差为 0.004 mm。

3）以零件的左端面为基准，右端面对左端面的平行度公差为 0.01 mm。

例如，图 7–46 中所注形位公差的含义如下：

1）以ϕ16f7 圆柱的轴线为基准，M8×1 轴线对ϕ16f7 轴线的同轴度公差为ϕ0.1 mm。

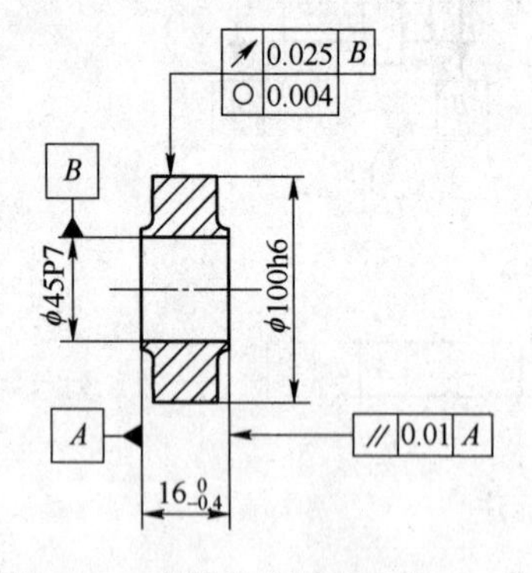

图 7–45　形位公差标注示例（一）

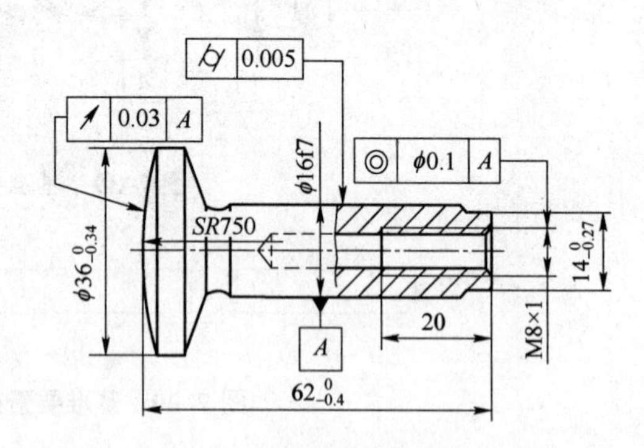

图 7–46　形位公差标注示例（二）

2）以ϕ16f7 圆柱体的圆柱度公差为 0.005 mm。

3）以ϕ16f7 圆柱的轴线为基准，*SR*750 球面对ϕ16f7 轴线的径向圆跳动公差为 0.03 mm。

零件上的技术要求是指，除表面粗糙度、尺寸公差和形位公差外，对零件的材料、热处理及表面处理等要求。

7.5 零件上常见的工艺结构

零件的结构形状主要是根据它在机器中的作用决定的，而且在制造零件时还要符合加工工艺的要求。因此，在画零件图时，应使零件的结构既满足使用上的要求，又要方便加工制造。本节介绍一些常见的工艺结构，供画图时参考。

7.5.1 铸造零件的工艺结构

1. 拔模斜度

用铸造的方法制造零件的毛坯时，为了将模型从砂型制造顺利取出来，常在模型拔模方向设计成1∶20的斜度，这个斜度称为拔模斜度，如图7–47a所示。拔模斜度在图样上一般不画出和不予标注，如图7–47b和图7–47c所示。必要时，可以在技术要求中用文字说明。

2. 铸造圆角

在铸造毛坯各表面的相交处，做出铸造圆角。这样，既可方便拔模，又能防止浇注铁水时将砂型转角处冲坏，还可防止铸件在冷却时在转角处产生裂纹和缩孔。铸造圆角在图样上一般不予标注，如图7–47b和图7–47c所示，常集中注写在技术要求中。

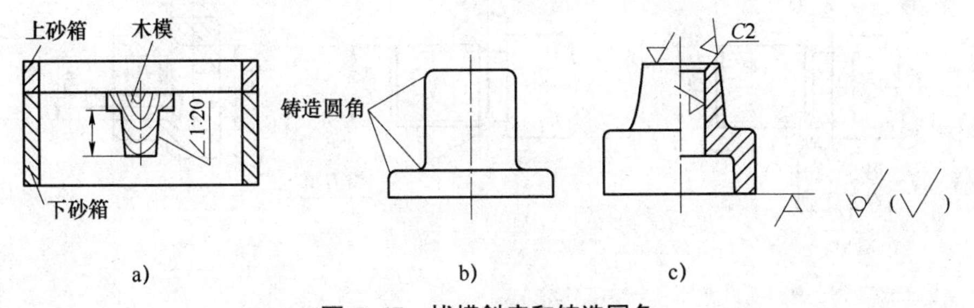

图7–47 拔模斜度和铸造圆角

3. 铸件壁厚

在铸造零件时，为了避免因各部分冷却速度不同而产生裂纹和缩孔，铸件壁厚应保持大致相等或逐渐过渡，如图7–48所示。

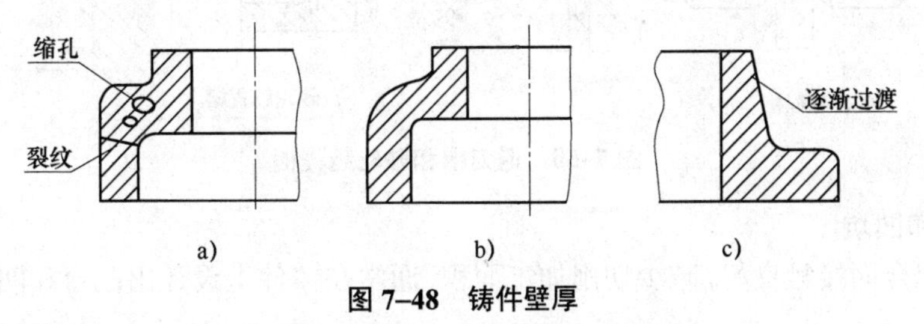

图7–48 铸件壁厚

a）壁厚不均匀；b）壁厚均匀；c）逐渐过渡

7.5.2 零件加工面的工艺结构

1. 倒角和倒圆

为了去除零件的毛刺、锐边和便于装配，在轴和孔的端部，一般都加工出45°或30°、

60°倒角，如图 7–49a 和图 7–49b 所示。为了避免因应力集中而产生裂纹，在轴肩处通常加工出圆角，称为倒圆，如图 7–49c 所示。倒角和倒圆的尺寸系列可从相关标准中查得。

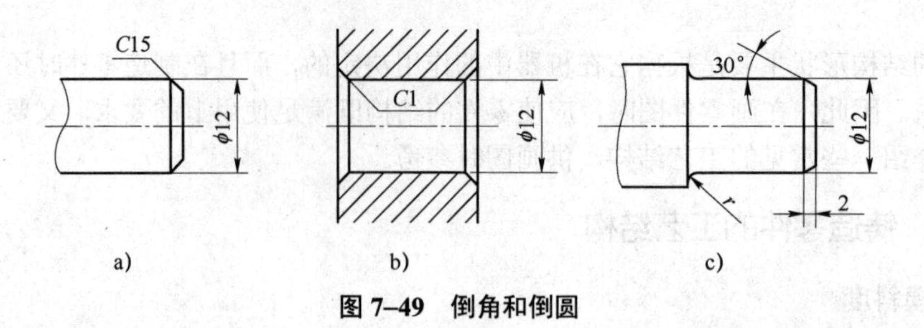

图 7–49　倒角和倒圆

2. 退刀槽和砂轮越程槽

在车削和磨削中，为了便于退出刀具或使砂轮可以稍微越过加工面，通常在零件待加工表面的末端，先车出退刀槽和砂轮越程槽，如图 7–50 所示。退刀槽和砂轮越程槽的尺寸系列可从相关标准中查得。

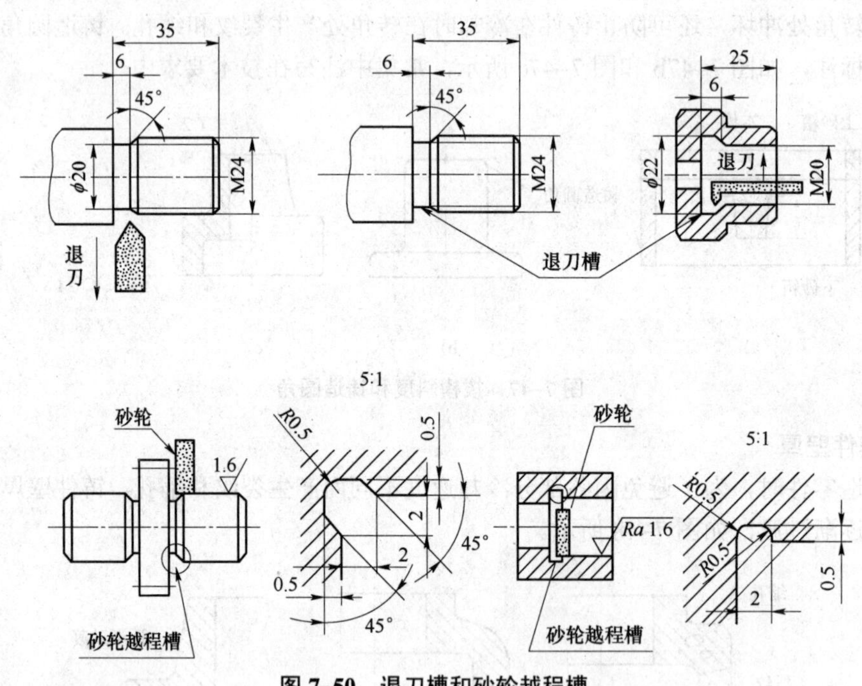

图 7–50　退刀槽和砂轮越程槽

3. 凸台和凹坑

为保证配合面接触良好，减少切削加工面积，通常在铸件上设计出凸台和凹坑，如图 7–51 所示。

4. 钻孔结构

钻孔时，钻头的轴线应尽量垂直于被加工的表面，否则会使钻头弯曲，甚至折断。对于零件上的倾斜面，可设置凸台或凹坑。钻头钻孔处的结构也要设置凸台使孔完整，避免钻头因单边受力而折断，如图 7–52 所示。

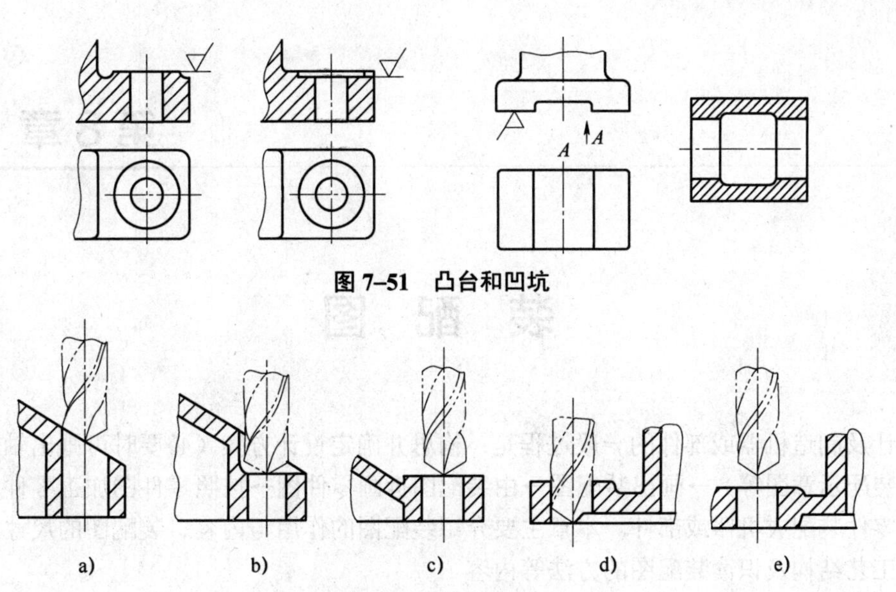

图 7–51 凸台和凹坑

图 7–52 钻孔结构

a）错误；b）正确；c）正确；d）错误；e）正确

第 8 章

装配图

设计及制造机器或部件的一般过程是：构思并确定设计方案（必要时可画出轴测图、结构图或装配示意图等）→画出装配图→由装配图拆画零件图→按照零件图加工零件→按照装配图将零件装配成机器或部件。本章主要介绍装配图的作用与内容、装配图的尺寸标注、装配图的工艺结构及识读装配图的方法等内容。

8.1 装配图基础

8.1.1 装配图的作用与内容

1. 装配图的作用

装配图是用来表达机器或部件的图样。它表达了一部机器或部件的工作原理、性能要求和零件之间的装配关系，同时也是指导机器装配、检验、安装、维修及制定装配工艺所必需的技术文件。图 8–1 所示为齿轮油泵的装配效果图。

2. 装配图的内容

从图 8–2 所示的齿轮油泵装配图中可以看出，装配图的内容一般包括以下五个方面。

1）一组视图：用一组图形表达机器（部件）的工作原理、零件间的装配关系和零件的主要结构形状等。

2）必要的尺寸：装配图中须注出反映机器（部件）的性能、规格、安装、配合、部件或零件的相对位置和机器的总体大小等尺寸。

3）技术要求：用文字和符号注出机器（部件）在装配、检验和使用等方面的技术要求。

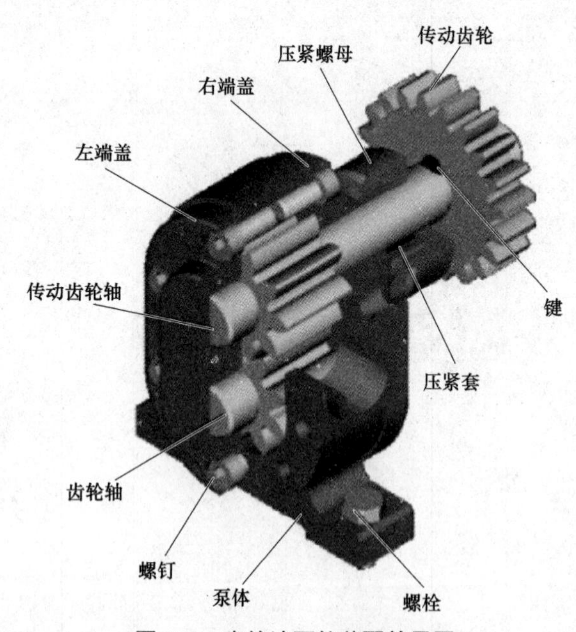

图 8–1　齿轮油泵的装配效果图

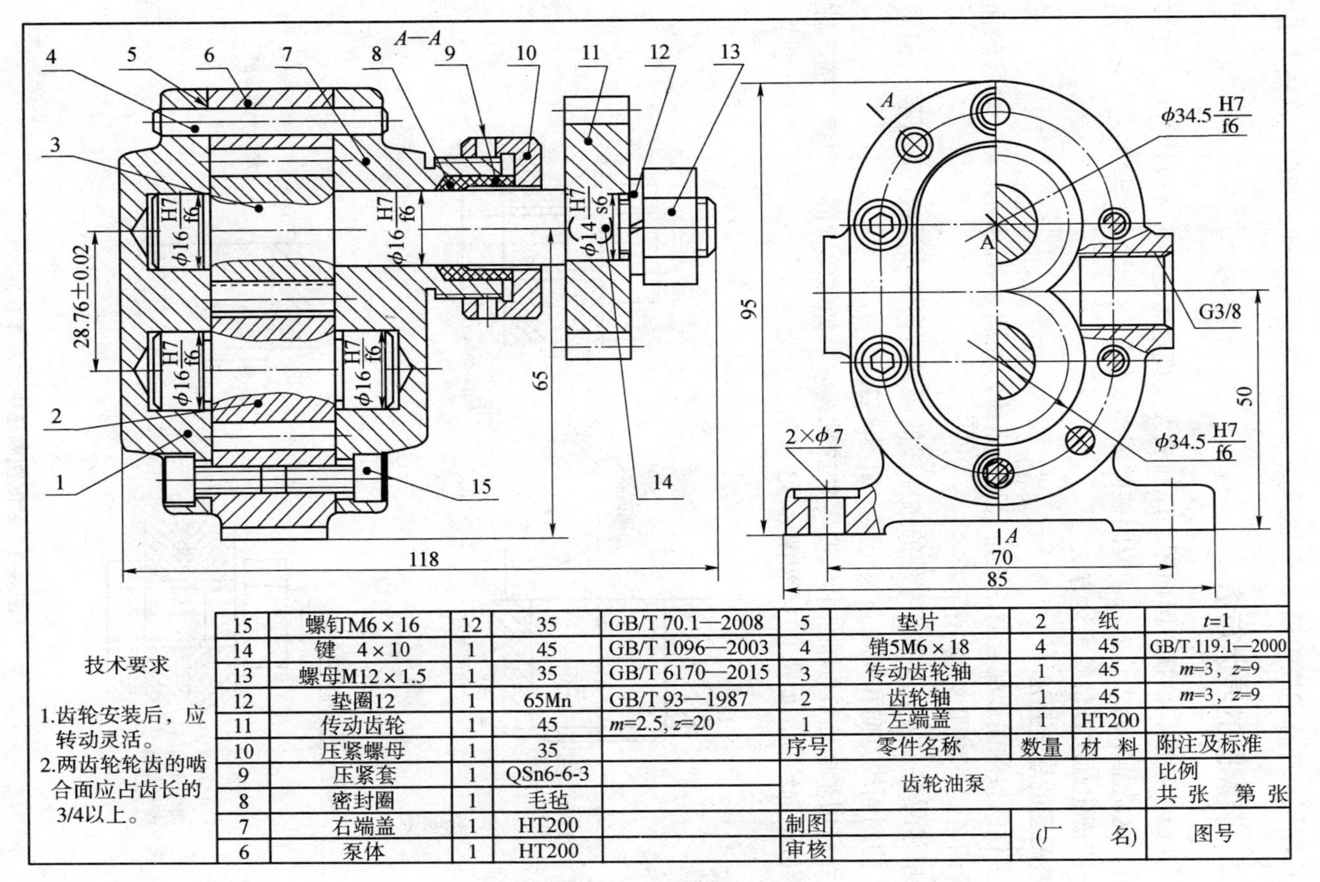

15	螺钉M6×16	12	35	GB/T 70.1—2008	5	垫片	2	纸	t=1
14	键 4×10	1	45	GB/T 1096—2003	4	销5M6×18	4	45	GB/T 119.1—2000
13	螺母M12×1.5	1	35	GB/T 6170—2015	3	传动齿轮轴	1	45	m=3，z=9
12	垫圈12	1	65Mn	GB/T 93—1987	2	齿轮轴	1	45	m=3，z=9
11	传动齿轮	1	45	m=2.5, z=20	1	左端盖	1	HT200	
10	压紧螺母	1	35		序号	零件名称	数量	材 料	附注及标准
9	压紧套	1	QSn6-6-3		齿轮油泵				比例 共 张 第 张
8	密封圈	1	毛毡						
7	右端盖	1	HT200		制图		（厂 名）		图号
6	泵体	1	HT200		审核				

图 8–2 齿轮油泵的装配图

4）零件序号、明细栏：为了生产准备、编制其他技术文件和管理上的需要，在装配图上应按一定格式将零部件进行编号并填写明细栏，在明细栏中依次填写零件的序号、名称、数量、材料和标准代号等内容。

5）标题栏：在标题栏中填写产品名称、比例、图号及设计、制图、审核人员的姓名等。

8.1.2 装配图的表达方法

前面介绍的视图、剖视、断面图、局部放大及规定画法等各种表达方法，在装配图中都完全适用，这是基本的表达方法。但因装配图与零件图的表达内容与重点不同，所以，装配图还有一些规定画法及特殊表达方法。

1. 装配图的规定画法

1）零件的接触面或配合面，规定只画一条线，如图 8–3a 所示。对于非接触面、非配合表面应画两条线，如图 8–3b 所示。

2）相邻两个（两个以上）零件的剖面线的倾斜方向应相反或间隔不同。但同一零件在各视图上的剖面线方向和间隔必须一致，如图 8–3c 所示。

3）当剖切平面通过标准件和实心零件的轴线时，如螺纹紧固件、键、销、轴、杆等，这些零件按不剖绘制，如图 8–3c 和图 8–3d 所示。

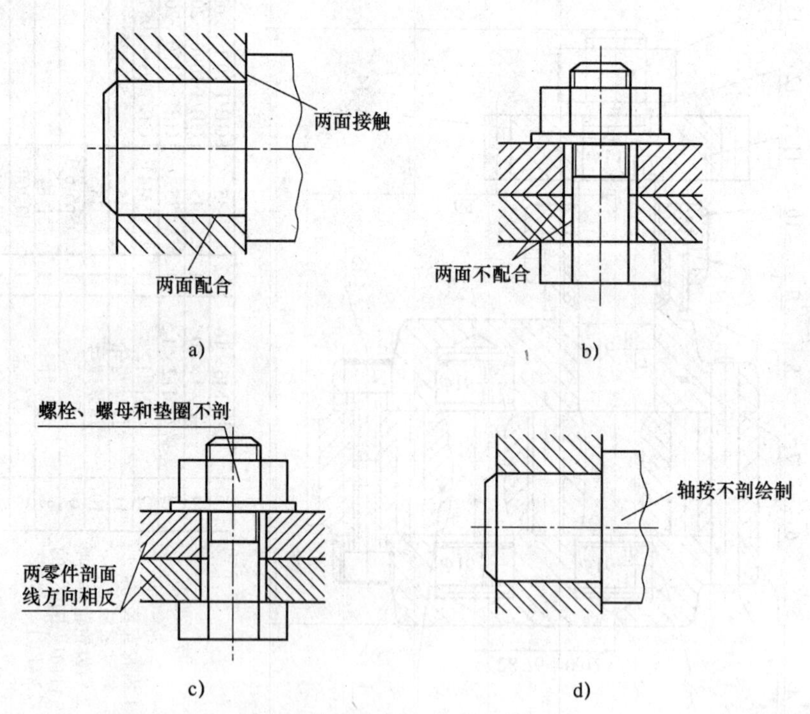

图 8–3 装配图画法中的基本规定

2. 装配图的特殊表达方法

（1）拆卸画法

在装配图中当零件遮住视图中需要表达的结构时，可假想拆去这些零件后作图，必要时需加注“拆去××件”。

（2）沿零件结合面的剖切画法

为了表达部件的内部结构和装配关系，可假想沿某些零件的结合面剖切，以表达相应的结构，此时，结合面上不画剖面线。图 8–4 所示为沿轴承盖与轴承座的结合面的剖切画法，俯视图表达了轴衬与轴承座孔的装配情况。

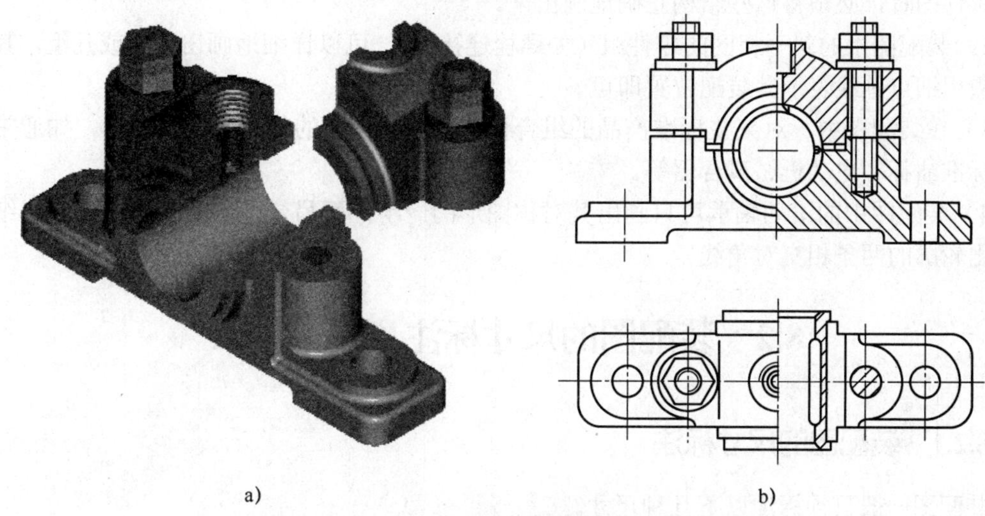

a)　　　　b)

图 8–4　沿轴承盖与轴承座的结合面的剖切画法

a）立体图；b）剖视图

（3）假想画法

在装配图中，对机器或部件中运动零件的运动范围或极限位置或表示两部件之间的相互位置及连接关系的轮廓线，常用细双点画线画出其假想投影轮廓。如图 8–5 所示，运动机件的极限位置轮廓线画细双点画线。

（4）夸大画法

在装配图中，对一些薄的垫片、小的零件及细小间隙等，为表达得更清楚，可以不按图中的比例绘制，而采用夸大的画法画出，如图 8–6 所示。

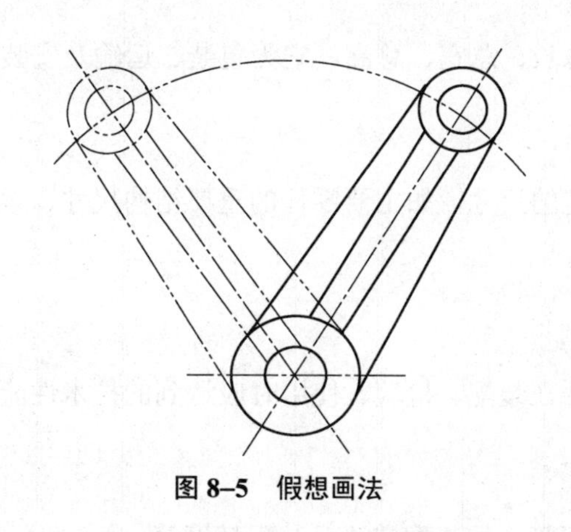

图 8–5　假想画法

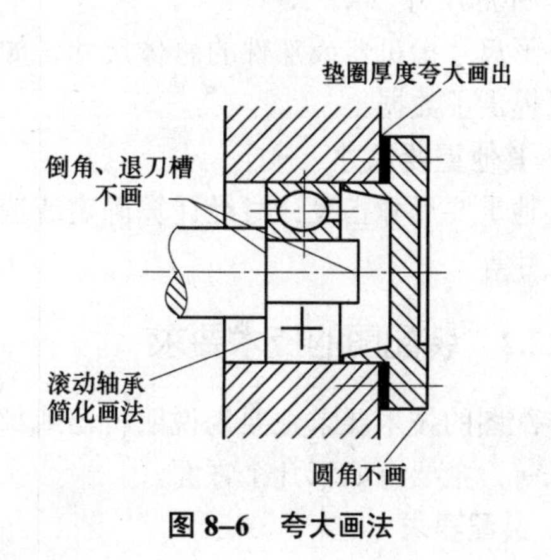

图 8–6　夸大画法

（5）单独表达

对装配图中的重要零件的某些结构，若还没有表达清楚时，可将该零件从部件中拆出，单独画出该零件的某一视图，一般应标注。

（6）简化画法

1）对装配图中的零件工艺结构（如圆角、倒角、退刀槽等）可以不画出。但由装配图拆画零件图时，必须将这些结构正确地画出来。

2）装配图中的若干相同的零件组（如螺栓连接等），可以详细地画出一组或几组，其余的只需用细点画线表示其装配位置即可。

3）在装配图中，对某些标准产品的组合件，可只在确切的位置画出其外形，如通常使用的标准油杯、电动机、离合器等。

4）装配图中的滚动轴承可只画出其对称图形的一半，而另一半则画轮廓线，并用细实线画出轮廓的两条相交对角线。

8.2 装配图的尺寸标注及技术要求

8.2.1 装配图的尺寸标注

装配图一般只须标注以下几种尺寸。

1. 规格尺寸

规格尺寸指机器或部件的规格或性能的尺寸。这些尺寸在设计时就已经确定，因此，它是设计和使用机器或部件的依据。

2. 装配尺寸

装配尺寸指两个零件之间的配合性质和连接方式的尺寸，以及轴线之间的距离和零件间较重要的相对位置尺寸等。

3. 安装尺寸

安装尺寸指将部件安装到机器上，或将机器固定在基础上所需要的尺寸，以及与安装有关的尺寸。

4. 外形尺寸

外形尺寸指机器或部件的总体尺寸，如总长、总宽、总高。它为包装、运输及安装等所占空间提供了数据。

5. 其他重要尺寸

其他重要尺寸指设计时经计算确定或选定的尺寸，如主要零件的重要结构尺寸、运动件极限尺寸等。

8.2.2 装配图的技术要求

装配图的技术要求主要为说明机器或部件在装配、检验、使用时应达到的技术性能和质量要求等，主要有如下几个方面。

1. 装配要求

装配时的注意事项和装配后应达到的指标等，如装配方法、装配精度等。

2. 检验要求

检验、实验的方法和条件及应达到的指标。

3. 使用要求

机器在使用、保养、维修时的要求，如限速、限温、绝缘要求及操作注意事项等。

技术要求通常写在明细栏左侧或其他空白处，内容太多时可以另编技术文件。

8.2.3 装配图中的序号与明细栏

为了便于图样的管理和读图，在装配图上必须对每一种零部件进行编号，并将有关的内容填写在明细栏和标题栏内。

1. 零件的序号

1）装配图中的零件序号由横线（圆圈）、指引线、圆点和数字四个部分组成。指引线应自零件的可见轮廓线内引出，并在末端画一圆点，在另一端横线上（或圆内）填写零件的序号，如图 8–7a 所示。对很薄的零件或涂黑的剖面，可用箭头直接指向该部分的轮廓线，如图 8–7b 所示。同一装配图中编注序号的形式应一致。

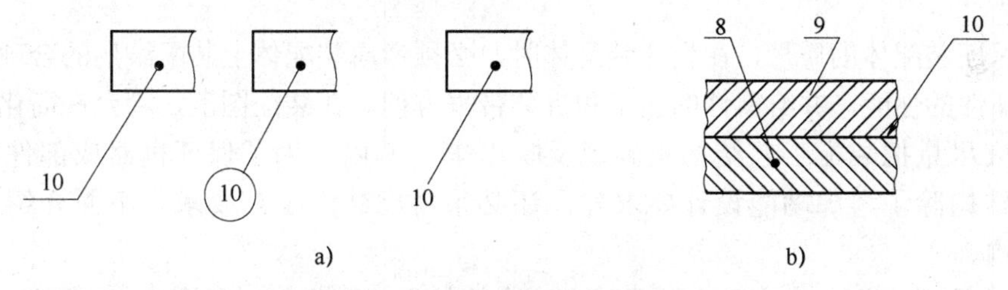

图 8–7 装配图中零件序号的注写

2）指引线和横线都用细实线画出，且不能相交。在通过剖面线区域时，不能与剖面线平行；必要时，可以将指引线折画一次，如图 8–8 所示。

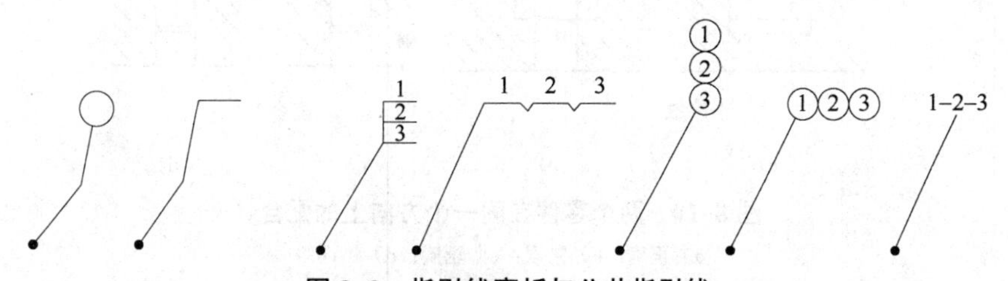

图 8–8 指引线弯折与公共指引线

3）对紧固件或装配关系清楚的零件组，允许采用公共指引线，如图 8–8 所示。

4）每种不同的零件编写一个序号，规格相同的零件只编一个序号。标准化组件可看成是一个整体，如油杯、滚动轴承和电动机等，只编注一个序号。

5）零件的序号应沿水平或垂直方向整齐排列在视图之外，按顺时针或逆时针方向排列。

2. 填写明细栏

明细栏是全部零件的详细目录，由零件的序号、代号、名称、数量、材料及备注等内容组成，填写时应遵守下列事项。

1）明细栏应画在标题栏的上方，零部件的序号应自下而上填写，便于修改和补充。当位置不够时可移一部分紧接标题栏左边继续填写，如图 8–9 所示。

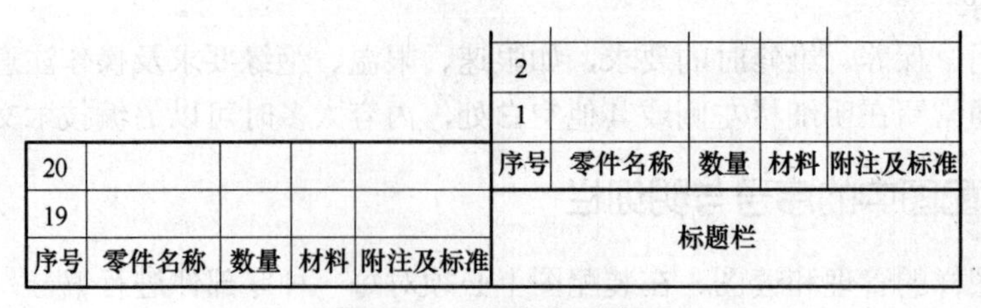

图 8–9　明细栏的绘制

2）明细栏中的零件序号应与装配图中的零件编号一致。

3）对于标准件，应在明细栏内填写规格代号或重要参数，标准代号填写在备注栏内。

4）材料栏内填写制造该零件所用材料的名称或牌号，热处理等也常填写备注栏内。

8.3　装配的工艺结构

为了保证装配体的质量，在设计装配体时，必须考虑装配体上装配结构的合理性，以保证机器和部件的性能，并给零件的加工和拆装带来方便。在装配图上，除允许简化画出的情况外，都应尽量把装配工艺结构正确地反映出来。所以，为了保证机器或部件的装配质量，零件结构除了考虑功能设计要求外，还必须考虑装配工艺要求。下面介绍几种常见的装配结构。

1）两个零件在同一个方向上，只能有一个接触面或配合面，如图 8–10 所示。

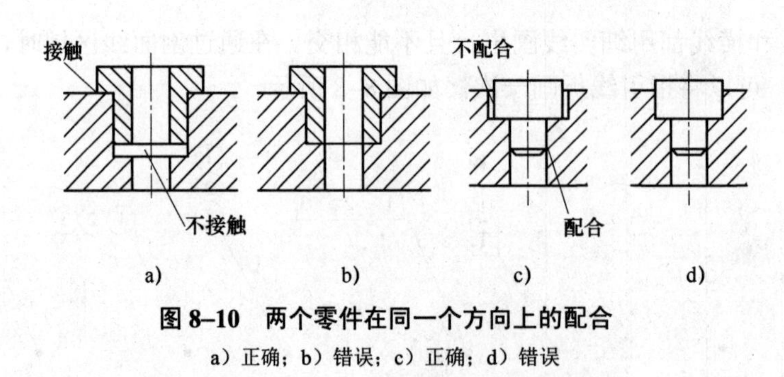

图 8–10　两个零件在同一个方向上的配合

a）正确；b）错误；c）正确；d）错误

2）轴肩处加工出退刀槽或在孔的端面加工出倒角，如图 8–11 所示。

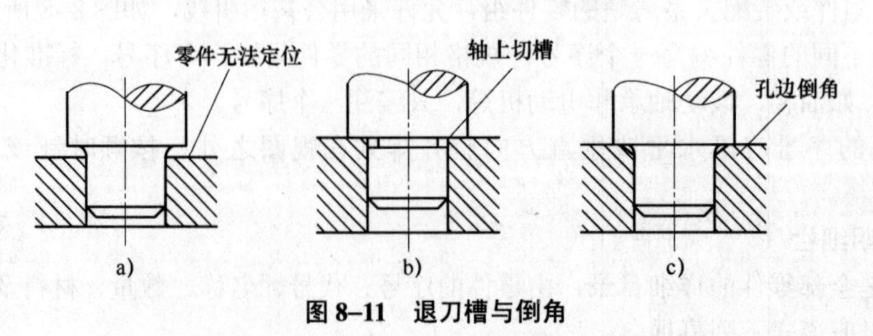

图 8–11　退刀槽与倒角

3）为了便于拆卸，销孔尽量做成通孔或选用带螺孔的销钉，销钉下部增加一小孔是为了排除被压缩的空气，如图 8–12 所示。

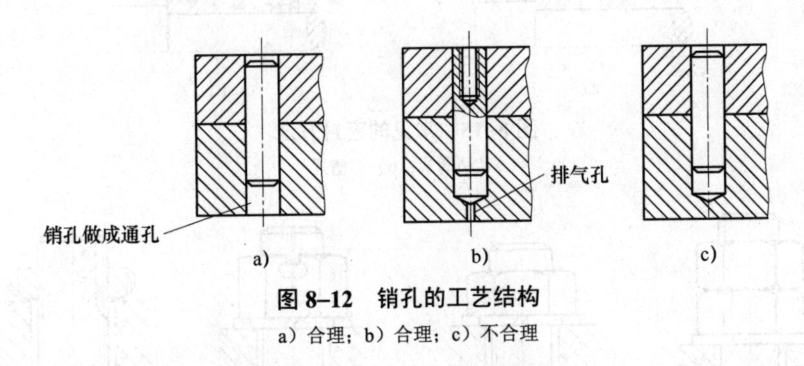

图 8–12 销孔的工艺结构

a）合理；b）合理；c）不合理

4）为便于装拆，应留出合理的扳手空间，如图 8–13 所示。

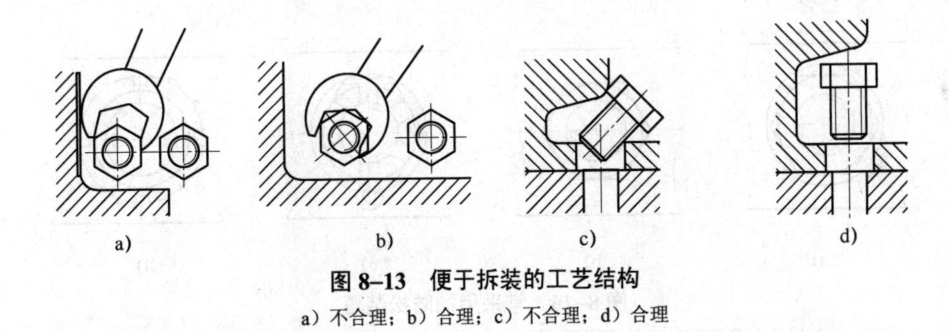

图 8–13 便于拆装的工艺结构

a）不合理；b）合理；c）不合理；d）合理

5）为防止滚动轴承产生轴向移动，应采用一定的结构来固定其内、外圈。常见的滚动轴承轴向固定结构形式如图 8–14 所示。

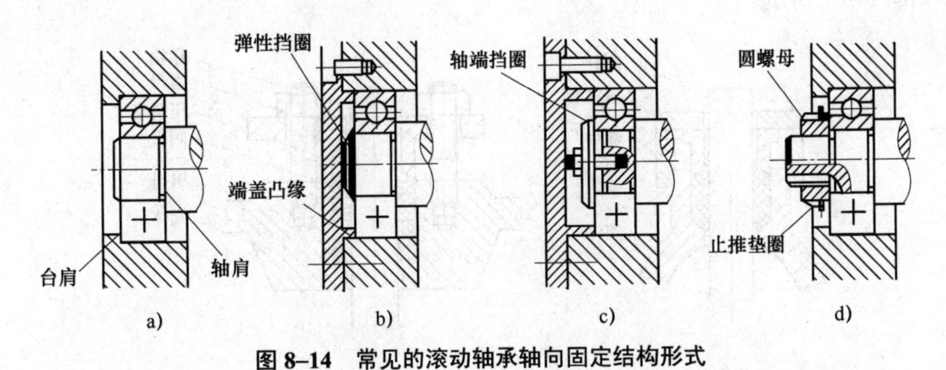

图 8–14 常见的滚动轴承轴向固定结构形式

a）轴肩、台肩形式；b）弹性挡圈、端盖凸缘形式；c）轴端挡圈形式；d）圆螺母形式

需要注意的是，当滚动轴承以轴肩或台肩定位时，其高度应小于轴承内圈或外圈的厚度，以便拆卸。

6）机器或部件上旋转轴或滑动杆的伸出处，应有密封装置，用以防止外面的灰尘、杂质侵入。常见的密封方法有毡圈式、沟槽式等，如图 8–15 所示。

7）为防止机器上的螺钉、螺母等紧固件因受振动或冲击而逐渐松动，常采用防松装置。如图 8–16 所示。

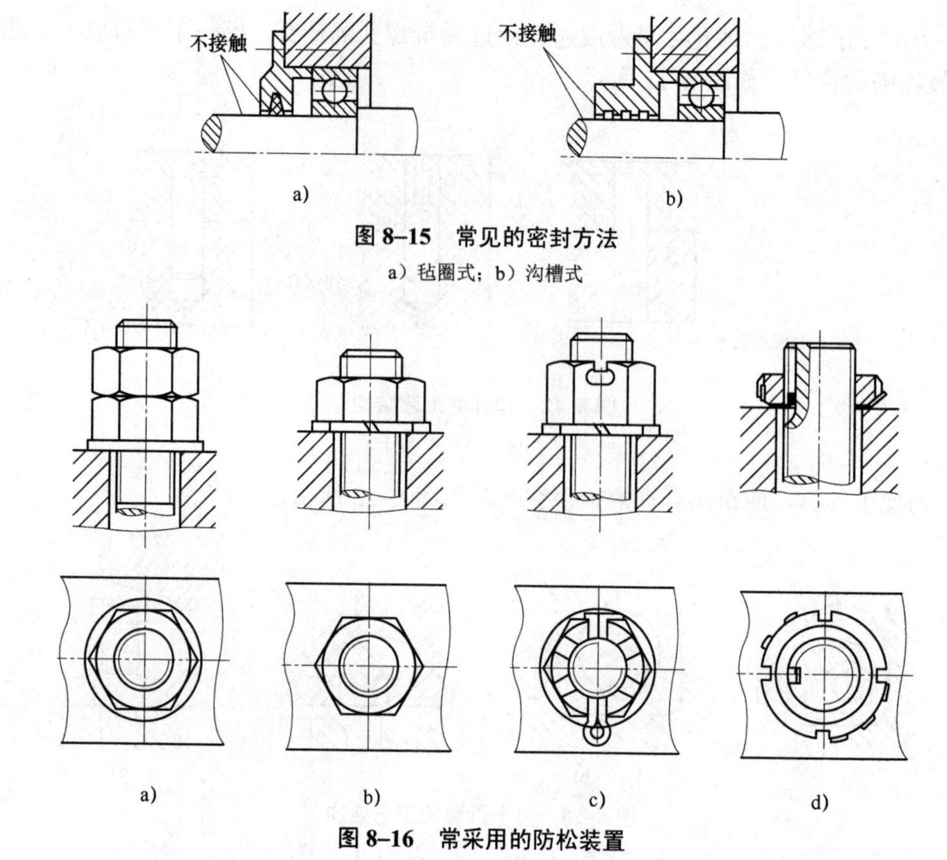

图 8–15　常见的密封方法

a）毡圈式；b）沟槽式

图 8–16　常采用的防松装置

a）用两个螺母防松；b）用弹簧垫圈防松；c）用开口销防松；d）用止退垫圈防松

8）为了防止机器或部件内部液体外漏和外部灰尘、杂质侵入，通常要采用防漏和防尘装置，如图 8–17 所示。

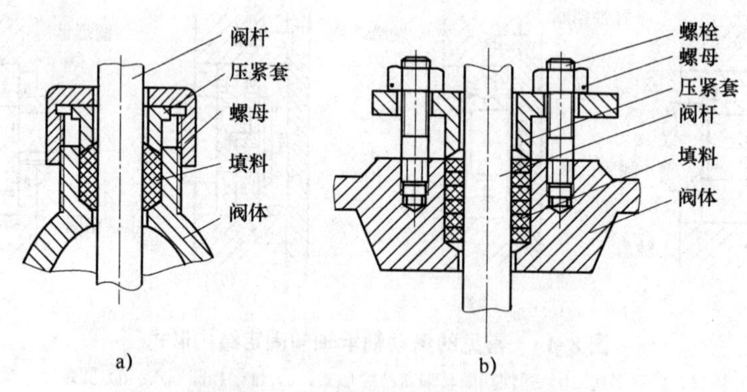

图 8–17　常采用的防漏和防尘装置

8.4　装配图的读图方法和步骤

读装配图是工程技术人员必备的一种能力，在设计、装配、安装、调试及进行技术交流时，都要读装配图。读装配图的要求如下：

1）了解部件的功用、使用性能和工作原理；

2）清楚各零件的作用和它们之间的相对位置、装配关系和连接固定方式；

3）明白各零件的结构形状；

4）了解部件的尺寸和技术要求。

1. 概括了解

1）看标题栏并参阅有关资料，了解部件的名称、用途和使用性能。

2）看零件编号和明细栏，了解零件的名称、数量和它在图中的位置。图 8–2 所示为一齿轮油泵的装配图，由标题栏可知，该部件名称为齿轮油泵，是安装在油路中的一种供油装置。由明细栏和外形尺寸可知它由 15 个零件组成，结构不太复杂。

3）分析视图，了解各个视图的名称、所采用的表达方法和所表达的主要内容及视图间的投影关系。如图 8–2 所示，齿轮油泵装配图由两个视图表达，主视图采用了全剖视，表达了齿轮油泵的主要装配关系。左视图沿左端盖和泵体结合面剖切，并沿进油口轴线局部剖视，表达了齿轮油泵的工作原理。

2. 分析部件的工作原理

从表达传动关系的视图入手，分析部件的工作原理。图 8–18 所示为齿轮油泵的工作原理图，当主动齿轮逆时针转动、从动齿轮顺时针转动时，齿轮啮合区右边的压力降低，油池中的油在大气压力作用下，从进油口进入泵腔。随着齿轮的转动，齿槽中的油不断沿图 8–18 所示箭头方向被轮齿带到左边，高压油从出油口送到输油系统。

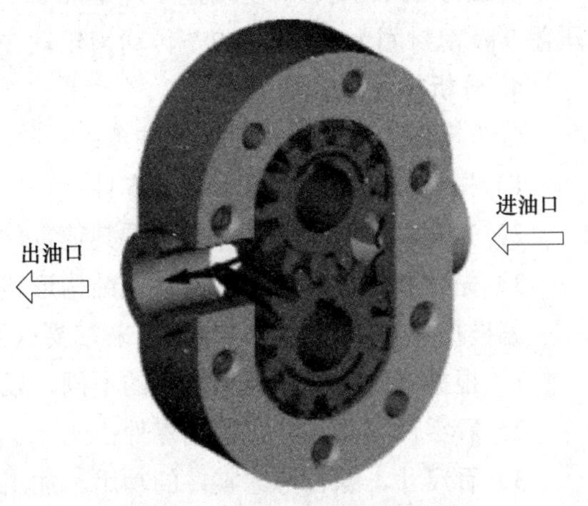

图 8–18　齿轮油泵的工作原理图

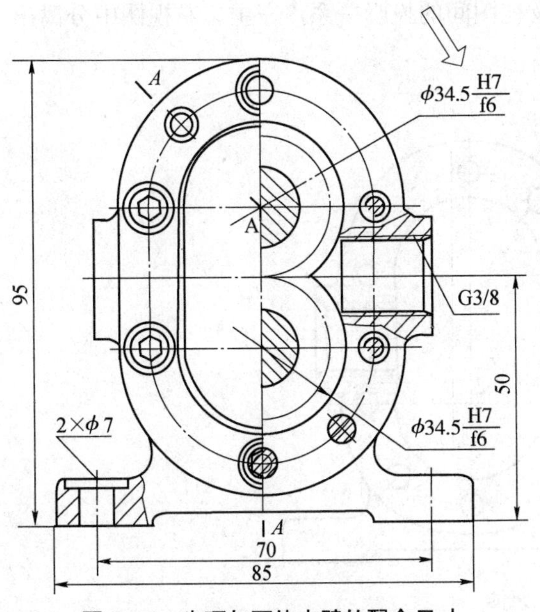

图 8–19　齿顶与泵体内壁的配合尺寸

3. 分析零件间的装配关系和部件结构

分析部件的装配关系，要清楚零件之间的配合关系、连接固定方式等。

（1）配合关系

可根据图 8–2 中配合尺寸的配合代号，判别零件的配合制、配合种类及轴、孔的公差等级等。齿轮油泵有主动齿轮轴系和从动齿轮轴系两条装配线。

如：轴与孔的配合是什么样的？

尺寸为ϕ16H7/f6，属基孔制，间隙配合。说明轴在左、右端盖的轴孔内是转动的。

如：齿轮的齿顶和泵体空腔的内壁间是什么配合？尺寸如图 8–19 所示。

尺寸为ϕ34.5H7/f6，属基孔制，间隙配合。

（2）连接和固定方式

厘清零件之间用什么方式连接，以及零件是如何固定、定位的。例如，左、右端盖与泵体可用螺钉连接，用销钉准确定位；齿轮轴的轴向定位是靠齿轮端面与左、右端盖内侧面接触而定位；传动齿轮 11 在轴上的定位，是用螺母和键在轴向和径向固定、定位的。

（3）密封装置

为了防止漏油及灰尘、水分进入泵体内影响齿轮传动，在主动齿轮轴的伸出端设有密封装置，靠压盖螺母和压盖将密封圈压紧密封。例如，左、右端盖与泵体之间有垫片 5 密封。垫片的另一个作用是调整齿轮的轴向间隙。

（4）装拆顺序

部件的结构应利于零件的装拆。如齿轮油泵的拆卸顺序：

拆螺钉 15、销钉 4→左端盖 1 及垫片 5→螺母 13 及垫圈 12→传动齿轮 11→压盖螺母 10、压盖 9 及密封圈 8→右端盖 7→传动齿轮轴 3→齿轮轴 2。

4. 分析零件的结构形状

分析零件的结构形状时，应注意：

1）先看主要零件，再看次要零件；

2）先看容易分离的零件，再看其他零件；

3）先分离零件，再分析零件的结构形状。

怎样把零件从装配图中分离出来？要点如下：

1）根据剖面线的方向和间隔的不同，以及视图间的投影关系等来区分形体；

2）看零件编号，分离不剖零件；

3）看尺寸，综合考虑零件的功用、加工、装配等情况，然后确定零件的形状；

4）形状不能确定的部分，要根据零件的功用及结构常识确定。

又如，对于泵体来说，根据剖面线的方向及视图间的投影关系，在主、左视图中分离出泵体的主要轮廓，如图 8–20 所示。

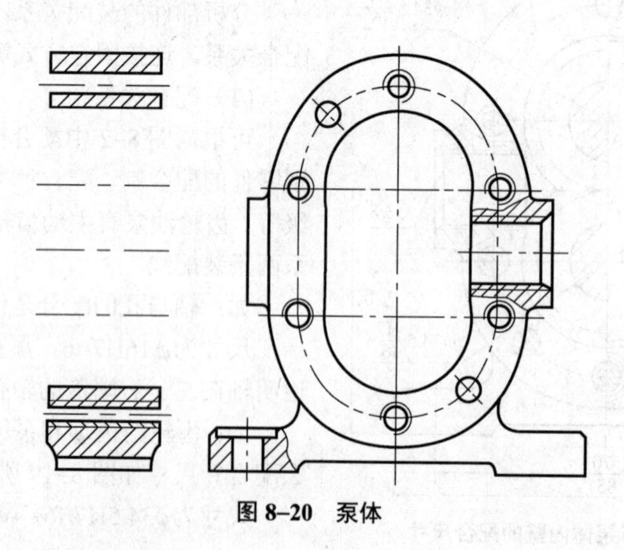

图 8–20　泵体

主体部分：外形和内腔都是长圆形，腔内容纳一对齿轮。

前后锥台有进、出油口与内腔相通，泵体上有与左、右端盖连接用的螺钉孔和销孔。

底板部分：根据结构常识，可知底板呈长方形，左、右两边各有一个固定用的螺栓孔，底板上面的凹坑和下面的凹槽用于减少加工面，使齿轮油泵固定平稳。

经分析，可知齿轮油泵泵体的立体形状，如图 8–21 所示。

齿轮油泵各零件形状如图 8–22 所示。

图 8–21　泵体立体图

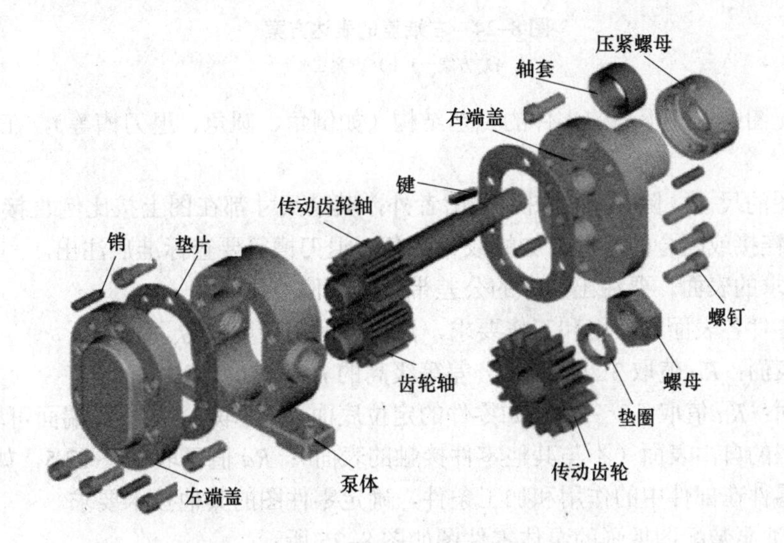

图 8–22　齿轮油泵各零件形状

8.5　由装配图拆画零件图

1. 拆画零件图的步骤

1）按读装配图的要求，看懂部件的工作原理、装配关系和零件的结构形状。

2）根据零件图视图表达的要求，确定各零件的视图表达方案。

3）根据零件图的内容和画图要求，画出零件工作图。

2. 拆画零件图应注意的问题

1）零件的视图表达方案应根据零件的结构形状确定，而不能盲目照抄装配图。例如，齿轮油泵中，右端盖形状如图 8–23 所示。右端盖的视图应按图 8–24 所示的方案确定。

图 8–23　右端盖形状

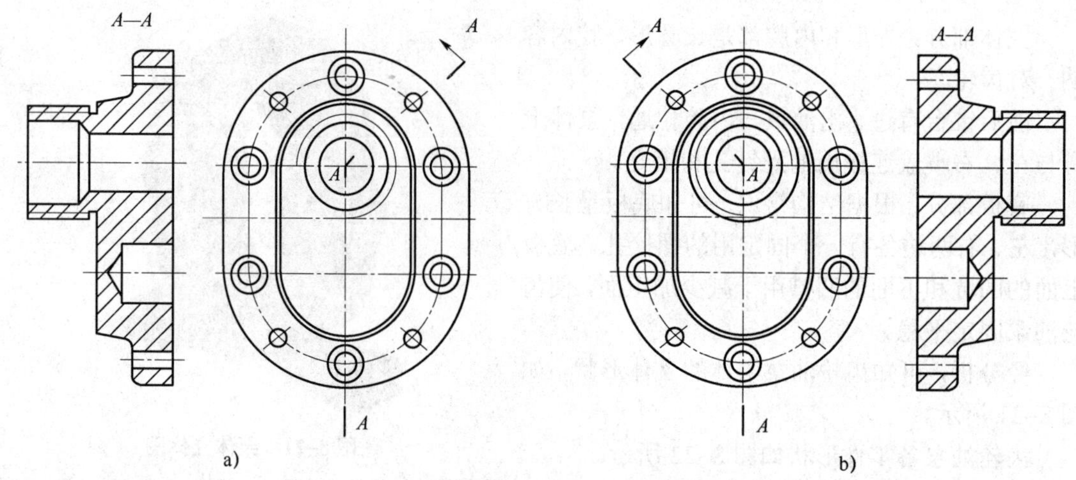

图 8–24　右端盖的表达方案

a）方案一；b）方案二

2）在装配图中允许不画的零件的工艺结构（如倒角、圆角、退刀槽等），在零件图中应全部画出。

3）零件图的尺寸，除在装配图中注出者外，其余尺寸都在图上按比例直接量取，并圆整。与标准件连接或配合的尺寸，如螺纹、倒角、退刀槽等要查标准后注出。

有配合要求的表面，要注出尺寸的公差带代号或偏差数值。

4）根据零件各表面的作用和工作要求，注出表面粗糙度代号。

① 配合表面：*Ra* 值取 3.2～0.8，公差等级高的 *Ra* 取较小值。

② 接触面：*Ra* 值取 6.3～3.2，如零件的定位底面 *Ra* 可取 3.2，一般端面可取 6.3 等。

③ 需加工的自由表面（不与其他零件接触的表面）：*Ra* 值可取 25～12.5，如螺栓孔等。

5）根据零件在部件中的作用和加工条件，确定零件图的其他技术要求。

根据齿轮油泵装配图拆画的泵体零件图如图 8–25 所示。

3. 拆画零件图的方法和步骤

1）选择主视图。一般按部件的工作位置选择主视图，通过装配干线的轴线将部件剖开。

2）确定其他视图。根据未表达出的装配关系、工作原理、零件结构，确定其他视图。

3）画零件图的步骤：

① 定方案，定比例，定图幅，画出图框；

② 布图，画出基准；

③ 画图形；

④ 标注尺寸；

⑤ 编零件序号，填写明细栏、标题栏。

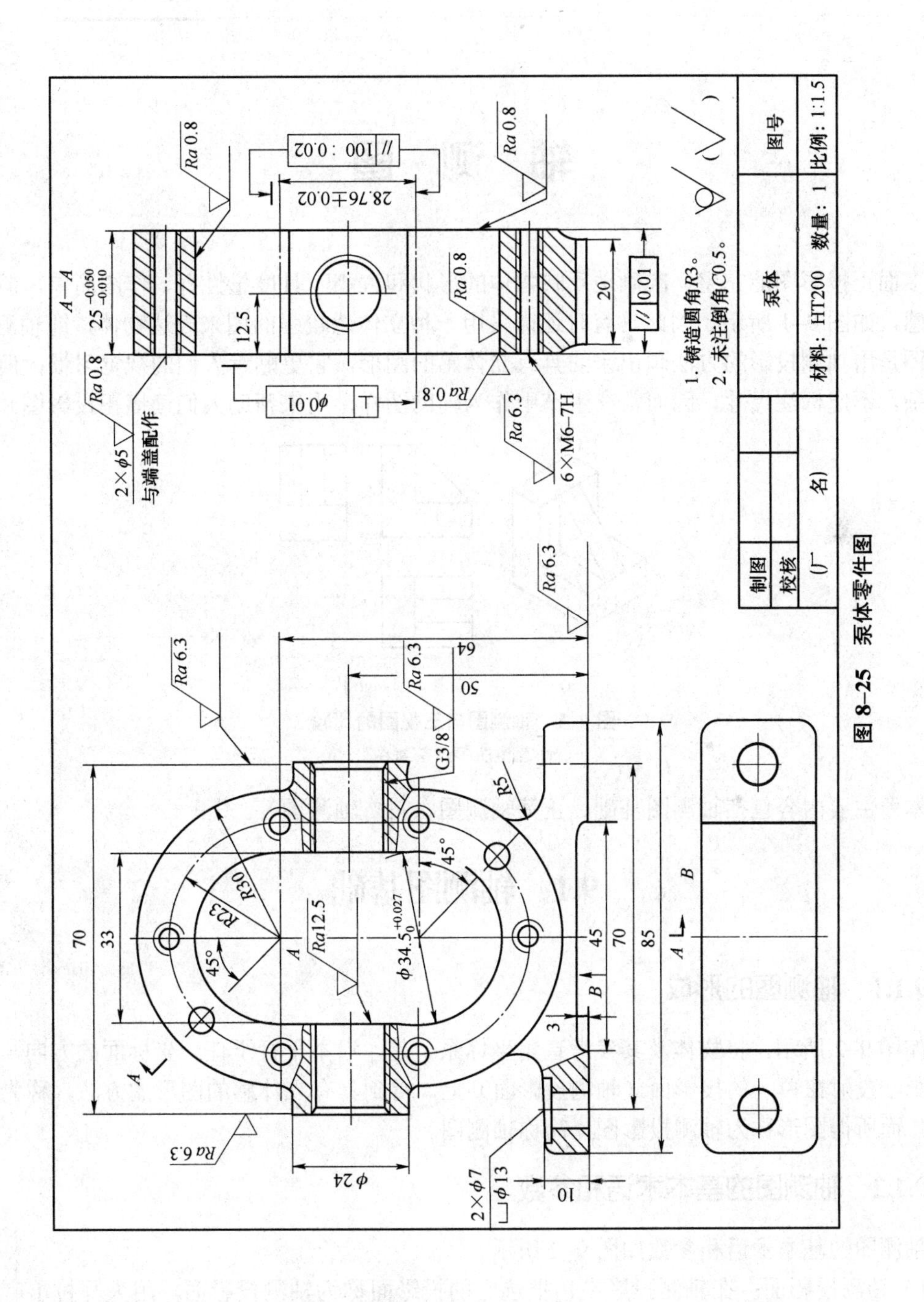

A—A
Ra 0.8
28.76±0.02
// 100 : 0.02
2×ϕ5
与端盖配作
12.5
⊥ ϕ0.01
Ra 6.3
6×M6–7H
20
// 0.01
1. 铸造圆角R3。
2. 未注倒角C0.5。
泵体
制图
校核
(厂 名)
材料：HT200
数量：1
图号
比例：1:1.5
64
50
G3/8
R5
R30
R23
45°
Ra12.5
70
33
45
85
3
B
A
ϕ24
2×ϕ7
⌴ϕ13
10

图 8-25 泵体零件图

第9章

轴 测 图

多面正投影图能完整、准确地反映物体的形状和大小，且度量性好、作图简单，但缺乏立体感，如图 9–1 所示。因此，有时还需采用一种立体感较强的图来表达物体，即轴测图。轴测图是用轴测投影的方法画出来的具有立体感的图形，它更贴近人们的视觉习惯，但是作图复杂，不便标注尺寸，因而常在生产中作为辅助图样，用来帮助人们读懂正投影图。

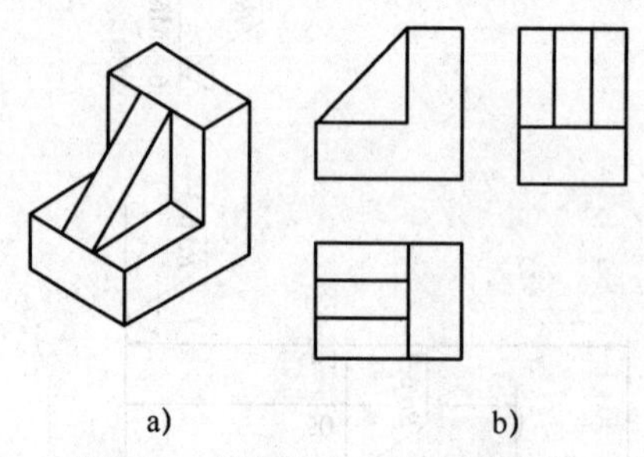

图 9–1　轴测图与三视图的比较

a）轴测图；b）三视图

本章主要内容包括轴测图基础、正等轴测图、斜二轴测图等。

9.1　轴测图基础

9.1.1　轴测图的形成

如图 9–2 所示，将物体及其参考直角坐标系一起，沿不平行于任一坐标面的方向，用平行投影法投射在单一的投影面（轴测投影面）上，得到具有立体感的图形的方法，称为轴测投影，而所得图形称为轴测投影图，简称轴测图。

9.1.2　轴测图的基本术语和参数

轴测图的基本术语和参数如图 9–2 所示。

1）轴测投影面：在轴测投影中，把选定的投影面称为轴测投影面，用大写拉丁字母做记号，图 9–2 中为 P 面。

2）点的轴测投影：过空间点的投射线与轴测投影面的交点为该点的轴测投影。本章中空间点记为 A、B……，点的轴测投影相应记为 A_1、B_1……。

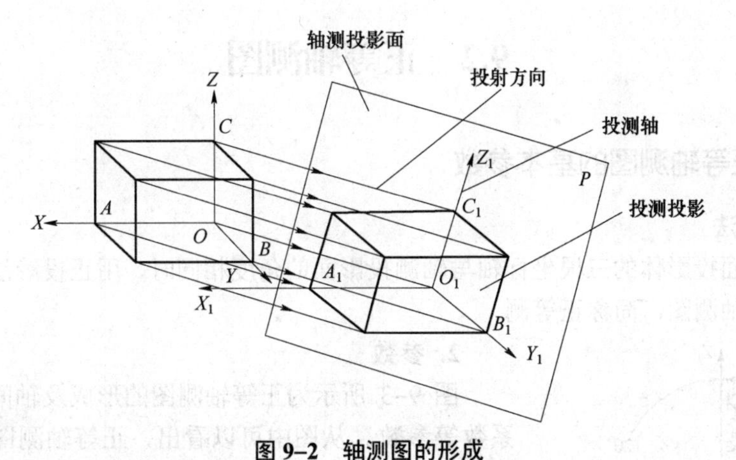

图 9–2 轴测图的形成

3）轴测轴：把空间直角坐标轴 OX、OY、OZ 在轴测投影面上的投影 O_1X_1、O_1Y_1、O_1Z_1 称为轴测轴。

4）轴间角：把两条轴测轴之间的夹角 $\angle X_1O_1Y_1$、$\angle Y_1O_1Z_1$、$\angle X_1O_1Z_1$ 称为轴间角。

5）轴向伸缩系数：轴测轴上的单位长度与空间直角坐标轴上对应单位长度的比值，称为轴向伸缩系数。坐标轴 OX、OY、OZ 的轴向伸缩系数分别用 p_1、q_1、r_1 表示。例如，在图 9–2 中，$p_1=O_1A_1/OA$、$q_1=O_1B_1/OB$、$r_1=O_1C_1/OC$。

9.1.3 轴测图的种类

1）按照投射方向与轴测投影面的夹角的不同，轴测图可以分为以下几类。

① 正轴测图：轴测投射方向（投射线）与轴测投影面垂直时投影所得到的轴测图。

② 斜轴测图：轴测投射方向（投射线）与轴测投影面倾斜时投影所得到的轴测图。

2）按照轴向伸缩系数的不同，轴测图可以分为以下几类。

① 正（或斜）等轴测图：轴向伸缩系数 $p_1=q_1=r_1$，如正等轴测图 $p_1=q_1=r_1=0.82$。

② 正（或斜）二等轴测图：$p_1=r_1\neq q_1$，如斜二测轴测图 $p_1=r_1=1$，$q_1=0.5$。

③ 正（或斜）三等轴测图：轴向伸缩系数 $p_1\neq q_1\neq r_1$。

9.1.4 轴测图的投影特性

1）物体上互相平行的线段，在轴测图中仍互相平行。因而，平行于某坐标轴的空间线段，其轴测投影平行于相应轴测轴。

2）空间上平行于某坐标轴的线段，其投影长度等于该坐标轴的轴向伸缩系数与线段真实长度的乘积。

空间上不平行于坐标轴的线段，其轴测投影长度不具备上述特征，因而不能用轴向伸缩系数关系来推算这类线段的轴测投影长度。

3）物体不平行于轴测投影面的平面图形，在轴测图中变成原形的类似形。例如，长方形的轴测投影为平行四边形，圆形的轴测投影为椭圆等。

9.2 正等轴测图

9.2.1 正等轴测图的基本参数

1. 形成方法

当构成三面投影体的三根坐标轴与轴测投影面的角度相同时，用正投影法所得到的轴测投影就是正等轴测图，简称正等测。

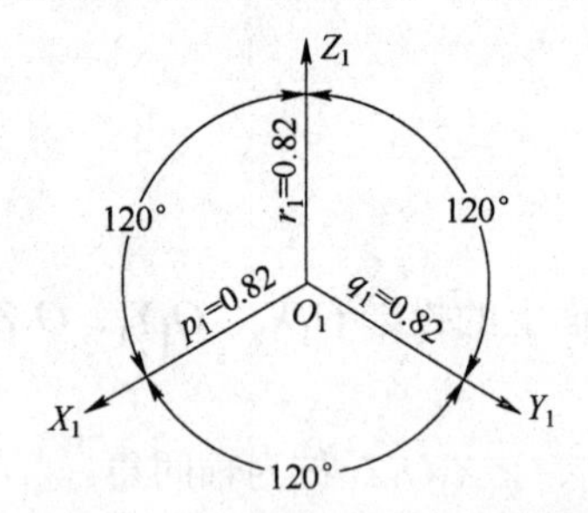

图 9–3　正等轴测图的形成及参数

2. 参数

图 9–3 所示为正等轴测图的形成及轴间角和轴向伸缩系数等参数。从图中可以看出，正等轴测图的轴间角均为 120°，且三个轴向伸缩系数相等。经推证计算可知 $p_1=q_1=r_1=0.82$。为作图简便，实际画正等轴测图时采用 $p_1=q_1=r_1=1$ 的简化伸缩系数画图，即沿各轴向的所有尺寸都按物体的实际长度量取。但按简化伸缩系数画出的图形比实际物体放大 1/0.82≈1.22 倍。

9.2.2 平面立体正等轴测图的画法

1. 画正等轴测图的三种方法

1）坐标法。按坐标画出物体各顶点轴测图即坐标法，它是画平面立体的基本方法，如图 9–4 所示。

2）切割法。对不完整的形体，可先按完整形体画出，然后用切割的方式画出其不完整部分。切割法适用于画切割类物体，如图 9–5 所示。

3）形体组合法。对一些较复杂的物体采用形体分析法，分成基本形体，按各基本形体的位置逐一画出其轴测图的方法，称为形体组合法。

2. 画正等轴测图的一般步骤

1）根据形体结构特点，确定坐标原点位置，一般选在形体的对称轴线上，且放在顶面或底面处。

2）根据轴间角，画轴测轴。

3）按点的坐标作点、直线的轴测图，一般自上而下，根据轴测投影基本性质，依次作图，不可见棱线通常不画出。

4）检查，擦去多余图线并加深。

3. 平面立体正等轴测图的画法举例

【例 1】已知长方体的三视图，画出它的正等轴测图。

分析：图 9–4a 所示为长方体的三视图。长方体共有八个顶点，用坐标确定各个顶点在其轴测图中的位置，然后连接各点的棱线即为所求。

作图步骤如下。

1）在三视图上定出原点和坐标轴的位置。设定右侧后下方的棱角为原点，*OX*、*OY*、*OZ* 轴是过原点的三条棱线，如图 9–4a 所示。

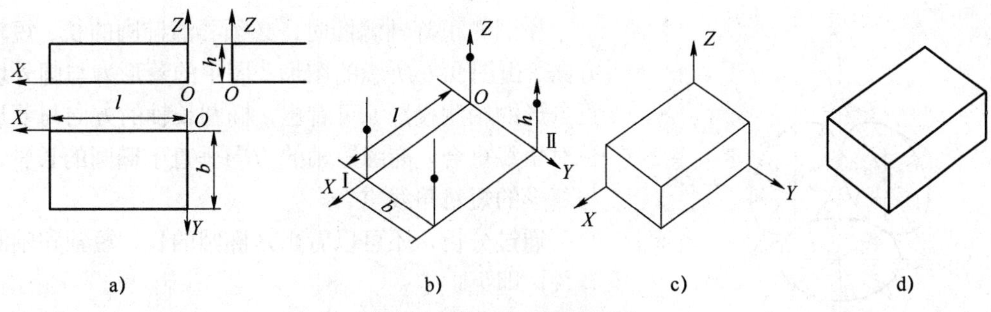

图 9–4　长方体正等轴测图

2）用 30° 的三角板画出三根轴测轴，在 *OX* 轴上量取物体的长 *l*，在 *OY* 轴上量取宽 *b*；然后由端点Ⅰ和Ⅱ分别画出 *OX*、*OY* 轴的平行线，画出物体底面的形状，如图 9–4b 所示。

3）由长方体底面各端点画 *OZ* 轴的平行线，在各线上量取物体的高度 *h*，得到长方体顶面各端点。把所得各点连接起来并擦去多余的线，即得物体的顶面、正面和侧面的形状，如图 9–4c 所示。

4）擦去轴测轴线，描深轮廓线，即得长方体正等轴测图，如图 9–4d 所示。

【例 2】已知凹形槽的三视图如图 9–5a 所示，画出它的正等轴测图。

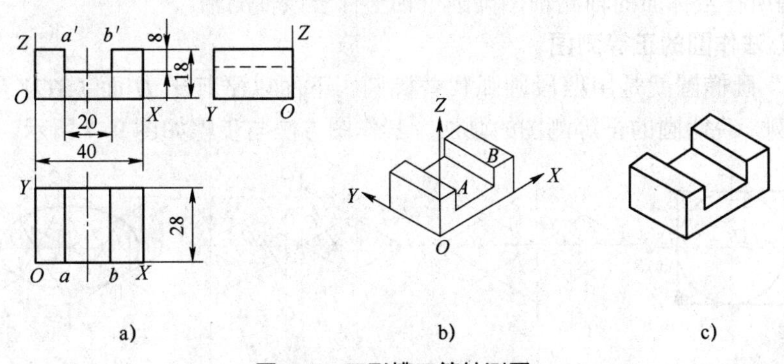

图 9–5　凹形槽正等轴测图

分析：图 9–5a 所示图形为一长方体上面的中间截去一个小长方体而制成。只要画出长方体后，再用切割法即可得到凹形槽的正等轴测图。

作图步骤：

1）用 30° 的三角板画出 *OX*、*OY*、*OZ* 轴；

2）根据三视图的尺寸画出大长方体的正等轴测图；

3）根据三视图中标注的尺寸，在大长方体的相应部分，画出被切去的小长方体，如图 9–5b 所示；

4）擦去不必要的线条，加深轮廓线，即得凹形槽的正等轴测图，如图 9–5c 所示。

9.2.3　曲面立体正等轴测图的画法

1. 平行于不同坐标面的圆的正等测图

平行于坐标面的圆的正等轴测图都是椭圆，除了长、短轴的方向不同外，画法都是一样的。图 9–6 所示为三种不同位置的圆的正等轴测图。

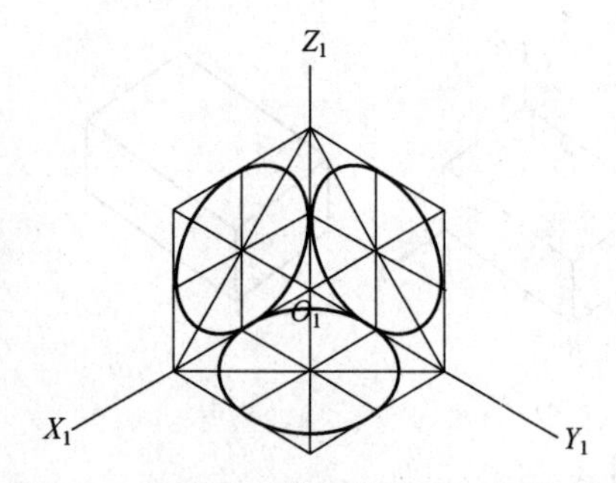

图 9–6　三种不同位置的圆的正等轴测图

作圆的正等轴测图时，必须弄清椭圆的长、短轴的方向。由图 9–6 所示的图形（图中的菱形为与圆外切的正方形的轴测投影）可看出，椭圆长轴的方向与菱形的长对角线重合，椭圆短轴的方向垂直于椭圆的长轴，即与菱形的短对角线重合。

通过分析，还可以看出，椭圆的长、短轴和轴测轴有关，即：

1）圆所在平面平行 XOY 面时，它的轴测投影——椭圆的长轴垂直于 O_1Z_1 轴，即成水平位置，短轴平行于 O_1Z_1 轴；

2）圆所在平面平行 XOZ 面时，它的轴测投影——椭圆的长轴垂直于 O_1Y_1 轴，并与水平线成 60° 角，短轴平行 O_1Y_1 轴；

3）圆所在平面平行 YOZ 面时，它的轴测投影——椭圆的长轴垂直于 O_1X_1 轴，并与水平线成 60° 角，短轴平行 O_1X_1 轴。

概括起来就是：平行于坐标面的圆（视图上的圆）的正等轴测投影是椭圆，椭圆长轴垂直于不包括圆所在坐标面的轴测轴，椭圆短轴平行于该轴测轴。

2. 用四心法作圆的正等测图

“四心法”画椭圆就是用四段圆弧代替椭圆。下面以平行于 H 面（XOY 坐标面）的圆（图 9–6）为例，说明圆的正等测图的画法。其作图方法与步骤如图 9–7 所示。

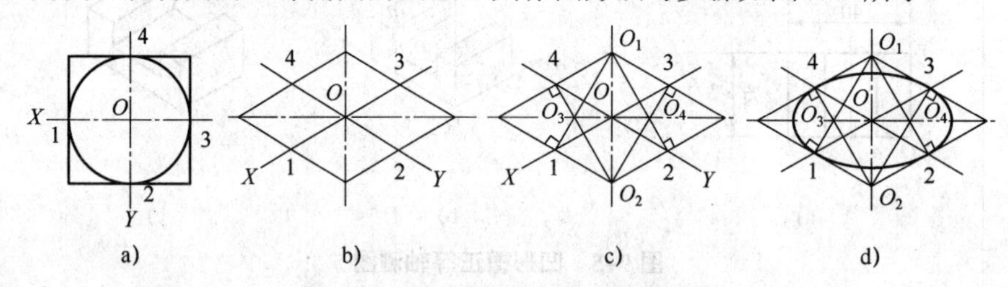

图 9–7　用四心法作圆的正等轴测图

1）过圆心 O 作坐标轴 OX 和 OY，再作平行坐标轴的圆的外切正方形，切点为 1、2、3、4，如图 9–7a 所示。

2）画出 OX、OY，从 O 点沿轴向直接取圆的半径，得切点 1、2、3、4。过各点分别作轴测轴的平行线，即得圆的外切正方形的轴测图—菱形，再作菱形的对角线，如图 9–7b 所示。

3）过点 1、2、3、4 作菱形各边的垂线，得交点 O_1、O_2、O_3、O_4，即画近似椭圆的四个圆心，O_1、O_2 为短对角线的顶点，O_3、O_4 在长对角线上，如图 9–7c 所示。

4）以 O_1、O_2 为圆心，O_11 为半径画出大圆弧，以 O_3、O_4 为圆心，O_41 为半径画出小圆弧，四个圆弧连接就是近似椭圆，如图 9–7d 所示。

3. 圆柱体的正等轴测图

画回转体的正等轴测图时，应先用四心法画出回转体上平行于坐标面的圆的正等轴测图，然后画出其余部分。圆柱体的正等轴测图画法如下：

1）定出坐标原点及坐标轴，如图 9–8a 所示；

2）画轴测轴 O_1X_1、O_1Y_1、O_1Z_1，把中心 O_1 沿 Z_1 轴上移 H，定出上底椭圆的中心，如

图 9–8b 所示；

3）用四心法以 O_1 为中心画出下底椭圆，再把中心上移画出上底椭圆，如图 9–8c 所示；

4）作上、下底椭圆的公切线，擦去多余图线，描深即完成，如图 9–8d 所示。

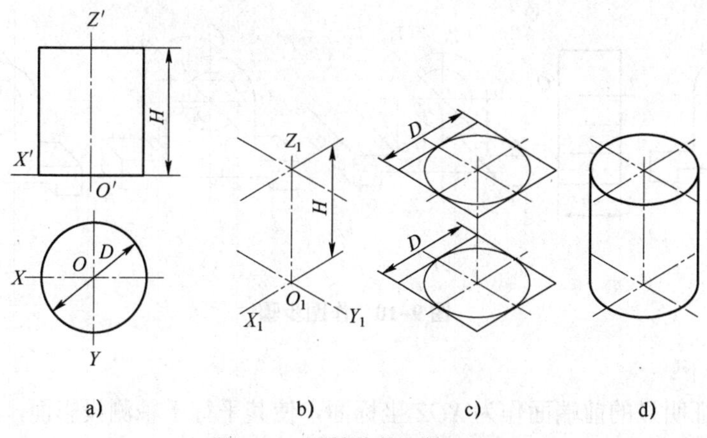

图 9–8 圆柱体的正等测图

9.3 斜二轴测图

9.3.1 斜二轴测图的形成及参数

因为空间坐标轴与轴测投影面的相对位置可以不同，投影方向对轴测投影面倾斜角度也可以不同，所以斜轴测投影可以有许多种。

如图 9–9a 所示，将坐标轴 OZ 置于铅垂位置，并使坐标面 XOZ 平行于轴测投影面，当投射方向与三个坐标轴都不相平行时，则形成正面斜轴测图。在这种情况下，轴测轴 X_1 和 Z_1 仍为水平方向和铅垂方向，轴向伸缩系数 $p_1=r_1=1$，物体上平行于坐标面 XOZ 的直线、曲线和平面图形在正面轴测图中都反映实长和实形；而轴测轴 Y_1 的方向和轴向伸缩系数 q_1，则随着投射方向的变化而变化，当 $q_1\neq1$，即为正面斜二测。

本节只介绍国标推荐的一种正面斜二测。图 9–9b 标出了这种斜二测的轴间角和各轴向伸缩系数：$\angle X_1O_1Z_1=90°$，$\angle X_1O_1Y_1=\angle Y_1O_1Z_1=135°$；$p_1=r_1=1$，$q_1=0.5$。

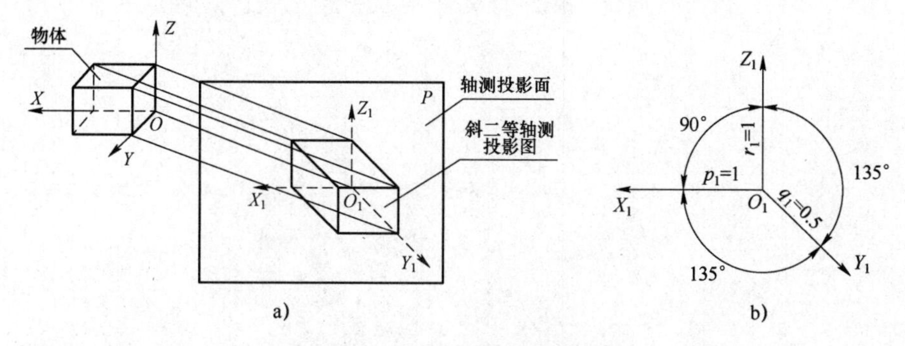

图 9–9 斜二测的形成及参数

9.3.2 物体斜二测画法举例

【例 3】已知某形体的正投影图，完成它的斜二测图（见图 9–10）。

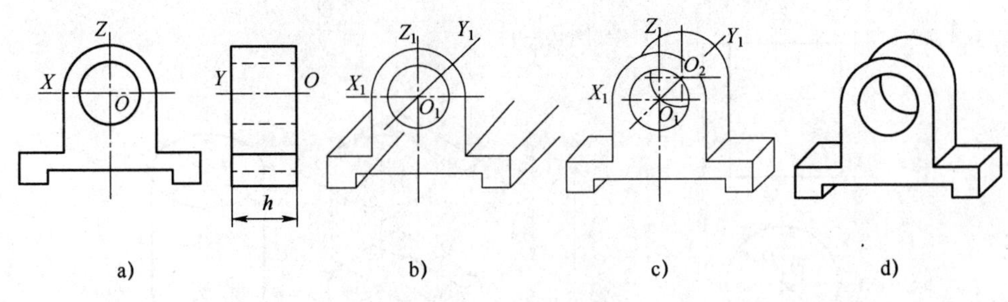

图 9–10 作图步骤

作图步骤如下：

1）选取特征明显的前端面作为 *XOZ* 坐标面，使其平行于轴测投影面，定出原点和坐标轴，如图 9–10a 所示。

2）画出轴测轴。根据正视图尺寸，先画反映实形物体的前端面，如图 9–10b 所示。

3）画出后端面。过前端面圆心 O_1，引平行于 O_1Y_1 轴的直线，在该直线上距离 O_1 为 $\frac{h}{2}$ 的点，即为后端面圆弧的圆心 O_2。再过前端面每个转折点引平行于 O_1Y_1 轴的直线，与后端面对应的点相连，如图 9–10c 所示。

4）擦去多余线，描深图线，完成物体的正面斜二测图，如图 9–10d 所示。

参考文献

［1］唐建成. 机械制图及 CAD 基础［M］. 北京：北京理工大学出版社，2013.
［2］马义荣. 工程制图及 CAD［M］. 北京：机械工业出版社，2011.
［3］何铭新. 机械制图［M］. 北京：高等教育出版社，2010.
［4］徐茂功. 公差配合与技术测量［M］. 北京：机械工业出版社，2013.
［5］刘朝儒，吴志军，高政一. 机械制图［M］. 北京：高等教育出版社，2006.
［6］焦永和，叶玉驹，张彤. 机械制图手册［M］. 北京：机械工业出版社，2012.
［7］胡建生. 机械制图［M］. 北京：机械工业出版社，2016.
［8］胡建生. 机械制图习题集［M］. 北京：机械工业出版社，2016.
［9］田凌. 机械制图［M］. 北京：清华大学出版社，2013.
［10］郭可希. 机械制图［M］. 北京：机械工业出版社，2009.